JIDONGCHE
JIASHI JIAOLIANYUAN
CONGYE ZIGE PEIXUN JIAOCAI

机动车
驾驶教练员
从业资格培训教材

本书编写组 编

适用
安徽省

人民交通出版社股份有限公司
China Communications Press Co.,Ltd.

内 容 提 要

本书依据交通运输部和公安部于2012年12月联合发布的《机动车驾驶培训教学与考试大纲》与安徽省驾驶培训行业发展需求编写而成，主要内容包括教练员职业操守、道路交通法律法规、机动车驾驶培训教学与考试、车辆基本知识及使用常识、道路及其附属设施基本常识、教学方法和教学手段、规范化教学、安全与节能驾驶知识八部分内容。

本书为安徽省机动车驾驶教练员从业资格培训教材，也可供其他省机动车驾驶教练员从业培训使用。

图书在版编目（CIP）数据

机动车驾驶教练员从业资格培训教材 /《机动车驾驶教练员从业资格培训教材》编写组编. -- 北京：人民交通出版社股份有限公司, 2015.4

ISBN 978-7-114-12137-1

Ⅰ. ①机… Ⅱ. ①机… Ⅲ. ①机动车—教练员—技术培训—教材 Ⅳ. ①U471.1

中国版本图书馆CIP数据核字(2015)第057722号

书　　名： 机动车驾驶教练员从业资格培训教材
著 作 者： 本书编写组
责任编辑： 李　洁　杨丽改　张　兵
出版发行： 人民交通出版社股份有限公司
地　　址：（100011）北京市朝阳区安定门外外馆斜街3号
网　　址： http://www.ccpress.com.cn
销售电话：（010）59757973
总 经 销： 人民交通出版社股份有限公司发行部
经　　销： 各地新华书店
印　　刷： 中国电影出版社印刷厂
开　　本： 787×1092　1/16
印　　张： 14.25
字　　数： 362千
版　　次： 2015年4月　第1版
印　　次： 2015年4月　第1次印刷
书　　号： ISBN 978-7-114-12137-1
定　　价： 50.00元
（有印刷、装订质量问题的图书由本公司负责调换）

前言

教练员是安全驾驶的引路人，教练员的教学质量是保障道路交通安全的关键。为社会培养安全文明的合格驾驶员，是全体教练员肩负的职业使命与社会责任。

依据当前道路交通事故的原因分析，驾驶员的人为失误是导致交通事故的主要因素。因此，需要广大教练员在施教过程中增强驾驶学员的安全意识教育，引导驾驶学员守法驾驶、规范驾驶。另外，驾驶培训行业发展的新形势和新要求对教练员教学提出了更高的挑战，加强对教练员的专业培训和从业资格管理，是保证驾驶培训质量、提高驾驶员队伍素质、提升教练员教学水平的重要环节。

本教材依据交通运输部和公安部于2012年12月联合发布的《机动车驾驶培训教学与考试大纲》与安徽省驾驶培训行业发展需求进行编写，全书突出“以人为本、规范教学”的培训理念，通过多种教学模式和教学手段引导教练员对不同类型的驾驶学员因材施教，重点培养学员的安全和节能意识、守法驾驶和规范驾驶技能。全书融合了最新的道路运输法规、汽车使用技术以及道路及其附属设施基本常识，注重教学中法规知识与操作技能的有机结合。本书通俗易懂，图文并茂，并辅以生动的案例，具有较强的可读性、针对性和实用性。

本书内容包括教练员职业操守、道路交通法律法规、机动车驾驶培训教学与考试、车辆基本知识及使用常识、道路及其附属设施基本常识、教学方法和教学手段、规范化教学、安全与节能驾驶知识八部分内容。

本书由陈燕主编，参与编写的有吴苏、束龙友、杨柳青、疏祥林、潘希姣、解云、闫雪、张秀丽、夏晓丽。

限于编者的经历和水平，书中难免有不妥或错误之处，敬请批评指正，不吝提出修改意见和建议，以便再版修订时改正。

编　者

2015年4月

目录

第一章 教练员职业操守

机动车驾驶员是道路交通安全的重要影响因素，推进驾驶员素质教育既是加强道路交通安全管理的基础性工作，也是预防道路交通事故、保障道路交通安全的有效途径。教练员是学员学习驾驶技能的启蒙老师，是安全驾驶的引路人，是保证驾驶培训质量、提高驾驶员队伍素质的关键因素。本章重点介绍了教练员的职业特点与素质要求，教练员的资格条件以及教练员的岗位职责。

第一节 教练员的职业特点、职业道德与基本素质要求

教练员是教育工作者，其面对的教学对象层次多样化，教学内容专业性强，教学要求严格，教学组织特殊，教学过程风险高，教学效果对道路交通安全具有重大影响。因此，教练员应了解自身职业特点，通过不断学习，具备职业需要的基本素质，以履行好岗位的职责和义务，培养出合格的驾驶员。

一 教练员的职业特点

1 教学对象层次多样化

教练员所面对的教学对象虽然都是成年人，但是学员在性别、年龄、知识背景、职业和性格等方面存在差异，学习兴趣、学习习惯和学习能力也有很大差别，学员层次呈现出多样化。因此，教练员在遵循教学规范的同时，还需要因材施教。

2 教学内容专业性强

根据《机动车驾驶培训与考试大纲》（以下简称《教学与考试大纲》）的要求，驾驶培训的目标是培养学员的安全驾驶意识，向学员传授安全驾驶技能。安全驾驶涉及交通心理学、交通行为学等诸多知识和技能，教练员需要以教材为依据，紧密围绕安全行车的主题，向学员传授机动车构造、道路交通安全法律法规、道路交通信号及安全驾驶相关的专业理论知识，同时还需要将理论知识与实际驾驶相结合，向学员传授汽车行驶方向操作

量与速度控制、汽车运行中安全状态识别、汽车运行环境安全风险辨识等安全驾驶技能。

3 教学要求严格

《教学与考试大纲》明确了各类培训车型学员的培训项目、培训内容和培训学时。在培训过程中，教练员必须按照《教学与考试大纲》的要求认真施教，并且采用“计时制”培训服务模式，保证学员有效的学习和训练学时。每次完成教学后，教练员必须对学员的学习情况进行客观评价，如实填写教学日志，并请学员在教学日志上签字确认。

4 教学组织特殊

除理论教学外，教练员的教学主要在教练场内和实际道路上进行，教学环境、教学方式与课堂式教学都有较大的差异。一方面，在实际驾驶训练时，学员处于高度紧张的状态，教练员主要靠手势和简单的提示进行教学。另一方面，驾驶技能训练需要教练员通过讲解、示范、指导、讲评等教学环节来完成，且需要教练员通过反复讲解、示范和指导来增强学员的理解和记忆，逐步提高学员操作动作的熟练程度。

5 教学过程风险高

驾驶技能训练是一个动态、互动的教学过程，车流、人流、道路条件和天气条件等影响教学安全的因素很多，加之学员的素质不同，训练效果有很大的差异，教学过程往往存在着一定的风险性。从运动行为学分析，学员从刚接触车辆到掌握驾驶技能，需要经过了解、掌握、熟练应用等几个不同的阶段。在学习驾驶技能的过程中，尤其在训练初期，学员通常难以自觉发现自身存在的错误，难以识别周边的潜在危险和合理应对各种紧急情况。教练员在运动状态下指导学员，精力必须高度集中，稍有疏忽就可能导致交通事故。而且，训练的道路环境条件越复杂、车速越高，教学过程中的风险就越大。

案例

教练员未随车指导　学员误操作夺性命

2013年6月4日，在上海某驾校教练场内，一名女学员正在练习倒车入库，教练员站在车旁指导。教练车出库左转，为避开因故障停在路边的一辆教练车，在减速过程中学员不慎将加速踏板当作制动踏板，导致车辆突然加速撞向一名正在等待练车的男学员，造成该学员死亡。

6 教学效果对道路交通安全具有重大影响

随着驾驶员素质教育工程的开展和道路交通安全管理力度的加大，道路交通事故起数、伤亡人数和万车死亡率均有下降，截至2013年年底，我国道路交通万车死亡率为2.3，但是相比德国、日本等发达国家，我国道路交通安全形势依然严峻。道路交通安全事故会给人民群众的生命财产带来严重的损害，阻碍社会和谐和经济发展。

教练员是安全驾驶知识的传播者，是推动驾驶员素质教育的重要实践者，驾驶培训的效果直接决定了驾驶员参与道路交通的安全性。因此，教练员肩负着保障道路交通安全的社会重任。

二 教练员职业道德

职业道德是道德的重要组成部分。教练员职业道德是从教练员驾驶教学实践中引申出

来的，是教练员在教学过程中从思想到行为应具备和必须遵循的行为规范和准则，是教练员在进行教学活动时，对整个社会所负的道德责任和义务。

1 教练员的职业道德要求

教练员具有良好的职业道德是做好驾驶教学工作的基础。教练员能自觉按职业道德要求来约束自己的教学行为至关重要。

1 爱岗敬业，立足驾驶培训

爱岗就是热爱自己的驾驶培训工作岗位。敬业就是要用一种恭敬严肃的态度对待自己的工作。教练员在教学中应做到以下几个方面：

（1）热爱本职工作。干一行爱一行，具有奉献本职工作的职业理想，不仅把工作作为谋生手段与个人爱好，更是要当成一种事业。

（2）增强责任感。驾驶培训工作虽然平凡，但社会责任重大。教练员要认真学习驾校教练员岗位责任和规章制度，领会精神实质，在内心形成责任目标，并在工作中不断比照责任要求，进行反省和探索，纠正不足，自觉培养尽职尽责的责任感。

（3）忠于职守。熟悉驾驶培训行业的基本性质，掌握驾驶培训行业服务基本技能，干一行精一行，一丝不苟，坚守岗位，尽心竭力，出色完成教学任务。

2 诚实守信，服务学员

诚实就是为人真诚、坦率，不口是心非。守信就是在人际交往中恪守承诺，决不食言。诚信是做人之本，立业之道。教练员在教学中应做到以下几方面：

（1）忠诚驾校。把驾校的兴衰成败与自己的发展联系在一起，诚实教学，关心驾校发展，积极参与驾校管理，为驾校发展献计献策。

（2）遵守合同，依法办事，自觉维护驾校信誉，保守驾校秘密。

（3）树立正确的服务意识，找准自己的职业定位，不断提高学员的满意度。

3 为人师表，廉洁从教

教练员应成为学员表率，“身教重于言教”，要求学员做到的自己首先做到，严于自律，不侵害学员的正当权益，精心维护好自己在学员心目中的形象。教练员在教学中应做到以下几个方面：

（1）注重内在素质的提高。教练员只有具备崇高的职业道德，懂得驾驶教学规律，掌握如何传授驾驶技能，有良好的语言表达技巧和与学员沟通交往的能力，才可能使学员掌握并熟练运用驾驶技能，成为安全文明的驾驶员。

（2）改善外在形象，教练员要注重自身修养，做到仪表端庄整洁，言语举止文明。

（3）自觉抵制不正之风。教练员要廉洁自律，为了个人私利，对学员吃、拿、卡、要不仅将失信于学员，影响教练员形象，更重要的是将损害驾校声誉，造成行业不良风气。

4 遵章守法，珍爱生命

教练员在教学中要严格遵守交通法律法规，在法规的范围内规范自己的教学行为，知法守法，不仅自己遵章守法，给学员做出榜样，还要让学员从培训开始就树立“安全第一、珍爱生命”的安全意识，并将遵章守法，珍爱生命的安全意识贯穿于教学全过程，防微杜渐，警钟长鸣，这要求教练员在教学中做到以下几个方面：

（1）加强法律法规教育。教练员应熟悉掌握道路交通安全法律法规知识，利用教学过程中出现的事故苗头和事故案例，对学员进行现场安全教育，让学员真正明白遵章守法是确保安全行车的前提。

（2）遵守安全驾驶操作规程。教练员应熟悉掌握安全行车驾驶操作规程，在教学的各个阶段都要严格要求学员按操作规程进行驾驶，并随车指导，及时纠正学员的不规范或错误驾驶行为，培养学员安全文明驾驶的习惯。

（3）坚持教学车辆安全检视。教练员应熟悉掌握车辆安全检视的内容、要求和步骤，在教学中坚持安全检视制度，特别是车辆的安全部件、操作装置和灯光信号，带领学员进行经常性的检查，消除事故隐患，避免因车辆故障而引发交通事故，保障教学工作安全顺利进行。

2 教练员的职业道德培养

教练员的职业道德不是与生俱来或自发形成，而是通过后天学习，在驾驶教学过程中逐步培养而成的。

教练员良好的职业道德培养方法主要有以下几种：

1 注重学习

学习是教练员道德培养的基础，要注意把理论学习与对榜样的学习结合起来，始终站在驾驶培训行业的前沿。

（1）学习汽车专业知识，从专业知识中提取精华传授给学员，不断提升自己的专业素养。

（2）向榜样学习，向驾驶培训行业先进人物、服务标兵和技术能手学习，主动了解他们的先进事迹，学习他们的优良品质，不断提升自己的道德境界。

2 自我激励

自我激励是教练员职业道德培养最积极的重要方法。

（1）目标激励：奋斗目标不仅仅意味着一个追求的方向，它还是一种重要的精神动力，切合实际的目标能激发人的潜能，目标越高，内驱力就越大，达到的道德境界也会越高。

（2）对比激励：对比是人们认识和分析事物时采用的一种方法，在职业道德培养过程中，教练员可以通过对比，发现自身优点并发扬扩大，发现不足则及时纠正，在差异中获得行为的动力，从而实现职业道德培养上的“比、学、赶、帮、超”。

（3）成效激励：任何一个教练员只要坚持职业道德培养，必会有所收获，对学员付出越多，收获得也会越多。这些收获可以给教练员带来心理上的充实、欣慰和满足感，也会为进一步深入培养职业道德增强动力。

3 自我省察

自我省察是职业道德培养的常用方法。教练员要经常对自己的职业行为进行自觉地检查、反省、剖析，对自己不良思想倾向做自我批评，严格约束自己，杜绝不良行为的发生。主要从以下几个方面做起：

（1）学会正确认识自己。教练员要想具有自知之明，充分认识到自己的缺点、错误和优势、成绩，不仅要有态度，还要采取人际比较，听取意见等方法，从客观条件、主观努力和现实水平等多方面评价自己，才能真正做到自知之明。

（2）要有承认错误的勇气。教练员在教学过程中出现错误、不足是难免的，只有勇于承认自己的错误、不足，避免错误、不足继续扩散，才能使自己的行为达到高标准。

（3）要有闻过则喜的精神。教练员虚心诚恳地听取日常学员对自己的评价、意见和建议，慎重、冷静地思考别人的意见，做到有则改之，无则加勉。

4 防微杜渐

防微杜渐是教练员职业道德培养的重要方法。高尚的职业道德是强调教练员要时刻注意在教学过程中细节问题的谨慎心理，通过细节养成良好的职业行为习惯，逐步提升教练员的道德境界。

（1）慎独。慎独是指教练员一个人独处或无人监督的时候，还能非常谨慎地注意自己的思想和行为，不做违背职业道德的事情。教练员的职业特点是单个进行，手把手地教，服务具有“隐蔽”等特点，能否慎独，直接影响学员对驾校的满意度，教练员要在慎独上下功夫，时时处处按职业道德规范去做，严格自我约束，自我控制，自珍自爱。

（2）慎微。慎微是指教练员不能眼高手低，只注重大事而不注意小事和小节。教练员要勤于实践，从身边点滴小事做起。同时要求教练员在自己错误言行还处于轻微、细小、萌芽状态时，就要努力纠正，防止酿成大错。

（3）慎始。慎始是指教练员在教学过程中自始至终都要谨慎。教练员要认真对待教学过程中的每个“第一次”，谨防第一次错误言行的发生，把好第一关，主动发现自身的不足并不断改进，在实际行动中接受学员的监督。

教练员职业道德培养是一项艰巨的任务，是一个长期的过程，只有持之以恒，永不懈怠，才能使自己成为一名具有良好职业道德的教练员，为驾驶培训事业做出应有的贡献。

三 教练员的基本素质要求

1 社会责任感

驾驶员的安全驾驶，关系到自身和他人的生命和财产安全、家庭幸福以及社会的安定与和谐。因此，教练员作为构筑道路交通安全重要防线的主力军，应当深刻认识到自身工作对社会的重要意义，认识到所肩负的神圣使命，要具有高度的社会责任感。教练员的社会责任感，主要表现为热爱自己的工作岗位、热爱本职工作，紧密围绕驾驶员素质教育要求，对待每一位学员，每一次授课始终保持严谨、细致的工作作风，按要求规范施教，对学员驾驶技能训练严格要求、科学评价，不心浮气躁，不敷衍了事。

2 安全意识和驾驶习惯

教练员要取得学员的信任，收到好的教学效果，首先要成为学员的榜样，自身应具有良好的安全意识和驾驶习惯，在教学过程中做到知法、守法，规范操作。在学员学习驾驶技能的整个阶段，教练员自身的行车安全意识、驾驶习惯对学员一生中的行车安全都将产生深远的影响。

3 专业知识和驾驶技能

在驾驶培训过程中，教练员不仅要教学员怎么做，更重要的是教学员为什么这样做，做到晓之以理，才有利于学员理解和掌握。比如，学员在训练初期经常会出现离合器踏板控制不好导致车辆熄火的现象，教练员需要向学员讲清楚熄火的原因和离合器踏板的正确使用方法，尤其是半联动操作的动作要领。

俗话说：“要给别人一杯水，自己要有一桶水甚至一缸水”。因此，教练员首先要有合理的知识结构和丰富的专业知识储备，并且能够随着道路交通安全法律法规、车辆技术和现代化教学手段等知识的不断更新，自觉加强业务学习，巩固专业知识；其次，应具有良好的

驾驶技能，能够对实际驾驶体验进行总结，在驾驶训练中做到动作示范规范、准确，并凭借自身的驾驶经验提前预测交通风险，及时提示学员，保障教学的安全。

4 教学能力

教练员需要在课前做好充分准备，在教学过程中，能够用清晰、准确、简洁、逻辑较为严密且不失生动的语言向学员讲解专业知识，规范、准确地示范动作细节，针对教学内容和学员的特点科学运用教学方法和技术手段，合理安排训练内容和训练次数。因此，教案编写能力、语言表达能力、动作示范能力、教学方法和技术手段的灵活运用能力、教学组织与管理能力是教练员实施教学的基本功。

小知识

教练员语言表达能力的培养方法

教练员可以通过以下三个方面的努力，来培养自己的语言表达能力：

（1）多听。在与别人交流的时候多听别人的说话方式，尤其是聆听其他教练员的示范课，从中学习其好的语言运用技巧。

（2）多读。多读与业务相关的书籍，从书中汲取语言表达的方式方法和技巧，增加语言的素材。

（3）多说。并不是想说什么说什么，乱说一气，而是应有准备、有计划、有条理地去说，比如，针对某一主题设计示范教学课，并请听课者给予建议。

驾驶培训是成人教育，成年人希望在轻松、平等的教学环境中接受培训并受到尊重，在训练过程中有交流和探讨，能及时了解到培训效果。因此，教练员应具备善于与学员沟通的能力，能有效地调节学员心理状态，缓解学员压力，积极评价、激励学员，调动学员参与教学活动的积极性，用朋友式的真诚，营造平等和谐的氛围，服务学员，满足学员学习需求，增强学员对教练员认同感、信任感。

教练员所面对的教学对象层次多样，需要懂得学员心理特点、认知规律及其在学习过程中的心理活动过程，能根据学员情况调整教学方式。比如女学员一般是温和细心、动作柔和，男学员一般是反应敏捷、易冲动。因此，教男学员和女学员时，要考虑到不同对象之间的差异，因材施教才会有好的教学效果。

5 心理调节能力

教练员职业生涯不总是一帆风顺的，有些时候会觉得很轻松，工作充满乐趣，但有些时候会觉得工作枯燥无味，甚至带有悲观失望的情绪。因此，教练员应当时刻正确反思自己，尤其是在不顺心的时候及时采取措施调节自己的状态，常常问问自己以下几个问题：

（1）为什么最近对工作没有热情，是对这一职业抱有不切实际的期望，意志消沉了吗？

（2）为什么最近在训练时容易分散注意力，是家庭生活的琐事导致心烦意乱了吗？

（3）为什么会与学员发生争吵，是缺乏与学员沟通的能力吗?

（4）为什么学员一直不能掌握所传授的动作，是没有讲解清楚、做好动作示范，还是教学安排存在问题?

第二节 教练员的资格条件

机动车驾驶培训教练员包括理论教练员、驾驶操作教练员、道路客货运输驾驶员从业资格培训教练员和危险货物运输驾驶员从业资格培训教练员四种类型。

一 理论教练员的资格条件

理论教练员应符合的条件：①持有机动车驾驶证，具有2年以上安全驾驶经历；②具有汽车、机械、运输管理等相关专业中专以上学历或者汽车及相关专业中级以上技术职称；③掌握道路交通安全法规、驾驶理论、机动车构造、交通安全心理学和常用伤员急救等安全驾驶知识，了解车辆环保和节约能源的有关知识，了解教育学、教育心理学的基本教学知识，具备编写教案、规范讲解的授课能力。

二 驾驶操作教练员的资格条件

驾驶操作教练员应符合的条件：①取得相应的机动车驾驶证，符合安全驾驶经历和相应车型驾驶经历的要求；②年龄不超过60周岁；③具有中专或者高中以上学历；④掌握道路交通安全法规、驾驶理论、机动车构造、交通安全心理学、预见性驾驶和应急驾驶的基本知识，熟悉车辆维护和常见故障诊断、车辆环保和节约能源的有关知识，具备驾驶要领讲解、驾驶动作示范、指导驾驶的教学能力。不同车型的驾驶操作教练员资质条件见表1-1。

不同车型的驾驶操作教练员资质条件 表1-1

车　型	驾驶操作教练员资质条件
大型客车、牵引车、城市公交车、中型客车、大型货车	具有5年以上驾驶相应车型车辆的驾驶经历
小型汽车、小型自动挡汽车、低速载货汽车、三轮汽车、残疾人专用小型自动挡载客汽车、普通三轮摩托车、普通二轮摩托车、轻便摩托车	具有5年以上安全驾驶经历且具有3年以上驾驶相应车型车辆的经历（具有大专以上学历且接受过教练员职业技能教育的，应具有2年以上安全驾驶经历和驾驶相应车型车辆的经历，且有不少于3个月的实习教练经历）
其他车型	5年以上安全驾驶经历，且具有4年以上驾驶相应车型车辆的经历

三 道路客货运输驾驶员从业资格培训教练员的资格条件

道路客货运输驾驶员从业资格培训教练员应符合的条件：①具有汽车及相关专业大专以

上学历或者汽车及相关专业高级以上技术职称；②掌握道路旅客运输法规、货物运输法规以及机动车维修、货物装卸保管和旅客急救等相关知识，具备相应的授课能力；③具有2年以上从事普通机动车驾驶员培训的教学经历，且近2年无不良的教学记录。

四 危险货物运输驾驶员从业资格培训教练员的资格条件

危险货物运输驾驶员从业资格培训教练员应符合的条件：①具有化工及相关专业大专以上学历或者化工及相关专业高级以上技术职称；②掌握危险货物运输法规、危险化学品特性、包装容器使用方法、职业安全防护和应急救援等知识，具备相应的授课能力；③具有2年以上化工及相关专业教学经历，且近2年无不良教学记录。

第三节 教练员的职责与义务

教练员职责是指教练员岗位所要求的、需要去完成的工作内容以及应当承担的责任范围。

一 教练员的职责

对驾驶学员实施素质教育，除培训学员安全驾驶技能外，更重要的是培养学员的安全意识，传授学员安全行车知识，增强学员的社会责任感，引导学员树立“安全第一、珍爱生命”的行车理念。提高驾驶学员的整体素质，把好驾驶培训的质量关，教练员的作用非常关键，也是教练员的根本职责。

1 培养学员安全意识

在驾驶培训中，安全驾驶技能的训练固然重要，但缺乏安全意识的驾驶员，即使安全驾驶技能很高，也会成为“马路杀手”。因此，教练员应当高度重视培养学员的安全意识，让学员从接受培训开始就树立遵章守法、安全文明的行车理念，具有高度的社会责任感。

在教学过程中，教练员需要通过安全警示教育让学员体会到违法驾驶行为所带来的风险以及交通事故的危害，牢记生命无价，通过传授安全驾驶知识，将安全教育和文明驾驶有机结合，使学员能够充分理解和体谅其他交通参与者的行为，本着珍爱和尊重自己和他人生命的原则，自觉遵守道路交通法规，采取预见性驾驶方式，安全驾驶、文明行车。

2 教授学员安全知识

学员掌握必要的安全行车知识，才能具备独立分析问题和解决问题的能力，能够更好地

接受驾驶训练。例如，掌握机动车构造知识，能够更好地理解操作动作和操作规范。

教练员需要根据《教学与考试大纲》的要求，结合培训教材对学员进行理论知识培训。在驾驶技能训练中，教练员还需要将理论知识与驾驶操作训练有机结合，让学员更好地理解和巩固。

3 传授学员驾驶技能

驾驶技能是驾驶员在具体的道路交通环境中，根据已经掌握的专业理论知识和安全行车经验，通过对环境的观察、分析和判断，采取恰当的措施，控制车辆安全行驶的能力，包括操作车辆各种操控装置的能力以及判断、分析和处置交通情况的能力。

教练员需要根据《教学与考试大纲》的要求，结合场内训练，培训学员规范操控车辆的技能、一般道路条件下的安全与节能驾驶能力；结合实际道路驾驶训练，培训学员在复杂道路条件下的安全与节能驾驶能力。

二 教练员的义务

教练员义务是指从法律法规规定和道德的角度，教练员在指导学员训练的过程中应该进行的价值付出。

1 遵循《教学与考试大纲》要求

《教学与考试大纲》分阶段规定了教学项目、内容、目标和学时，是教练员实施教学的重要依据。教练员按照《教学与考试大纲》的要求组织教学，首先应该认真学习、理解和掌握其内容和内涵；其次，遵循《教学与考试大纲》合理安排教学内容、教学方法和教学进度，突出教学重点和难点，保证培训学时，争取在规定课时段内高效完成教学任务，达到教学目标。

2 确保教学过程安全

教练员在驾驶培训过程中不仅是教学者，也是安全员，需要给学员提供轻松、愉快和安全的学习环境。在驾驶训练过程中，不论是学员还是教练员，稍有疏忽都可能导致交通事故发生。教学中一旦发生交通事故，一方面会危及人员伤亡和财产损失，另一方面会给学员造成心理上的阴影，挫伤学员学习的积极性。

教练员应始终把安全意识的教育和良好驾驶习惯的培养放在首位，指导学员遵章守法，不做任何冒险动作，不存任何侥幸心理；应保持高度的责任心和工作热情，按规定随车进行指导，及时对学员进行安全提示，纠正学员的错误，必要时采取安全保护操作，避免事故发生。

3 营造和谐教学氛围

尊重学员，有利于激发学员学习驾驶技能的积极性，提高学习效率和学习效果，也是教练员服务意识的落脚点。在第一次对学员实施培训时，教练员就开始创造积极、轻松的学习氛围，可以给学员留下良好的印象，赢得学员的信任，对其整个学习过程产生积极的影响。

教练员在对学员实施培训的过程中，需要设身处地地为学员着想，热情地关怀、鼓励、指导和帮助学员，毫无保留地把驾驶技能传授给学员；需要把严格要求和耐心教育有机结合，真诚对待学员，批评教育时充分尊重学员的人格。

教练员如何营造和谐教学氛围

营造和谐教学氛围，需要教练员在日常的教学中加强以下三个方面：

（1）微笑。微笑可以化解学员的紧张情绪，缓解学员的压力；微笑可以减少教练员与学员之间的陌生，拉近彼此之间的距离。微笑需要教练员保持良好的心态，对待学员有耐心，对待工作有进取心。

（2）倾听。性格外向的学员喜欢向别人诉说，还有一些理性的学员在遇到困难时喜欢抱怨，比如“怎么挡位总是找不准！”、“怎么车辆总是停不正！”等，这是一种缓解紧张和焦虑情绪、自查问题的方式，也是对教练员的信任和期待。教练员需要耐心倾听，指出问题的关键，给予适当的肯定和指导，比如“多加练习，慢慢来。”、“你一定能练好！”。

（3）赞美和表扬。赞美和表扬是一种兴奋剂，具有催化作用，可以使教练员与学员之间的关系更加贴近、更加融洽。在学习期间，学员如能受到教练的赞美，甚至是一点肯定的评价，将有助于性格内向的学员建立自信，有助于性格外向的学员获得成就感，形成持久的学习动力。

4 满足学员合理需求

教练员与学员之间存在服务与被服务的关系，尊重和爱护学员是教练员具有良好道德品质和服务意识的体现。教练员是服务的主体，因此要找准自己的职业定位，摆正与学员的关系，确立正确的服务理念、服务态度和服务方法。

在驾驶训练过程中，因学员的个人素质不同，训练效果存在很大的差异。因此，教练员要细心研究学员的心理动态，检查学习效果，虚心听取学员的意见和要求，了解学员的学习需求，对他们的合理要求要尽量满足，对他们的合理化建议要尽量采纳，让学员对提高自身驾驶技能充满信心。

第二章 道路交通法律法规

道路交通安全法律、法规是规范交通参与者的行为，维护道路交通秩序，构建安全与和谐交通社会的前提。道路运输法律、法规是规范道路运输经营，建立和完善道路运输市场机制，促进道路运输市场健康发展的基础。本章重点介绍了道路交通安全法律法规知识、机动车驾驶员培训管理法规知识以及教练员从业资格管理法规知识。教练员不仅应深刻理解和熟练掌握这些法律、法规知识，更重要的是能够知法、守法。

第一节 道路交通安全法律法规

《中华人民共和国道路交通安全法》(以下简称《道路交通安全法》)以及配套的《中华人民共和国道路交通安全法实施条例》(以下简称《实施条例》)，以规范道路交通参与者的行为，维护道路交通秩序，预防和减少道路交通事故，保护居民出行安全，保障公民、法人和其他组织的财产安全及其他合法权益，提高道路通行效率为目的，是与广大人民群众切身利益息息相关的重要法律、法规。我国境内的机动车驾驶员、行人、乘车人以及与道路交通活动有关的单位和个人都必须遵守。

一 机动车

机动车的使用与管理的相关规定，主要包括机动车的登记、牌证使用、安全技术检验和报废等几个方面。

1 机动车登记

我国对机动车实行登记制度，即机动车经公安机关交通管理部门登记、核发机动车号牌后，方可上道路行驶。尚未登记的机动车，需要临时上道路行驶的，应当取得临时通行牌证。

2 机动车牌证使用

驾驶机动车上道路行驶，应当按以下要求使用车辆牌证：

（1）应随车携带机动车行驶证，并在机动车前窗右上角放置检验合格标志、保险标志和环保标志。

（2）在车前、车后指定位置悬挂机动车号牌，并保持号牌的清晰、完整，不得故意遮挡、污损。重型、中型载货汽车及其挂车的车身或者车厢后部应当喷涂放大的牌号，字样应当端正并保持清晰。

（3）机动车喷涂标识或者车身广告时，不得影响安全驾驶。

3 机动车安全技术检验

机动车安全技术检验制度是防止“带病”机动车上路，减少道路交通安全隐患，确保机动车安全行驶的重要举措。机动车安全技术检验主要包括注册登记检验和定期检验。

（1）注册登记安全技术检验。机动车申请注册登记时，应当接受安全技术检验，但是经国家机动车产品主管部门依据机动车国家安全技术标准认定的企业生产的机动车车型，该车型的新车在出厂时经检验已符合机动车国家安全技术标准，获得检验合格证的，可免予安全技术检验。

（2）机动车定期安全技术检验。对登记后上道路行驶的机动车，应当依照法律法规的规定，根据车辆用途、载客（货）数量、使用年限等情况，定期进行安全技术检验。机动车进行安全技术检验时，机动车行驶证记载的登记内容与该机动车的有关情况不符，或者未按照规定提供机动车第三者责任强制保险凭证的，不予通过检验，具体检验标准见表2-1。

机动车定期安全技术检验标准　　表2-1

车　　型	每2年检验1次	每年检验1次	每6个月检验1次
小型、微型非营运载客汽车	—	超过6年	超过15年
营运载客汽车	—	5年以内	超过5年
载货汽车和大型、中型非营运载客汽车	—	10年以内	超过10年
摩托车	4年以内	超过4年	—
专用校车	—	—	自注册登记之日起
非专用校车	—	—	自取得校车标牌后
其他机动车	—	自注册登记之日起	—

4 机动车报废

国家实行机动车强制报废制度，根据机动车的安全技术状况和不同用途，规定不同的报废标准。达到报废标准的机动车不得上道路行驶。

根据2012年商务部、发改委、公安部、环境保护部共同发布的《机动车强制报废标准规定》的规定，已注册机动车有下列情形之一的应当强制报废，其所有人应当将机动车交售给报废机动车回收拆解企业，由报废机动车回收拆解企业按规定进行登记、拆解、销毁等处理，并将报废的机动车登记证书、号牌、行驶证交公安机关交通管理部门注销：

（1）达到规定的使用年限的，比如小型教练载客汽车使用10年，中型教练载客汽车使

用12年，大型教练载客汽车使用15年；

（2）经修理和调整仍不符合国家机动车安全技术标准的在用机动车有关要求的；

（3）经修理和调整或者采用控制技术后，向大气排放污染物或者噪声仍不符合国家标准对在用车有关要求的；

（4）在检验有效期届满后连续3个机动车安全技术检验周期内未取得机动车检验合格标志的。

国家对达到一定行驶里程的机动车实施引导报废，比如小型和中型教练载客汽车行驶50万km以上的，大型教练载客汽车行驶60万km以上的，建议机动车所有人申请报废。

二 机动车驾驶员

机动车驾驶员的规定主要包括驾驶证申领与培训、驾驶证考试、驾驶证使用、驾驶员的行为要求等几个方面。

1 驾驶证申领与考试

申请机动车驾驶证，应当符合公安部门规定的驾驶许可条件，比如年龄条件、身体条件（包括身高、视力、辨色力、听力、上下肢体）等。

公安机关交通管理部门对申请机动车驾驶证的人员进行考试，经考试合格后，核发与申请准驾车型相应类别的机动车驾驶证。

机动车驾驶人考试内容分为道路交通安全法律、法规和相关知识考试科目（以下简称“科目一”）、场地驾驶技能考试科目（以下简称“科目二”）、道路驾驶技能和安全文明驾驶常识考试科目（以下简称“科目三”）。

2 驾驶证使用

（1）记分制度。公安机关交通管理部门对机动车驾驶员违反道路交通安全法律、法规的行为，除依法给予行政处罚外，实行累积记分制度，记分周期为12个月，满分为12分。依据道路交通安全违法行为的严重程度，一次记分的分值为：12分、6分、3分、2 分、1分共5种。

机动车驾驶员在一个记分周期内记分未达到12分，所处罚款已经缴纳的，记分予以清除；记分虽未达到12分，但尚有罚款未缴纳的，记分转入下一个记分周期。

对在一个记分周期内累积记分达到12分的，由公安机关交通管理部门扣留其机动车驾驶证，该机动车驾驶员应当按照规定参加道路交通安全法律、法规和相关知识的学习并接受考试。考试合格的，记分予以清除，发还机动车驾驶证；考试不合格的，继续参加学习和考试。机动车驾驶员拒不参加学习，也不接受考试的，由公安机关交通管理部门公告其机动车驾驶证停止使用。

机动车驾驶员在一个记分周期内有两次以上达到12分或者累积记分达到24分以上的，除扣留机动车驾驶证，参加道路交通安全法律、法规和相关知识的学习和考试外，还应当接受道路驾驶技能考试。

（2）驾驶实习期。机动车驾驶员初次申请机动车驾驶证和增驾准驾车型后的12个月为驾驶实习期。在实习期内驾驶机动车的，应当在车身后部黏贴或者悬挂统一式样的实习标志。

机动车驾驶员在实习期内不得驾驶公共汽车、营运客车或者执行任务的警车、消防车、救护车、工程救险车以及载有爆炸物品、易燃易爆化学物品、剧毒或者放射性等危险物品的

机动车，驾驶的机动车不得牵引挂车。

驾驶员在实习期内驾驶机动车上高速公路行驶，应当由持相应或者更高准驾车型驾驶证3年以上的驾驶员陪同。其中，驾驶残疾人专用小型自动挡载客汽车的，可以由持有小型自动挡载客汽车以上准驾车型驾驶证的驾驶员陪同。

（3）驾驶证的有效期。机动车驾驶证上注有驾驶证的有效期，分为6年、10年和长期有效3种。在6年有效期内，每个记分周期均未达到12分的，换发10年有效期的机动车驾驶证；在机动车驾驶证的10年有效期内，每个记分周期均未达到12分的，换发长期有效的机动车驾驶证。

机动车驾驶员应当在驾驶证的有效期内驾驶机动车。机动车驾驶员在驾驶证的有效期满前90日内，需申请换证，并提交有关身体条件的证明。

3 安全驾驶要求

（1）驾驶员应当按照驾驶证载明的准驾车型驾驶机动车并在驾车时随身携带机动车驾驶证。

（2）机动车驾驶员在机动车驾驶证失、损毁、超过有效期、被依法扣留、暂扣期间以及记分达到12分的，不得驾驶机动车。

（3）饮酒、服用国家管制的精神药品或者麻醉药品，患有妨碍安全驾驶机动车的疾病，过度疲劳影响安全驾驶的，均不得驾驶机动车。

（4）驾驶员驾驶机动车上道路行驶前，应当对机动车的安全技术性能进行认真检查，不得驾驶安全设施不全或者机件不符合技术标准等具有安全隐患的机动车。

（5）机动车驾驶员应当遵守道路交通安全法律法规的规定，按照操作规范安全驾驶、文明驾驶。

（6）任何人不得强迫、指使、纵容驾驶员违反道路交通安全法律法规和机动车安全驾驶要求驾驶机动车。

典型重大交通违法行为

根据《机动车驾驶证申领与使用规定》中的违法行为记分分值规定，机动车驾驶员有下列违法行为之一，一次记12分：

（1）驾驶与准驾车型不符的机动车的；

（2）上道路行驶的机动车未悬挂机动车号牌的，或者故意遮挡、污损、不按规定安装机动车号牌的；

（3）使用伪造、变造的机动车号牌、行驶证、驾驶证、校车标牌或者使用其他机动车号牌、行驶证的；

（4）饮酒后驾驶机动车的；

（5）驾驶中型以上载客载货汽车在高速公路、城市快速路上行驶超过规定时速20%以上或者在高速公路、城市快速路以外的道路上行驶超过规定时速50%

以上，以及驾驶其他机动车行驶超过规定时速50%以上的；

（6）连续驾驶中型以上载客汽车超过4小时未停车休息或者停车休息时间少于20分钟的；

（7）驾驶机动车在高速公路上倒车、逆行、穿越中央分隔带掉头的；

（8）未取得校车驾驶资格驾驶校车的；

（9）造成交通事故后逃逸，尚不构成犯罪的；

（10）驾驶营运客车（不包括公共汽车）、校车载人超过核定人数20%以上的；

（11）驾驶营运客车在高速公路车道内停车的。

三 道路交通信号

道路交通信号是科学分配通行权，促进交通参与者之间的相互交流，保障道路通行安全和通行秩序的重要载体，包括交通信号灯、道路交通标志和标线、交通警察指挥手势。

1 交通信号灯

交通信号灯是利用图形符号和不同的颜色向交通参与者传递特定信息的设施，是交通信号的重要组成部分，其类型和功能见表2-2。

交通信号灯的类型和作用　　表2-2

分类	图例	作用
机动车信号灯		指挥机动车、非机动车通行。绿灯亮时，准许车辆通行，但转弯的车辆不得妨碍被放行的直行车辆、行人通行；黄灯亮时，已越过停止线的车辆可以继续通行；红灯亮时，禁止车辆通行，但右转弯的车辆在不妨碍被放行的车辆、行人通行的情况下，可以通行
非机动车信号灯		
人行横道信号灯		一般设在人流较多的重要交叉路口的人行横道两端，指挥行人通行。绿灯亮时，准许行人通过人行横道；红灯亮时，禁止行人进入人行横道，但是已经进入人行横道的，可以继续通过或者在道路中心线处停留等候
车道信号灯		一般安装在需要单独指挥的车道上方，只对在该车道行驶的车辆起指挥作用，其他车道的车辆和行人仍按规定信号行驶。绿色箭头灯亮时，准许本车道车辆按指示方向通行；红色叉形灯或者箭头灯亮时，禁止本车道车辆通行
方向指示信号灯		一般安装在交通繁忙、需要引导交通流的交叉路口，是指挥机动车行驶方向的专用指示信号。信号灯的箭头方向向左、向上、向右分别表示左转、直行、右转

续上表

分类	图例	作用
闪光警告信号灯		闪光警告信号灯为持续闪烁的黄灯，一般设在有危险的路口或路段，提示车辆、行人通行时注意瞭望，确认安全后通过
道路与铁路平面交叉道口信号灯		两个红灯交替闪烁或者一个红灯亮时，表示禁止车辆、行人通行；红灯熄灭时，表示允许车辆、行人通行

2 道路交通标志

道路交通标志是用图形符号、颜色和文字向交通参与者传递特定信息，用于管理交通的设施其类型和作用见表2-3。

道路交通标志的类型和作用　　表2-3

分类	特征	实物图举例	作用
主标志	警告标志		表示警告车辆驾驶员、行人前方有危险的标志
	禁令标志		表示禁止、限制及相应解除的含义的标志
	指示标志		表示指示车辆、行人行进的标志
	指路标志	出口 EXIT；京唐高速 北京 天津	传递行车方向、地点、距离等信息的标志
	旅游区标志	云居寺 YUNJUSI	提供旅游景点方向、距离的标志
	作业区标志	前方施工 1km	通告道路施工区通行信息的标志
辅助标志		100m 7:30-18:30；学校；海关；事故；坍方；二环路区域内	附设在主标志下，起辅助说明作用的标志
告示标志		驾驶时禁用手持电话；系安全带	告知路外设施、安全行驶信息以及其他信息的标志

3 道路交通标线

道路交通标线是由施划或安装于道路上的各种线条、箭头、文字、图案及立面标记、实体标记、突起路标和轮廓标等构成的交通设施，它的作用是向道路使用者传递有关道路交通的规则、警告、指引等信息，可以与标志配合使用，也可以单独使用。

指示标线——指示车行道、行车方向、路面边缘、人行道、停车位、停靠站及减速丘等的标线。

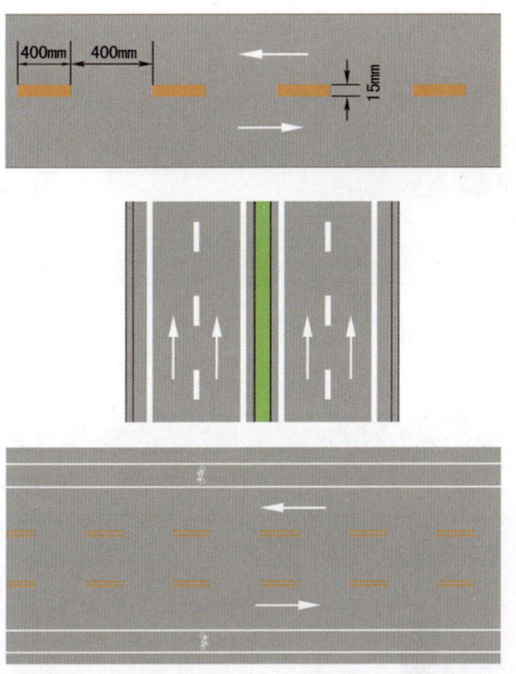

禁止标线——告示道路交通的遵行、禁止、限制等特殊规定的标线。机动车驾驶员及行人必须严格遵守。

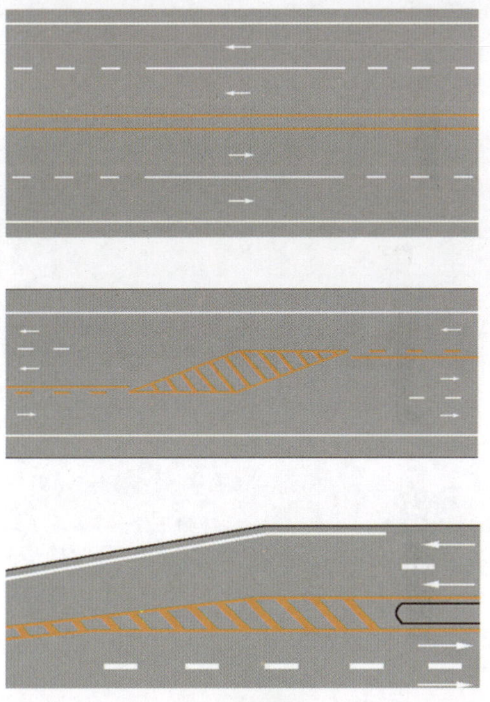

警告标线——促使道路使用者了解道路上的特殊情况，提高警觉准备应变防范措施的标线。

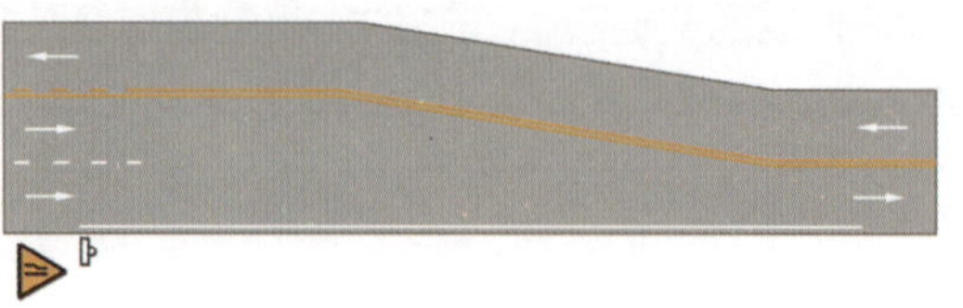

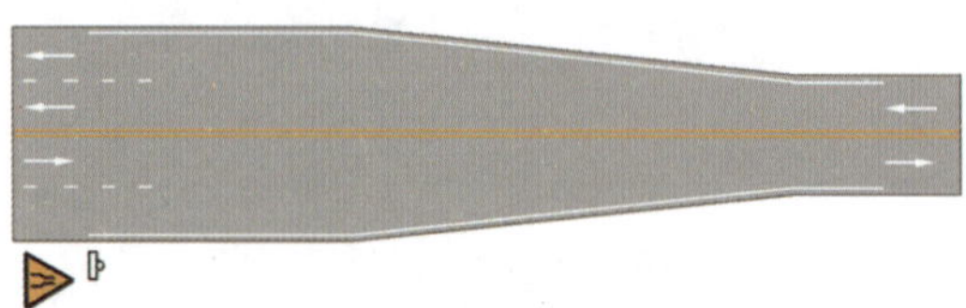

4 交通警察指挥手势

交通警察指挥手势主要有8种类型，如下表2-4所示。

交通警察指挥手势　　表2-4

类　型	图　例	指挥动作	作　用
停止信号		左臂由前向上直伸，掌心向前	不准前方车辆通行
直行信号		左臂向左平伸，掌心向前；右臂向右平伸，掌心向前，向左摆动，掌心向内	准许右方直行的车辆通行
左转弯信号		右臂向前平伸，掌心向前；左臂与手掌平直向右前方摆动，掌心向右	准许车辆左转弯，在不妨碍被放行车辆通行的情况下可以掉头
左转弯待转信号		左臂向左下方平伸，掌心向下，左臂与手掌平直向下方摆动	准许左方左转弯的车辆进入路口，沿左转弯行驶方向靠近路口中心，等待左转弯信号

续上表

类　型	图　例	指挥动作	作　用
右转弯信号		左臂向前平伸，掌心向前；右臂与手掌平直向左前方摆动，手掌向左	准许右方的车辆右转弯
变道信号		面向来车方向，右臂向前平伸，掌心向左；右臂向左水平摆动	示意车辆腾空指定的车道，减速慢行
减速慢行信号		右臂向右前方平伸，掌心向下；右臂与手掌平直向下方摆动	示意车辆减速慢行
示意车辆靠边停车信号		面向来车方向，左臂由前向上平伸，掌心向前；右臂向前下方平伸，掌心向左；右臂向左水平摆动	示意车辆靠边停车

车辆应当按照交通信号的规定通行。遇有交通警察现场指挥时，应当按照交通警察的指挥通行；在没有设置交通信号的道路上，应在确保安全、畅通的原则下通行。

四 道路通行规定

道路通行规定中与机动车驾驶员密切相关的内容包括一般规定、机动车通行的规定和高速公路的特别规定等，是确保道路交通安全、有序和畅通的基础，是机动车驾驶员参与交通必须遵守的交通规则，教练员必须让学员理解和掌握。

1 一般规定

（1）右侧通行。机动车、非机动车实行右侧通行。在道路同方向划有2条以上机动车道的，左侧为快速车道，右侧为慢速车道。在快速车道行驶的机动车应当按照快速车道规定的速度行驶，未达到快速车道规定的行驶速度的，应当在慢速车道行驶。摩托车应当在最右侧车道行驶。慢

速车道内的机动车超越前车时，可以借用快速车道行驶。

（2）分道通行。根据道路条件和通行需要，道路划分为机动车道、非机动车道和人行道时，机动车、非机动车、行人实行分道通行。没有划分机动车道、非机动车道和人行道时，机动车在道路中间通行，非机动车和行人在道路两侧通行。

2 车辆装载规定

（1）机动车载人不得超过核定的人数，客运机动车不得违反规定载货。

（2）机动车载物应当符合核定的载质量，严禁超载；载物的长、宽、高不得违反装载要求，不得遗洒、飘散载运物。禁止货运机动车载客。货运机动车需要附载作业人员的，应当设置保护作业人员的安全措施。

（3）机动车运载超限且不可解体的物品，影响交通安全的，应当按照公安机关交通管理部门指定的时间、路线、速度行驶，悬挂明显标志。在公路上运载超限的不可解体的物品，并应当依照公路法的规定执行。

（4）机动车载运爆炸物品、易燃易爆化学物品以及剧毒、放射性等危险物品，应当经公安机关批准后，按指定的时间、路线、速度行驶，悬挂警示标志并采取必要的安全措施。

3 速度与距离规定

（1）机动车上道路行驶，不得超过限速标志、标线标明的速度。在没有限速标志、标线的路段，应当保持安全车速，即在没有道路中心线的城市道路，最高行驶速度为30km/h；在没有道路中心线的公路，最高行驶速度为40km/h；同方向只有1条机动车道的城市道路，最高行驶速度为50km/h；同方向只有1条机动车道的公路，最高行驶速度为70km/h。

案例

湿滑路面超速行驶　车辆甩尾驶出道路

2014年7月2日9时20分，湖南省慈利县某驾校教练员李某驾驶自己的一辆小型轿车，搭载驾校的4名学员参加完大中型客货车科目二考试结束后返回。9时38分，当车辆行驶至张家界市永定区南庄坪办事处阴山八米桥路段时，因雨天路滑、车速过快（车速为71.7 km/h），车辆甩尾侧滑驶出道路路面撞到行道树，造成1名学员当场死亡、其余乘员均受重伤。

（2）进出非机动车道，通过铁路道口、急弯路、窄路、窄桥时，最高行驶速度不得超过30km/h。

（3）在冰雪、泥泞的道路上行驶，或者遇有雾、雨、雪、沙尘、冰雹，能见度在50m以内时，最高行驶速度不得超过30km/h。

（4）设计最高车速低于70km/h的机动车，不得进入高速公路。高速公路限速标志标明的最高车速不得超过120km/h，最低车速不得低于60km/h。在高速公路上行驶的小型

载客汽车最高车速不得超过120km/h，其他机动车不得超过100km/h，摩托车不得超过80km/h。

（5）机动车在高速公路上行驶，车速超过100km/h时，应当与同车道的前车保持100m以上的距离；车速低于100km/h时，与同车道的前车距离可以适当缩短，但最小距离不得少于50m。高速公路安全间距具体规定见表2-5。

高速公路安全间距的规定 表2-5

交通情况	灯光的使用	车速	安全距离
能见度小于200m	开启雾灯、近光灯、示廓灯和前后位灯	不超过60km/h	与同车道前车保持100m以上
能见度小于100m	开启雾灯、近光灯、示廓灯、前后位灯和危险报警闪光灯	不超过40km/h	与同车道前车保持50m以上
能见度小于50m	开启雾灯、近光灯、示廓灯、前后位灯和危险报警闪光灯	不超过20km/h	保持足够的安全距离

4 车辆灯光使用规定

（1）车辆向左转弯、向左变更车道、准备驶入环岛、准备超车、驶离停车地点或者掉头时，应当提前开启左转向灯；向右转弯、向右变更车道、超车完毕驶回原车道、靠路边停车时，应当提前开启右转向灯。

（2）机动车在夜间没有路灯、照明不良或者遇有雾、雨、雪、沙尘、冰雹等低能见度情况下行驶时，应当开启前照灯、示廓灯和后位灯，但同方向行驶的后车与前车近距离行驶时，不得使用远光灯。机动车雾天行驶应当开启雾灯和危险报警闪光灯。

（3）夜间会车应当在距相对方向来车150m以外改用近光灯，在窄路、窄桥与非机动车会车时应当使用近光灯。车辆在夜间通过急弯、坡路、拱桥、人行横道或者没有交通信号灯控制的路口时，应当交替使用远近光灯示意。

5 通过交叉路口的规定

（1）机动车通过交叉路口，应当按照交通信号灯、交通标志、交通标线或者交通警察的指挥通过；通过没有交通信号灯、交通标志、交通标线或者交通警察指挥的交叉路口时，应当减速慢行，并让行人和优先通行的车辆先行。

（2）机动车通过有交通信号灯控制的交叉路口时，准备进入环形路口的让已在路口内的机动车先行；在没有方向指示信号灯的交叉路口，转弯的机动车让直行的车辆、行人先行，相对方向行驶的右转弯机动车让左转弯车辆先行。

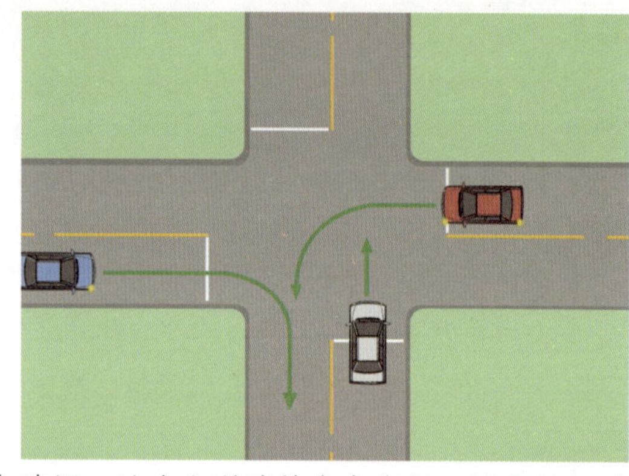

（3）机动车通过没有交通信号灯控制也没有交通警察指挥的交叉路口时，有交通标志、标线控制的，让优先通行的一方先行；没有交通标志、标线控制的，在进入路口前停车瞭望，让右方道路的来车先行；转弯的机动车让直行的车辆先行；相对方向行驶的右转弯的机动车让左转弯的车辆先行。

案例

路口行车不守规则　抢行酿碰撞事故

2010年11月8日，驾驶员高某驾驶一辆中型普通客车(实载21人，核载19人)，由广饶县驶往桓台县，行至桓台县境内205国道597km+400m路口处，未按路口车道内的左转弯标线指示的方向行驶，而是违法右转弯，强行超越右侧驾驶员宋某驾驶的一辆直行的重型罐式半挂牵引车（实载94.98t危险货物“液碱”，核载19t），未注意与其保持安全距离，导致半挂车制动不及而发生碰撞，造成13人死亡、8人受伤。

（4）机动车行经人行横道时，应当减速行驶；遇行人正在通过人行横道，应当停车让行；行经没有交通信号的道路，遇行人横过道路时，应当避让。

（5） 机动车通过铁路道口时，应当按照交通信号或者管理人员的指挥通行；没有交通信号或者管理人员的，应当减速或者停车，在确认安全后通过。

（6）机动车遇有前方交叉路口交通阻塞时，应当依次停在路口以外等候，不得进入路口。在没有交通信号灯、交通标志、交通标线和交通警察指挥的交叉路口，遇到停车排队等候或者缓慢行驶时，机动车应当依次交替通行。

6 超车规定

机动车超车时，应当提前开启左转向灯，变换使用远、近光灯或者鸣喇叭提示前车。在没有道路中心线或者同方向只有1条机动车道的道路上，前车遇后车发出超车信号时，在条件许可的情况下，应当降低速度、靠右让路。后车应当在确认有充足的安全距离后，从前车的左侧超越，在与被超车辆拉开必要的安全距离后，开启右转向灯，驶回原车道。禁止超车的具体情况及潜在危险见表2-6。

禁止超车的具体情况及潜在的危险分析 表2-6

禁止超车的情况	负面影响或者潜在的危险
前车正在左转弯、掉头	后车没有超车的足够空间，如果强行超车，可能会造成交通事故
前车正在超车	会形成多车并行，危险性增加
与对面来车有会车可能	可能面临同时应对会车、超车的情况，增加了行车的危险性
前车为执行紧急任务的警车、消防车、救护车、工程救险车	会影响特种车辆的优先通行，影响特种车辆执行紧急任务
行经铁路道口、交叉路口、窄桥、弯道、陡坡、隧道、人行横道、市区交通流量大的路段等没有超车条件的	道路情况或者交通情况没有提供超车的条件，如果强行超车，可能会造成交通事故

7 停放车辆规定

路边临时停车应当紧靠道路右侧，车辆停稳前不得开车门和上下人员，开关车门不得妨碍其他车辆和行人通行。遇下列情形之一的，不得在道路上临时停车：

（1）在设有禁停标志、标线的路段，在机动车道与非机动车道、人行道之间设有隔离设施的路段以及人行横道、施工地段，不得停车。

（2）在交叉路口、铁路道口、急弯路、宽度不足4m的窄路、桥梁、陡坡、隧道以及距离上述地点50m以内的路段，不得停车。

（3）在公共汽车站、急救站、加油站、消防栓或者消防队（站）门前以及距离上述地点30m以内的路段，除使用上述设施的以外，不得停车。

五 道路交通事故处理

交通事故一方面给人民的生命和财产带来损害和损失，另一方面往往由于轻微交通事故没能得到及时的处理，造成交通堵塞，降低了道路通行能力。因此，教练员需要让学员了解如何正确、快速地进行交通事故现场处理和交通事故赔偿等方面的知识。

1 道路交通事故现场处理

与机动车或非机动车发生财产损失事故，当事人对事实及成因无争议的，可以自行协商处理损害赔偿事宜。车辆可以移动的，当事人应当在确保安全的原则下对现场拍照或者标划事故车辆现场位置后，立即撤离现场，将车辆移至不妨碍交通的地点，再进行协商。当事人自行协商达成协议的，填写道路交通事故损害赔偿协议书，并共同签名。

道路交通事故有下列情形之一的，应当立

即报警并保护现场等候处理，不得驶离：

（1）造成人员死亡、受伤的；

（2）发生财产损失事故，当事人对事实或者成因有争议的，以及虽然对事实或者成因无争议，但协商损害赔偿未达成协议的；

（3）机动车无号牌、无检验合格标志、无保险标志的；

（4）载运爆炸物品、易燃易爆化学物品以及毒害性、放射性、腐蚀性、传染病病原体等危险物品车辆的；

（5）碰撞建筑物、公共设施或者其他设施的；

（6）驾驶人无有效机动车驾驶证的；

（7）驾驶人有饮酒、服用国家管制的精神药品或者麻醉药品嫌疑的；

（8）当事人不能自行移动车辆的。

2 道路交通事故责任

机动车之间发生交通事故的，由有过错的一方承担责任；双方都有过错的，按照各自过错的比例分担责任。

机动车与非机动车驾驶人、行人之间发生交通事故的，由机动车一方承担责任；但是，有证据证明非机动车驾驶人、行人违反道路交通安全法律法规，机动车驾驶人已经采取必要处置措施的，减轻机动车一方的责任。交通事故的损失是由非机动车驾驶人、行人故意造成的，机动车一方不承担责任。

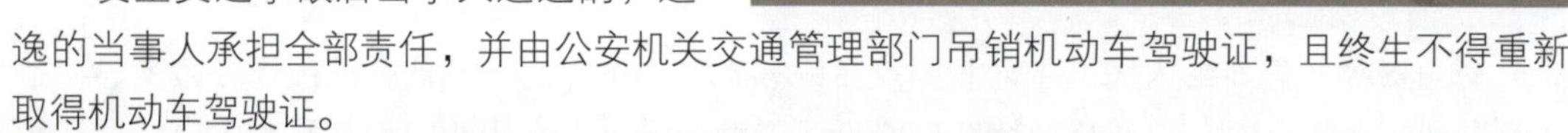

发生交通事故后当事人逃逸的，逃逸的当事人承担全部责任，并由公安机关交通管理部门吊销机动车驾驶证，且终生不得重新取得机动车驾驶证。

驾驶员违反交通运输管理法规，发生重大事故致人重伤、死亡或者使公私财产遭受重大损失的，处3年以下有期徒刑或者拘役；交通运输肇事后逃逸或者有其他特别恶劣情节的，处3年以上7年以下有期徒刑；因逃逸致人死亡的，处7年以上有期徒刑。在道路上驾驶机动车追逐竞驶，情节恶劣的，处拘役，并处罚金。

六 法律责任

法律责任是对道路交通违法行为的处罚。通过对违法行为的制裁，以达到培养交通参与者的守法意识，规范交通参与者参与交通行为的目的。

1 行政处罚的种类

对道路交通安全违法行为的处罚种类包括：警告、罚款、暂扣或者吊销机动车驾驶证、拘留处罚的种类及含义见表2-7。

道路交通安全违法行为行政处罚的种类 表2-7

行政处罚的种类	含义
警告	对违反交通安全法规，情节轻微，未影响道路通行，后果不严重的交通安全违法行为实施的强制性告诫措施
罚款	强制交通安全违法行为人当场或者在规定的期限内缴纳一定数额金钱的行政处罚措施
暂扣机动车驾驶证	因机动车驾驶员的交通安全违法行为而暂停其驾驶资格的处罚措施
吊销机动车驾驶证	对发生重大交通事故构成犯罪，或者具有肇事后逃逸行为，以及其他违反道路交通法规的机动车驾驶员实施的取消其驾驶资格的处罚手段
拘留	对交通安全违法行为人实施的在短时间内限制其人身自由的行政处罚

2 交通安全违法行为的处罚措施

部分交通安全违法行为的处罚措施见表2-8。

部分交通安全违法行为的处罚措施 表2-8

违法行为	罚款数额
机动车驾驶人违反道路交通安全法律、法规关于道路通行规定的	处警告或者20元以上200元以下罚款
故意遮挡、污损或者不按规定安装机动车号牌的	
未取得机动车驾驶证、机动车驾驶证被吊销或者机动车驾驶证被暂扣期间驾驶机动车的	处200元以上2000元以下罚款，并处15日以下拘留
强迫机动车驾驶人违反道路交通安全法律、法规和机动车安全驾驶要求驾驶机动车，造成交通事故，尚不构成犯罪的	
将机动车交由未取得机动车驾驶证或者机动车驾驶证被吊销、暂扣的人驾驶的	处200元以上2000元以下罚款，并处吊销机动车驾驶证
机动车行驶超过规定时速50%的	
饮酒后驾驶机动车的	处暂扣6个月机动车驾驶证，并处1000元以上2000元以下罚款
因饮酒后驾驶机动车被处罚，再次饮酒后驾驶机动车的	处10日以下拘留，并处1000元以上2000元以下罚款，吊销机动车驾驶证
饮酒后驾驶营运机动车的	处15日拘留，并处5000元罚款，吊销机动车驾驶证，5年内不得重新取得机动车驾驶证
醉酒后驾驶机动车的	由公安机关交通管理部门约束至酒醒，吊销机动车驾驶证，依法追究刑事责任；5年内不得重新取得机动车驾驶证
醉酒后驾驶营运机动车的	由公安机关交通管理部门约束至酒醒，吊销机动车驾驶证，依法追究刑事责任；10年内不得重新取得机动车驾驶证，重新取得机动车驾驶证后，不得驾驶营运机动车
饮酒后或者醉酒驾驶机动车发生重大交通事故，构成犯罪的	依法追究刑事责任，并由公安机关交通管理部门吊销机动车驾驶证，终生不得重新取得机动车驾驶证
正在接受社区戒毒、强制隔离戒毒、社区康复措施，或者长期服用依赖性精神药品成瘾尚未戒除，被查获有吸食、注射毒品后驾驶机动车行为的	由公安机关交通管理部门注销机动车驾驶证

续上表

违法行为	罚款数额
公路客运车辆载客超过额定乘员的；货运机动车超过核定载质量的	处200元以上500元以下罚款，由公安机关交通管理部门扣留机动车至违法状态消除
公路客运车辆载客超过额定乘员20%或者违反规定载货的；货运机动车超过核定载质量30%或者违反规定载客的	处500元以上2000元以下罚款，由公安机关交通管理部门扣留机动车至违法状态消除

3 行政强制措施

除了行政处罚外，公安机关交通管理部门还可以依法在现场采取一些行政强制措施，包括以下几个方面：

（1）扣留车辆；

（2）扣留机动车驾驶证；

（3）拖移机动车；

（4）收缴非法牌证、装置及拼装或报废的机动车；

（5）检验体内酒精、国家管制的精神药品、麻醉药品含量。

第二节 机动车驾驶员培训管理法规

机动车驾驶员培训是道路运输相关业务的重要组成部分，是影响道路运输安全的重要因素。为了规范机动车驾驶员培训经营活动，维护机动车驾驶员培训市场秩序，保护各方当事人的合法权益，政府部门制定了系列法规和技术标准，主要包括《机动车驾驶员培训管理规定》（交通部2006年第2号令）、《道路运输从业人员管理规定》（交通部2006年第9号令）及《机动车驾驶员培训机构资格条件》（GB/T 30340—2013）等。教练员应理解这些管理规定的内涵，以便在驾驶培训过程中做到遵章守法，规范施教。

一 机动车驾驶员培训管理相关规定

机动车驾驶培训业务是指以培训学员的机动车驾驶能力或者以培训道路运输驾驶人员的从业能力为教学任务，为社会公众有偿提供驾驶培训服务的活动。包括对初学机动车驾驶人员、增加准驾车型的驾驶人员和道路运输驾驶人员所进行的驾驶培训、继续教育以及机动车驾驶员培训教练场经营等业务。

县级以上地方人民政府交通主管部门负责组织领导本行政区域内的机动车驾驶员培训管理工作，县级以上道路运输管理机构负责具体实施本行政区域内的机动车驾驶员培训管理工作。

1 机动车驾驶员培训业务的分类

机动车驾驶员培训业务根据经营项目分为普通机动车驾驶员培训、道路运输驾驶员从业资格培训、机动车驾驶员培训教练场经营三类。

普通机动车驾驶员培训分为一级普通机动车驾驶员培训、二级普通机动车驾驶员培训和三级普通机动车驾驶员培训三类，均可根据实际学驾需求来选择教练车的车型。

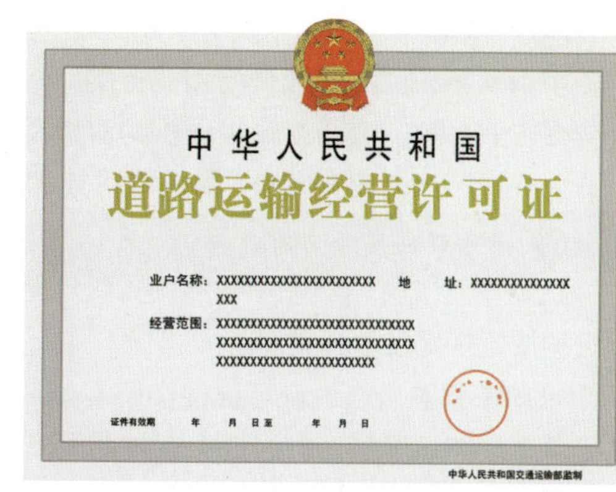

道路运输驾驶员从业资格培训分为道路客货运输驾驶员从业资格培训和危险货物运输驾驶员从业资格培训两类。获得道路客货运输驾驶员从业资格培训许可的，可以从事经营性道路旅客运输驾驶员、经营性道路货物运输驾驶员的从业资格培训业务；获得危险货物运输驾驶员从业资格培训许可的，可以从事道路危险货物运输驾驶员的从业资格培训业务。获得道路运输驾驶员从业资格培训许可的，还可以从事相应车型的普通机动车驾驶员培训业务。

获得机动车驾驶员培训教练场经营许可的，可以从事机动车驾驶员培训教练场经营业务。

2 机动车驾驶员培训业务的申请

1 申请条件

申请普通机动车驾驶员培训业务，应当具有符合《机动车驾驶员培训机构资格条件》（GB/T 30340—2013）、《机动车驾驶员培训教练场技术要求》（GB/T 3041—2013）的条件，部分内容见表2-9。

申请普通机动车驾驶员培训业务应具备的条件 表2-9

项 目	条 件
主体资格	具有独立企业法人资格
组织机构	有健全的培训机构，包括教学管理、教练员管理、学员管理、结业考核、教学质量管理、安全管理、教练车管理、设施设备管理及档案管理等部门
管理制度	有健全的管理制度，包括教学管理制度、教练员管理制度、学员管理制度、结业考核制度、诚信承诺制度、学员投诉受理制度、安全生产责任制度、教练车及设施设备管理制度、档案管理制度、培训收费管理制度等
教学人员	有与培训业务相适应的专职教学人员，包括理论教练员、驾驶操作教练员、结业考核员
管理人员	有与培训业务相适应的管理人员，包括培训机构负责人、教学负责人、安全管理人员、教练车管理人员、设施设备管理人员、档案管理人员等
教学车辆	（1）教练车数量符合要求：一级普通机动车驾驶员培训机构的教练车总数应不少于80辆，二级普通机动车驾驶员培训机构的教练车总数应不少于40辆，三级普通机动车驾驶员培训机构的教练车总数应不少于20辆，均不包含三轮汽车、普通三轮摩托车、普通二轮摩托车或轻便摩托车等车型教练车数量； （2）教练车应当符合《机动车运行安全技术条件》（GB 7258—2012）、《营运车辆综合性能要求和检验方法》（GB 18565—2001）等技术标准要求，达到《营运车辆技术等级划分和评定要求》（JT/T 198—2004）中规定的二级车以上技术条件，并装有副后视镜、副制动踏板、车载计时计程终端、灭火器及其他安全防护装置； （3）教练车标识符合省级道路运输管理机构有关统一标识的要求
教学设施、设备和场地	有必要的教学场地、办公场所及教学与服务设施、设备

2 申请程序

申请从事机动车驾驶员培训业务的，应当向所在地县级道路运输管理机构提出申请，并提交相应的材料。道路运输管理机构对机动车驾驶员培训业务申请予以受理的，应当自受理申请之日起15日内审查完毕，做出许可或者不予许可的决定。

3 许可证件发放与有效期

机动车驾驶员培训许可证件由省级道路运输管理机构统一印制并编号，县级道路运输管理机构按照规定发放和管理。

机动车驾驶员培训许可证件实行有效期制。从事普通机动车驾驶员培训业务和机动车驾驶员培训教练场经营业务的证件有效期为6年；从事道路运输驾驶员从业资格培训业务的证件有效期为4年。机动车驾驶员培训机构应当在许可证件有效期届满前30日到做出原许可决定的道路运输管理机构办理换证手续。

3 机动车驾驶员培训经营行为要求

（1）机动车驾驶员培训机构应当在核准的注册地开展培训业务，不得采取异地培训、恶意压价、欺骗学员等不正当手段开展培训活动，不得允许非本单位的教练车辆以其名义进行机动车驾驶员培训活动。

（2）机动车驾驶员培训机构应当按照全国统一的《教学与考试大纲》进行培训，建立教学日志、学员档案，向培训合格的学员颁发结业证书。学员档案保存期不少于4年。

（3）机动车驾驶员培训实行学时制，按照学时合理收取费用。学员理论培训或实际操作培训时间每天均不得超过4个学时。

（4）机动车驾驶培训教练车应当按规定使用标识、号牌和携带车辆营运证，安装和使用培训计时管理系统，在规定的教练场地内培训。教练车的技术等级应当达到二级以上，其维护、检测、技术管理和审验应当遵守道路运输车辆的有关规定。禁止使用报废的、检测不合格的和其他不符合国家规定的车辆从事机动车驾驶员培训业务。不得随意改变教学车辆的用途。

（5）机动车驾驶员培训机构在道路上进行培训活动，应当遵守公安机关交通管理部门指定的路线和时间，并在教练员随车指导下进行，与教学无关的人员不得乘坐教学车辆。

（6）机动车驾驶员培训机构应当按照有关规定向县级以上道路运输管理机构如实提供培训记录以及有关统计资料。

培训记录

培训记录包含学员参加驾驶培训的基本信息，如每个科目的培训学时、学员签名、教练员签名、培训机构准考意见和管理机构审核意见，是督促培训机构严格执行教学大纲、教学计划，确保培训质量的重要途径。

教练员应按照统一的教学大纲规范施教，如实填写教学日志和培训记录。学

员完成规定的学习内容和学时，申请相应科目考试时，应提供培训记录。培训记录须经交通部门核实，并存入培训机构为学员建立的档案，存档时间不少于4年。

中华人民共和国机动车驾驶培训记录 №31013923002

姓名		性别		身份证件号码		入学时间		（照片）
家庭住址				联系方式				
申请车型	A1□ A2□ A3□ B1□ B2□ C1□ C2□ C3□ C4□ D□ E□ F□ M□ N□ P□							

科目名称	培训学时	学员签名	教员签名	培训单位意见	道路运输管理机构审核
科目一		年 月 日	年 月 日	（盖章）签名： 年 月 日	（盖章）签名： 年 月 日
科目二		年 月 日	年 月 日	（盖章）签名： 年 月 日	（盖章）签名： 年 月 日
科目三		年 月 日	年 月 日	（盖章）签名： 年 月 日	（盖章）签名： 年 月 日

一 车管所存

注：1、培训记录一式三份，在完成培训和考试所有程序后，培训单位、道路运输管理机构、公安交通管理部门车辆管理所各存一份。
2、在预约科目一、科目二考试时，公安交通管理部门车辆管理所查验培训记录后，应将培训记录退还驾校，在预约科目三考试时，公安交通管理部门车辆管理所查验培训记录后，应收存归档。

注：①培训记录一式三份，在完成培训和考试所有程序，培训机构、道路运输管理机构、公安交通管理部门车辆管理所各存一份。

②在预约科目一、科目二考试时，公安交通管理部门车辆管理所查验培训记录后，应将培训记录退还培训机构，在预约科目三考试时，公安交通管理部门车辆管理所查验培训记录后，应收存归档。

4 机动车驾驶员培训经营违法行为法律责任

机动车驾驶员培训经营违法行为的处罚措施见表2-10。

机动车驾驶员培训经营违法行为的处罚措施 表2-10

经营违法行为	处罚措施
未按照要求聘用教学人员的	责令限期整改；逾期整改不合格的，予以通报
未按规定报送培训记录和有关统计资料的	
使用不符合规定的车辆及设施、设备从事教学活动的	
存在索取、收受学员财物，或者谋取其他利益等不良行为的	
未定期公布教练员教学质量排行情况的	

二 机动车驾驶员培训教练员管理相关规定

1 教练员从业资格申请与考试

① 从业资格申请程序

申请参加教练员从业资格考试的，应当向其户籍地或者暂住地省级道路运输管理机构提出申请，并按照要求提供相应的材料。交通主管部门和道路运输管理机构对符合申请条件的申请人应当安排考试。

② 从业资格考试

教练员从业资格实行全国统一考试制度。考试每年举行两次。教练员从业资格全国统一考试由省级道路运输管理机构按照交通部制定的考试大纲、考试题库、考核标准、考试工作规范和程序组织实施。

教练员从业资格考试成绩有效期为1年，考试成绩逾期作废。申请人在从业资格考试中有舞弊行为的，取消当次考试资格，考试成绩无效。

2 教练员从业资格证件管理

① 发放从业资格证件

交通主管部门和道路运输管理机构应当在考试结束10日内公布考试成绩。对考试合格人员，省级道路运输管理机构应当自公布考试成绩之日起10日内颁发教练员证，该从业资格证件在全国通用。

② 从业资格证件换证、补证和变更

教练员证的有效期为6年。教练员应当在教练员证有效期届满30日前到原发证机关办理换证手续。

教练员证遗失、毁损的，应当到原发证机关办理证件补发手续。教练员服务单位变更的，应当到交通主管部门或者道路运输管理机构办理从业资格证件变更手续。

③ 从业资格证件注销和吊销

教练员的从业资格证被注销或吊销所对应的情形见表2-11。

教练员证被注销或吊销对应的情形 表2-11

处罚类型	实施处罚对应的情形
注销从业资格证件	（1）持证人死亡； （2）持证人申请注销； （3）年龄超过60周岁； （4）机动车驾驶证被注销或者被吊销； （5）超过从业资格证件有效期180日未申请换证
吊销从业资格证件	（1）身体健康状况不符合有关机动车驾驶和相关从业要求且没有主动申请注销从业资格； （2）发生重大以上交通事故，且负主要责任； （3）发现重大事故隐患，不立即采取消除措施，继续作业

被注销或吊销的从业资格证件，由发证机关予以收回，公告作废并登记归档；无法收回的，从业资格证件自行作废。

3 教练员从业行为要求

（1）教练员应当按照核定的准教类别、统一的教学大纲规范施教，如实填写教学日志和培训记录，不得擅自减少学时和培训内容。

（2）教练员从事教学活动时，应当随身携带教练员证，不得转让、转借教练员证。在道路上学习驾驶时，随车指导的教练员应当持有相应的教练员证，即其准教车型与学员申请的准驾车型应相符。

（3）机动车驾驶培训教练员应当按照规定接受驾驶新知识、新技术的教育，提高职业素质。

（4）机动车驾驶员培训机构对教练员教学情况实施监督检查，定期对教练员的教学水平和职业道德进行评议，公布教练员的教学质量排行情况，督促教练员提高教学质量。

4 教练员从业违法行为的处罚措施

在从事机动车驾驶员培训教学中，教练员出现表2-12所示的违法行为时，将受到相应的处罚。

教练员从业违法行为的处罚措施　表2-12

从业违法行为	处罚措施
学员在教学过程中有道路交通安全违法行为或者造成交通事故的	由教练员承担责任；责令限期整改；逾期整改不合格的，予以通报
存在索取、收受学员财物，或者谋取其他利益等不良行为的	责令限期整改；逾期整改不合格的，予以通报
未按照规定参加驾驶新知识、新技能再教育的	

第三章 机动车驾驶培训教学与考试

为了加强机动车驾驶培训与考试管理工作，规范驾驶培训机构教学行为，提高驾驶培训质量，交通运输部和公安部于2012年12月联合发布了《机动车驾驶培训教学与考试大纲》，这是教练员日常教学的重要依据，教练员日常教学应严格依照其要求对驾驶学员进行培训，以保障学员的驾驶学习质量，培养出合格的驾驶员。本章重点介绍了《机动车驾驶培训教学与考试大纲》、教学日志以及考试内容和考试方法等内容。

第一节 机动车驾驶培训教学大纲

根据《中华人民共和国道路交通安全法》及实施条例、《中华人民共和国道路运输条例》、《机动车驾驶员培训管理规定》和《机动车驾驶证申领和使用规定》等有关规定，交通运输部和公安部于2012年12月联合发布了《教学与考试大纲》，自2013年1月1日起正式实施。

《教学与考试大纲》包括：机动车驾驶培训教学大纲、机动车驾驶人考试大纲和驾驶培训教学日志，适合于普通机动车驾驶员培训与考试。而针对道路客货运输驾驶员的从业资格培训与考试，交通运输部于2012年12月专门制定了《道路旅客运输驾驶员从业资格培训教学大纲》和《道路货物运输驾驶员从业资格培训教学大纲》。

《教学与考试大纲》按照不同的车型类别分别设置教学项目、教学内容和教学学时，其中将初次申领驾驶证培训分为七个类别， 即C1、C2、C3、C4、D/E/F、C5、B2、A3；增驾培训分为两个类别，即A1/B1、A2。M、N、P 三种准驾车型的培训教学与考试大纲，由各省级交通主管部门根据需要和地方特点自行制定。

一 教学目标与内容

1 第一阶段

教学目标：了解机动车基本知识，掌握道路交通安全法律、法规及道路交通信号的

规定。

主要教学内容：机动车基本知识（包括车辆结构常识，车辆主要安全装置，驾驶操纵机构，车辆性能，车辆检查和维护，车辆运行材料，客车、公交车制动系统及车门，汽车列车制动系统、连接与分离装置）；道路交通法律、法规及道路交通信号（包括驾驶证申领与使用，道路通行规则，驾驶行为，违法行为处罚，机动车登记，交通事故处理）。

综合复习及考核目标：熟练掌握道路交通安全法律、法规、交通信号等相关知识；考核不合格的，可根据实际情况增加相应的内容和学时。

与考试的关系：本阶段学习结束后，可参加科目一考试。

2 第二阶段

教学目标：掌握基础的驾驶操作要领，具备对车辆控制的基本能力；熟练掌握场地和场内道路驾驶的基本方法，具备合理使用车辆操纵机件、正确控制车辆运动空间位置的能力，能够准确地控制车辆的行驶位置、速度和路线。

主要教学内容：基础驾驶，包括驾驶姿势、操纵装置的规范操作方法、行车前车辆检查与调整；场地驾驶，包括上、下车前的观察，上、下车动作，起步、停车，变速、换挡、倒车，行车位置与路线，小车场地5项驾驶训练科目、大车场地16项驾驶训练科目，模拟城市街道驾驶，跟车速度感知，停靠站台或货台，场地内独立驾驶。

综合驾驶及考核目标：综合运用本阶段的所学内容，熟练完成场地驾驶科目；考核不合格的，可根据实际情况增加相应的内容和学时。

与考试的关系：本阶段学习结束后，可参加科目二考试。

3 第三阶段

教学目标：掌握安全文明驾驶知识，具备对车辆综合控制能力；了解行人、非机动车的动态特点及险情的预测和分析方法；熟练掌握一般道路和夜间驾驶方法，能够根据不同的道路交通状况安全驾驶；形成自觉遵守交通法规、有效处置随机交通状况、无意识合理操纵车辆的能力。

主要教学内容：一般道路驾驶，包括起步、直线行驶、换挡、跟车、变更车道、靠边停车（包括顺位、S形倒车入位、L形倒车入位）、通过路口、通过人行横道、通过学校区域、通过公交站、会车、超车、掉头、夜间驾驶、行驶路线选择、模拟驾驶。

安全文明驾驶知识包括：安全、文明驾驶，常见交通标志、标线和交警手势辨识，雨天、雾天、冰雪道路、大风天气、泥泞道路、涉水、施工道路、铁路道口、山区道路、桥梁、隧道、夜间、高速公路等条件下安全驾驶，险情预测与分析，紧急避险知识，事故处置，危险化学品知识，违法行为综合判断与案例分析。

综合复习及考核目标：掌握安全文明驾驶常识和驾驶行为综合分析与判断方法；在实际道路上熟练地驾驶所学准驾车型车辆；考核不合格的，可根据实际情况增加相应的内容和学时。

与考试的关系：本阶段学习结束后，可以参加科目三道路驾驶技能考试，道路驾驶技能考试合格后，才允许参加安全文明驾驶常识考试。

二 学时安排

按照《教学与考试大纲》的要求，机动车驾驶培训教学的学时安排与分配见表3-1。

机动车驾驶培训教学与考试大纲各培训阶段学时分配 表3-1

车型类别		C1	C2	C3	C4/D/E/F	C5	B2	A3	A1/B1	A2
总学时		78	78	56	48	78	118	120	82	88
第一阶段	理论	12	12	12	10	12	12	14	10	10
第二阶段	理论	2	2	2	2	2	2	2	2	2
	实操	24	24	12	12	24	52	51	34	38
第三阶段	理论	16	16	14	14	16	20	20	16	16
	实操	24	24	16	10	24	32	33	20	22

第二节 教学日志

教学日志是根据《教学与考试大纲》、《从业资格培训教学大纲》规定的各车型或类别的培训学时、教学项目和教学目标的要求编制而成的，是驾驶员培训教学过程的有效记录，是教学大纲的重要组成部分。

根据普通机动车驾驶员12种培训车型和道路客货运输驾驶员从业资格2种培训类别教学项目和学时安排的异同点，教学日志共分为五类。

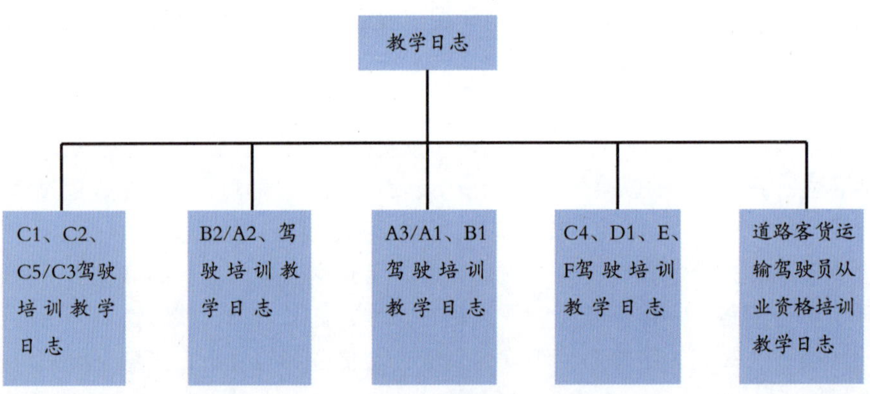

五类教学日志

一 教学日志内容

教学日志主要包括七个方面的内容：

（1）适用的培训车型和学时。确定了该教学日志适用于哪几种培训车型及每种车型所对应的总学时数，并明确规定每学时为1个小时。

（2）培训机构名称、学员姓名及所要培训的具体车型。记录了培训主体和培训对象的最基本信息，可由培训机构在受理学员报名时填写，也可由教练员在第一次开始教学前填写。

（3）教学要求。列出了《教学与考试大纲》所规定的每一阶段理论知识和实际操作的教学项目和教学目标，以及应该达到的最少学时。

（4）教学记录。记录了每一次教学的日期、教学项目、实际所用学时、学员签字、教练员评价及签字。它是教学日志中最重要的内容，先由教练员负责填写教学日期、教学项目、实际所用学时、教练员评价及签字，再由学员签字确认。

教练员填写教学记录注意事项

（1）次数的确定：每一次教学，是指一天内教练员针对一个学员所进行的一个连续的教学过程。

（2）所用学时的规定：《教学与考试大纲》规定，每个学员的理论培训时间每天不得超过4个学时，实际操作训练时间每天不得超过4个学时。

（3）学习效果评价：每次教学完成后，应客观真实地评价学员的学习效果，为下一次教学提出建议。

（4）学习效果确认：每次教学完成后，必须经学员本人签字确认，让学员了解学习的内容及效果。

（5）阶段考核意见。在每一个阶段的理论知识和实际操作教学项目全部完成后，由培训机构指定的“考核人”对学员进行阶段性考核，“考核人”根据考核情况填写考核意见并签字，决定学员是否可以进入下一阶段的学习。

（6）培训机构审核意见。在完成全部教学项目并经阶段考核合格后，培训机构负责人对教学日志所记录的教学情况和培训结果进行审核，签注审核意见并盖章。

（7）特殊标注。对仅作为某种车型的教学项目加以标注，并进行说明。

同时，要注意道路客货运输驾驶员从业资格培训教学日志在结构设置上与其他类型教学日志有所不同。

二 教学日志的作用

教学日志是加强教学过程管理，规范教学行为，确保《教学与考试大纲》、《从业资格培训教学大纲》落实到位的主要手段和载体，其作用体现在驾驶培训过程的四个主要环节中：

（1）学员。学员是培训的对象。通过使用教学日志，学员可以了解每一次教学所要学习的项目、内容和学时，以及应达到的学习目标；通过对教学过程和教学效果进行签字确认，可以借此了解自己实际的学习效果，并监督教练员的教学行为。

（2）教练员。教练员是驾驶培训教学的主体。通过使用教学日志，教练员能够更好地按照教学大纲的规定进行教学，规范自身教学行为，使教学规范化、制度化。

（3）培训机构管理人员。通过使用教学日志，培训机构管理人员能够全面检查教练员的教学过程和教学质量，客观评价教学效果，系统考核教练员的教学工作。

（4）驾驶培训行业管理人员。通过检查教学日志，驾驶培训行业管理人员能够有效地监督、检查培训机构的培训质量，并将其作为签署培训记录和考核培训机构的重要依据。

三 教学日志表

不同车型的教学日志依据日常教学的三个阶段分别填写，不同车型对应的培训内容、培训学时不同，以C1、C2、C3/C5车型为例，三个阶段的教学日志表如下：

1 第一阶段

C1、C2、C3/C5驾驶培训第一阶段日志表见表3-2。

C1、C2、C3/C5驾驶培训第一阶段日志表　　表3-2

车型：C1、C2、C5/C3 学时：78/56 每学时为 1 小时

No.

培训机构名称：	学员姓名：	车型：

第一阶段　学时：12/12	阶段目标：了解机动车基本知识，掌握道路交通安全法律、法规及道路交通信号的规定。

理论知识 学时：12/12	教学项目		教学目标	
	1. 机动车基本知识 2. 法律、法规及道路交通信号		1. 熟练掌握法律、法规及道路交通信号相关规定和要求 2. 掌握车辆主要安全装置、驾驶操纵机构的作用 3. 了解机动车基本结构知识、车辆性能、车辆运行材料知识	
次数 / 日期	1/	2/	3/	4/
教学项目				
所用学时				
学员签字				
教练员评价及签字				

第一阶段考核意见：   考核员签字： 年　　月　　日

2 第二阶段

C1、C2、C3/C5驾驶培训第二阶段日志表见表3-3。

C1、C2、C3/C5驾驶培训第二阶段日志表 表3-3

第二阶段 学时：26/14	阶段目标：掌握基础的驾驶操作要领，具备对车辆控制的基本能力；熟练掌握场地和场内道路驾驶的基本方法，具备合理使用车辆操纵机件、正确控制车辆运动空间位置的能力，能够准确地控制车辆的行驶位置、速度和路线。

	教学项目	教学目标	日　期	
理论知识 学时：2/2	1. 基础驾驶 2. 场地驾驶	1. 掌握基础驾驶操作的要领与作用 2. 熟知速度控制、转向控制、空间位置控制对安全行车的影响	教学项目	
			所用学时	
			学员签字	
			教练员评价及签字	

	教学项目	教学目标
实际操作 学时： 24/12	1. 基础驾驶 2. 场地驾驶 3. 综合驾驶及考核	1. 掌握正确的上、下车动作及驾驶姿势要领 2. 熟练掌握操纵装置的操作要领 3. 掌握行车前车辆的检查与调整方法 4. 掌握上下车观察、起步、变速、换挡、停车、倒车的驾驶方法 5. 掌握判断安全状况，保持车辆沿正确的位置和路线行驶的方法 6. 掌握倒车入库、坡道定点停车和起步、侧方停车、曲线行驶、直角转弯驾驶的方法 7. 掌握通过人行横道、路口、学校区域、居民小区、公交车站、医院、商店、铁路道口等操作要领 8. 掌握 50km/h 或 70km/h 车速下的跟车行驶要领 9. 独立在场内安全驾驶车辆 10. 综合运用本阶段的所学内容，熟练完成场地驾驶科目

次数 / 日期	1/	2/	3/	4/	5/	6/
教学项目						
所用学时						
学员签字						
教练员评价及签字						
次数 / 日期	7/	8/	9/	10/	11/	12/
教学项目						
所用学时						
学员签字						
教练员评价及签字						

第二阶段考核意见： 考核员签字： 年　　月　　日

3 第三阶段

C1、C2、C3/C5驾驶培训第三阶段日志表见表3-4。

C1、C2、C3/C5驾驶培训第三阶段日志表 表3-4

第三阶段 学时：40/30	**阶段目标：**掌握安全文明驾驶知识，具备对车辆综合控制能力；了解行人、非机动车的动态特点及险情的预测和分析方法；熟练掌握一般道路和夜间驾驶方法，能够根据不同的道路交通状况安全驾驶；形成自觉遵守交通法规、有效处置随机交通状况、无意识合理操纵车辆的能力。

	教学项目	教学目标
理论知识 学时： 16/14	**1.** 安全、文明驾驶 **2.** 恶劣气象和复杂道路条件下的安全驾驶 **3.** 紧急情况下的临危处置 **4.** 发生交通事故后的处置 **5.** 典型事故案例	**1.** 熟练掌握安全驾驶、文明礼让知识，具备实际道路驾驶时辨识、遵守各类道路交通信号的能力 **2.** 掌握雨天、冰雪道路、雾天、大风天气、泥泞道路、涉水、施工道路、通过铁路道口、山区道路、夜间、高速公路和通过桥梁、隧道的安全驾驶方法 **3.** 熟知险情的预测和分析方法、紧急情况避险知识和高速公路紧急避险方法 **4.** 熟知事故处置原则，掌握常用事故现场处置方法 **5.** 分析道路交通典型事故案例，判断事故发生原因

次数／日期	1/	2/	3/	4/
教学项目				
所用学时				
学员签字				
教练员评价及签字				

	教学项目	教学目标
实际操作 学时： 24/16	**1.** 起步 **2.** 直线行驶 **3.** 换挡 **4.** 跟车 **5.** 变更车道 **6.** 靠边停车 **7.** 通过路口 **8.** 通过人行横道 **9.** 通过学校区域 **10.** 通过公共汽车站 **11.** 会车 **12.** 超车 **13.** 掉头 **14.** 夜间驾驶 **15.** 行驶路线选择 **16.** 模拟驾驶 **17.** 综合驾驶及考核	**1.** 掌握起步前检查、调整、观察的要领和安全平稳起步的驾驶方法 **2.** 掌握根据道路情况合理控制车速、保持直线行驶，跟车距离适当，行驶过程中适时观察内、外后视镜的驾驶方法 **3.** 掌握根据道路交通状况和车速，合理加减挡，及时、平顺换挡的驾驶方法 **4.** 掌握合理控制跟车速度、保持安全跟车距离的安全驾驶方法 **5.** 掌握变更车道时观察、判断车辆安全距离，控制行驶速度、使用灯光信号的安全驾驶方法 **6.** 掌握靠路边顺位停车、倒入平行式停车位（S形倒车入位）、倒入垂直式停车位（L形倒车入位）的操作方法 **7.** 掌握路口合理观察交通情况，直行、向左右转弯安全通过路口的驾驶方法 **8.** 掌握通过人行横道、学校区域、公共汽车站的安全驾驶方法 **9.** 掌握会车、同向超车、借道超车、掉头的安全驾驶方法 **10.** 掌握夜间安全驾驶与灯光的使用方法 **11.** 按照自行选择的行驶路线，在一般道路上独立地安全驾驶 **12.** 掌握常见驾驶陋习、违法行为的综合分析与判断的方法 **13.** 掌握模拟雨天、雾天、冰雪路面、泥泞道路、涉水等恶劣条件下的安全驾驶要领和方法 **14.** 掌握模拟山区道路、高速公路的安全驾驶要领和方法 **15.** 在实际道路上熟练地驾驶所学准驾车型；掌握安全文明驾驶常识和驾驶行为综合分析与判断方法

次数 / 日期	1/	2/	3/	4/	5/	6/
教学项目						
所用学时						
学员签字						
教练员评价及签字						
次数 / 日期	7/	8/	9/	10/	11/	12/
教学项目						
所用学时						
学员签字						
教练员评价及签字						

第三阶段考核意见： 考核员签字： 年 月 日	
培训机构审核意见	（盖章） 年 月 日

其他车型各阶段的教学日志表详见《教学与考试大纲》。

第三节 考试内容和考试方法

依照《教学与考试大纲》及《机动车驾驶人考试内容和方法》（GA 1026—2012），机动车驾驶考试分为三个阶段进行，各个阶段的考试内容和要求如下。

一 考试内容

1 科目一考试内容

科目一考试内容包括：

（1）道路交通安全法律、法规和规章；

（2）地方性法规；

（3）道路交通信号；

（4）安全行车、文明驾驶基础知识；

（5）机动车驾驶操作相关基础知识；

（6）客车、货车、轮式自行机械车等车型的专用驾驶知识。

2 科目二考试内容

科目二考试内容如表3-5所示：

科目二考试内容 表3-5

车型	考试内容
大型客车、牵引车、城市公交车、中型客车、大型货车	（1）桩考； （2）坡道定点停车和起步； （3）侧方停车； （4）通过单边桥； （5）曲线行驶； （6）直角转弯； （7）通过限宽门； （8）通过连续障碍； （9）起伏路行驶； （10）窄路掉头； （11）模拟高速公路行驶； （12）模拟连续急弯山区路行驶； （13）模拟隧道行驶； （14）模拟雨（雾）天行驶； （15）模拟湿滑路行驶； （16）模拟紧急情况处置； （17）省级公安机关交通管理部门可根据公安部令第123号第二十五条规定增加考试内容
小型汽车、小型自动挡汽车、残疾人专用小型自动挡载客汽车和低速载货汽车	（1）倒车入库； （2）坡道定点停车和起步； （3）侧方停车； （4）曲线行驶； （5）直角转弯；

续上表

车型	考试内容
	（6）省级公安机关交通管理部门可根据公安部令第123号第二十五条规定增加考试内容
三轮汽车、普通三轮摩托车、普通二轮摩托车和轻便摩托车	（1）桩考； （2）坡道定点停车和起步； （3）通过单边桥
轮式自行机械车、无轨电车、有轨电车	依照公安部令第123号第二十五条规定

3 科目三考试内容

道路驾驶技能考试内容如表3-6所示：

科目三道路驾驶技能考试内容　　表3-6

车型	考试内容
大型客车、牵引车、城市公交车、中型客车、大型货车、小型汽车、小型自动挡汽车、低速载货汽车、残疾人专用小型自动挡载客汽车	（1）上车准备； （2）起步； （3）直线行驶； （4）加减挡位操作； （5）变更车道； （6）靠边停车； （7）直行通过路口； （8）路口左转弯； （9）路口右转弯； （10）通过人行横道线； （11）通过学校区域； （12）通过公共汽车站； （13）会车； （14）超车； （15）掉头； （16）夜间行驶
其他准驾车型	依照公安部令第123号第二十六条规定

安全文明驾驶常识考试内容如下：

（1）违法行为综合判断与案例分析；

（2）安全行车常识；

（3）常见交通标志、标线和交警手势辨识；

（4）驾驶职业道德和文明驾驶常识；

（5）恶劣气候和复杂道路条件下驾驶常识；

（6）紧急情况下避险常识；

（7）交通事故救护及常见危化品处置常识；

（8）地方试题。

二 考试操作要求与考试评判

1 科目一考试操作要求与考试评判

1 考试操作要求

（1）科目一考试应当在考试员的现场监督下，由考生使用全国统一的驾驶理论考试系统独立闭卷答题；

（2）参加普通三轮摩托车、普通二轮摩托车、轻便摩托车准驾车型考试的考生，可以使用由全国统一的驾驶理论考试系统打印的纸质试卷闭卷答题；

（3）考试试卷由全国统一的驾驶理论考试系统从考试题库中按照规定比例随机抽取生成。

2 考试评判

考试满分为100分，成绩达到90分及以上的为合格。

2 科目二考试操作要求与考试评判

1 考试操作要求

一般规定：科目二考试应当按照报考的准驾车型，选定对应考试场地和考试车辆，在考试员的现场监督下，由考生按照规定的考试线路、操作要求和考试员的考试指令独立完成驾驶。参加大型客车、城市公交车、中型客车、大型货车、小型汽车、小型自动挡汽车、残疾人专用小型自动挡载客汽车准驾车型考试的考生，要使用场地驾驶技能考试系统进行考试和评判。

2 考试评判

一般规定：考试满分为100分，考试大型客车、牵引车、城市公交车、中型客车、大型货车准驾车型的，成绩达到90分及以上的为合格，其他准驾车型的成绩达到80分及以上的为合格。

通用评判：

考试时出现下列情形之一的，评判为不合格：

（1）不按规定使用安全带或者戴安全头盔的；

（2）遮挡、关闭车内音视频监控设备的；

（3）不按考试员指令驾驶的；

（4）不能正确使用灯光、刮水器等车辆常用操纵件的；

（5）起步时车辆后溜距离大于30cm的；

（6）驾驶汽车双手同时离开转向盘的；

（7）使用挡位与车速长时间不匹配，造成车辆发动机转速过高或过低的；

（8）车辆在行驶中低头看挡或连续2次挂挡不进的；

（9）行驶中空挡滑行的；

（10）视线离开行驶方向超过2s的；

（11）违反交通安全法律、法规，影响交通安全的；

（12）不按交通信号灯、标志、标线或者民警指挥信号行驶的；

（13）不按规定速度行驶的；

（14）车辆行驶中骑轧车道中心实线或者车道边缘实线的；

（15）长时间骑轧车道分界线行驶的；

（16）对可能出现危险的情形未采取减速、鸣喇叭等安全措施的；

（17）因观察、判断或者操作不当出现危险情况的；

（18）行驶中不能保持安全距离和安全车速的；

（19）行驶中身体任何部位伸出车外的；

（20）制动、加速踏板使用错误的；

（21）驾驶摩托车时手离开转向把的；

（22）二轮摩托车在行驶中左右摇摆或者脚触地的；

（23）摩托车制动时不同时使用前、后制动器的；

（24）考生未按照预约考试时间参加考试的。

考试时出现下列情形之一的扣10分：

（1）驾驶姿势不正确的；

（2）起步时车辆后溜距离小于30cm的；

（3）操纵转向盘手法不合理的；

（4）起步或行驶中挂错挡，不能及时纠正的；

（5）起步、转向、变更车道、超车、停车前不使用或错误使用转向灯的；

（6）起步、转向、变更车道、超车、停车前，开转向灯少于3s即转向的；

（7）转弯时，转、回方向过早、过晚，或者转向角度过大、过小的；

（8）换挡时发生齿轮撞击的；

（9）遇情况时不会合理使用离合器半联动控制车速的；

（10）因操作不当造成发动机熄火一次的；

（11）制动不平顺的。

专项考试的操作要求与考试评判见表3-7。

科目二专项考试操作要求与考试评判 表3-7

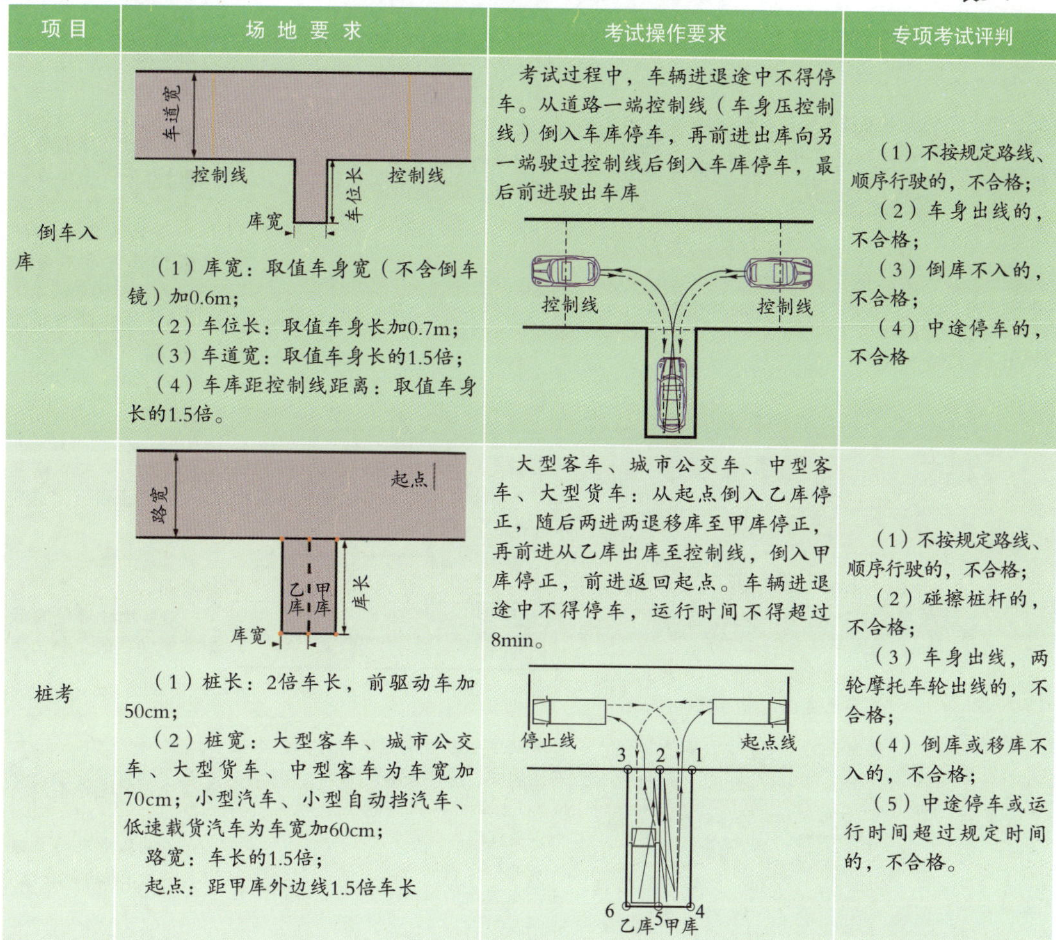

项目	场地要求	考试操作要求	专项考试评判
倒车入库	（1）库宽：取值车身宽（不含倒车镜）加0.6m； （2）车位长：取值车身长加0.7m； （3）车道宽：取值车身长的1.5倍； （4）车库距控制线距离：取值车身长的1.5倍。	考试过程中，车辆进退途中不得停车。从道路一端控制线（车身压控制线）倒入车库停车，再前进出库向另一端驶过控制线后倒入车库停车，最后前进驶出车库	（1）不按规定路线、顺序行驶的，不合格； （2）车身出线的，不合格； （3）倒库不入的，不合格； （4）中途停车的，不合格
桩考	（1）桩长：2倍车长，前驱动车加50cm； （2）桩宽：大型客车、城市公交车、大型货车、中型客车为车宽加70cm；小型汽车、小型自动挡汽车、低速载货汽车为车宽加60cm； 路宽：车长的1.5倍； 起点：距甲库外边线1.5倍车长	大型客车、城市公交车、中型客车、大型货车：从起点倒入乙库停正，随后两进两退移库至甲库停正，再前进从乙库出库至控制线，倒入甲库停正，前进返回起点。车辆进退途中不得停车，运行时间不得超过8min。	（1）不按规定路线、顺序行驶的，不合格； （2）碰擦桩杆的，不合格； （3）车身出线，两轮摩托车轮出线的，不合格； （4）倒库或移库不入的，不合格； （5）中途停车或运行时间超过规定时间的，不合格。

续上表

项目	场地要求	考试操作要求	专项考试评判
		牵引车：从甲库向前驶入乙库停正，然后倒入甲库内停正。车辆进退途中不得停车。 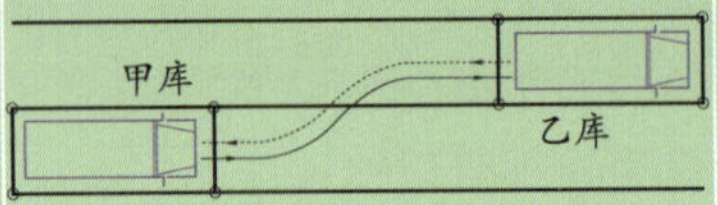 甲库 乙库 三轮汽车：从起点绕桩前进驶出，再倒车绕桩反向驶回。车辆进退途中不得停车。 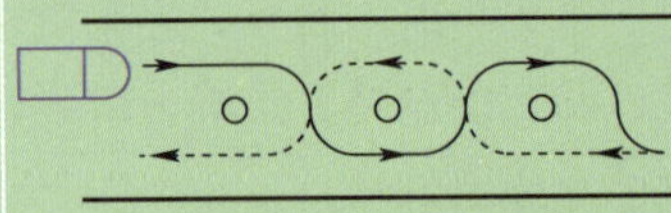 普通三轮摩托车、普通二轮摩托车、轻便摩托车：从起点处起步按箭头所示方向绕桩行驶至终点处停车。 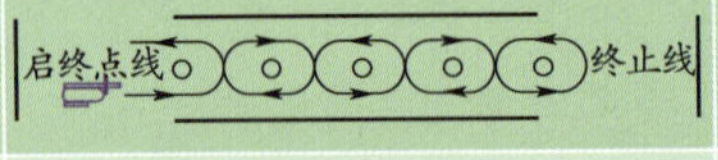 启终点线 终止线	
坡道定点停车和起步	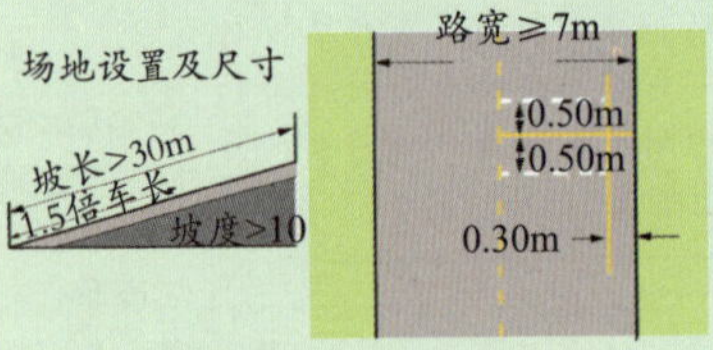 场地设置及尺寸 坡长>30m 1.5倍车长 坡度>10 路宽≥7m 0.50m 0.50m 0.30m	控制车辆准确停车，平稳起步,车辆不得后溜。起步时间不得超过30s	（1）车辆停止后，汽车前保险杠或者摩托车前轴未定于桩杆线上，且前后超出50cm的，不合格； （2）起步时间超过规定时间的，不合格； （3）车辆停止后，汽车前保险杠或者摩托车前轴未定于桩杆线上，且前后不超出50cm的，扣10分； （4）车辆停止后，车身距离路边缘线30cm以上的，扣10分
侧方停车	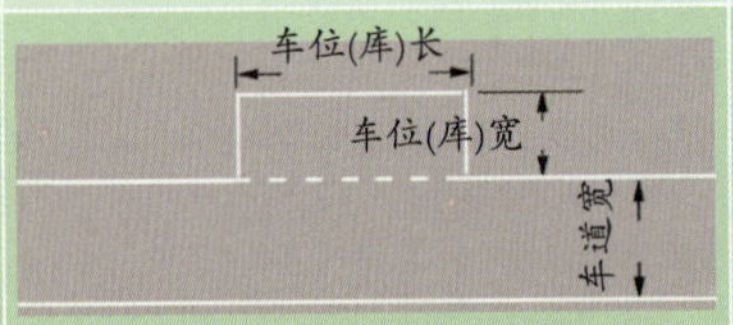 车位(库)长 车位(库)宽 车道宽 （1）车位（库）长：大型客车为1.5倍车长减1m，小型车辆为1.5倍车长加1m，其他车辆为1.5倍车长； （2）车位（库）宽：车宽加80cm； （3）车道宽：1.5倍车宽加80cm	车辆在库前方靠右停稳后，一次倒车入库，中途不得停车，车轮不轧碰车道边线、库位边线。 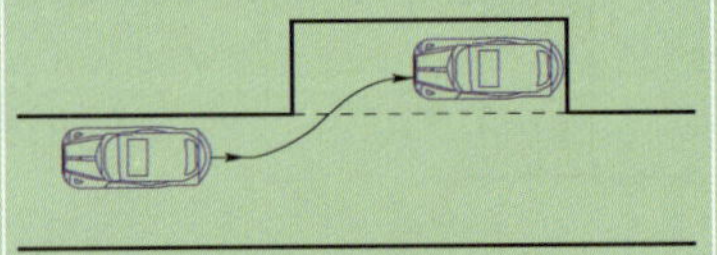	（1）车辆入库停止后，车身出线的，不合格； （2）中途停车的，不合格； （3）行驶中轮胎触轧车道边线的，扣10分
通过单边桥	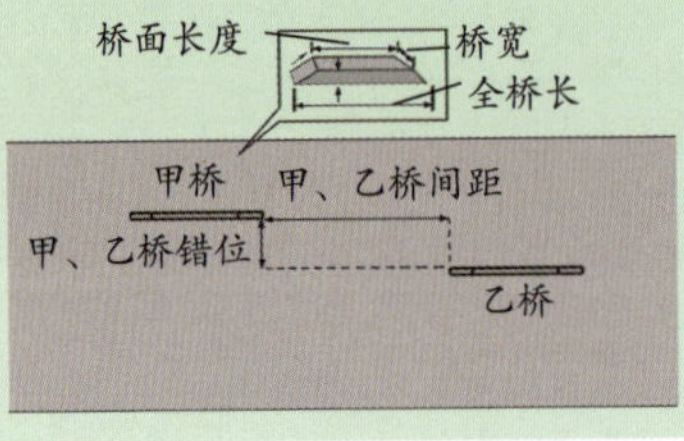 桥面长度 桥宽 全桥长 甲桥 甲、乙桥间距 甲、乙桥错位 乙桥	考试过程中，中途不得停车，车轮不得落桥。操作要求如下： （1）普通二轮摩托车、轻便摩托车从单边桥上驶过； （2）三轮汽车、正三轮摩托车左、右后轮依次驶过左侧、右侧单边桥；	（1）中途停车的，不合格； （2）其中有一车轮未上桥的，每次扣10分；

项目	场地要求	考试操作要求	专项考试评判
通过单边桥	（1）桥宽：20cm； （2）桥高：小于等于车辆最小离地间隙，小型汽车桥高为8cm，其他汽车桥高为12cm； （3）甲乙桥错位（横向间距）：车辆轮距加1m； （4）甲乙桥（纵向）间距：牵引车挂车为2倍轴距，小型车辆为3倍轴距，其他车辆为2.5倍轴距； （5）桥面长度：1.5倍车辆轴距； （6）坡度：≤7%	（3）侧三轮摩托车，前轮、左后轮从左侧单边桥上驶过，然后右后轮从右侧单边桥上驶过； （4）其他车型，车辆左前轮、左后轮从左侧单边桥上驶过，然后右前轮、右后轮从右侧单边桥上驶过。大型车辆使用2档（含）以上档位 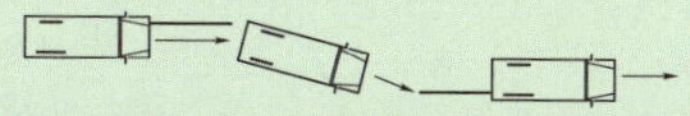	（3）已骑上桥面，在行驶中出现一个车轮掉下桥面的，每次扣10分
曲线行驶	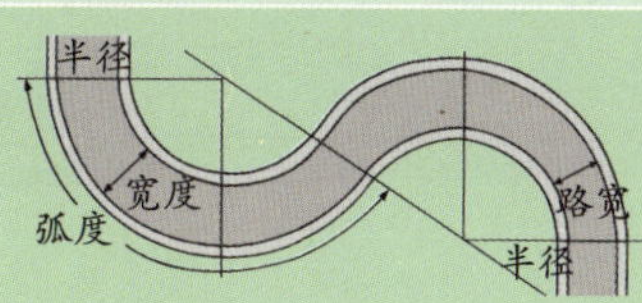 半径 宽度 弧度 路宽 半径 （1）路宽：大型车辆为4m，小型车辆为3.5m； （2）半径：大型车辆为12m，小型车辆为7.5m； （3）弧长：3/8个圆周	驾驶车辆从弯道的一端前进驶入，从另一端驶出。行驶中转向、速度平稳。中途不得停车，车轮不得碰轧车道边线	（1）车轮轧道路边缘线的，不合格； （2）中途停车的，不合格
直角转弯	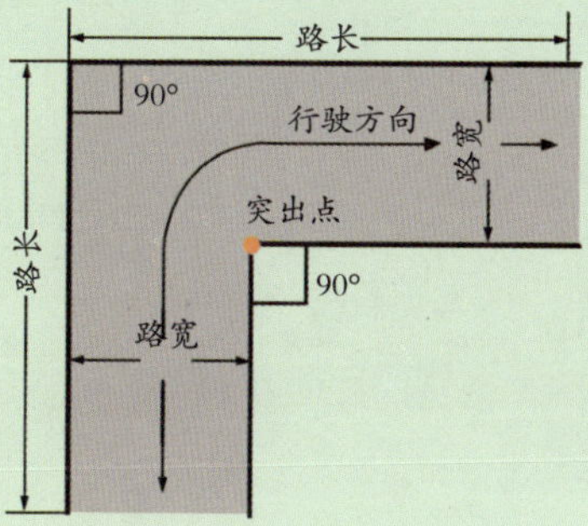 路长 90° 行驶方向 路宽 突出点 路长 90° 路宽 （1）路长：大于等于1.5倍车长； （2）路宽：小型车辆为轴距加1m，半挂牵引车为牵引车轴距加3m，其他车辆为轴距加50cm	驾驶车辆按规定的线路行驶，由左向右或由右向左直角转弯，一次通过，中途不得停车，车轮不得碰轧车道边线	（1）车轮轧道路边缘线的，不合格； （2）中途停车的，不合格
通过限宽门	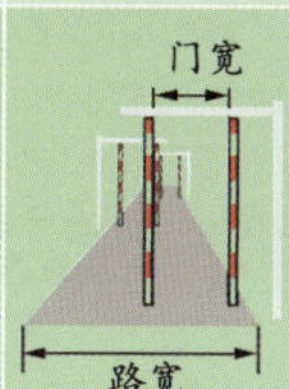 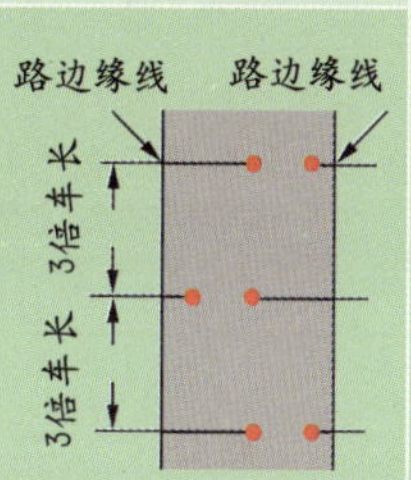 门宽 路宽 路边缘线 路边缘线 3倍车长 3倍车长 （1）共设置三个限宽门，三门之间各相距3倍车长，1、3两门设置于正对位置，2门与1、3门偏移一个门宽位置； （2）路宽：大于等于7m； （3）门宽：车宽加60cm	车辆以不低于10 km/h的速度从三门之间穿越，不得碰擦悬杆 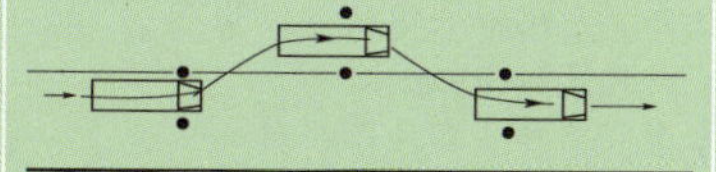	（1）不按规定路线、顺序行驶的，不合格； （2）碰擦一次限宽门标杆的，不合格； （3）中途停车的，不合格； （4）车辆行驶速度低于10 km/h的，扣10分

续上表

项目	场地要求	考试操作要求	专项考试评判
通过连续障碍	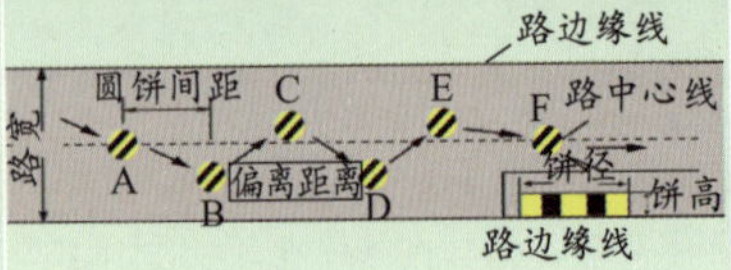 路边缘线 圆饼间距 C E F 路中心线 路宽 A B 偏离距离 D 饼径 饼高 路边缘线 （1）路宽：7m； （2）圆饼直径：70cm，B、C、D、E圆饼中心点偏离路中心线1m； （3）饼高：小于车辆最小离地间隙；小型车辆6cm，其他车辆10cm； （4）圆饼间距：指相邻两块圆饼中心点投影在路中心线上之间的距离；大型客车、城市公交车、大型货车所考核的圆饼间距为2倍车辆最前轮轴至最后轮轴距，牵引车圆饼间距为1.5倍轴距（轴距是牵引车前轴至挂车最后轴的轴距），其他汽车圆饼间距为2.5倍的车辆轴距； （5）圆饼数量：牵引车只设A、B、C三个圆饼，其他车辆设置六个圆饼）	车辆使用2挡（含）以上挡位，将车骑于圆饼之上通过，车轮不得碰、擦、轧圆饼，并且不得超、轧两侧道路边缘线。中途不得停车 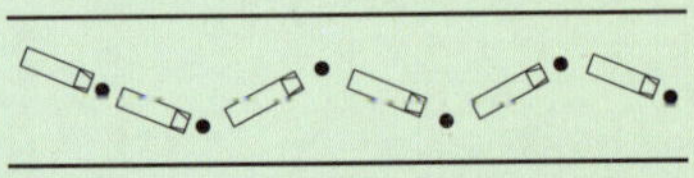	（1）不按规定路线、顺序行驶的，不合格； （2）中途停车的，不合格； （3）车轮轧道路边缘线的，不合格； （4）轧、碰、擦一个圆饼的，扣10分。
起伏路行驶	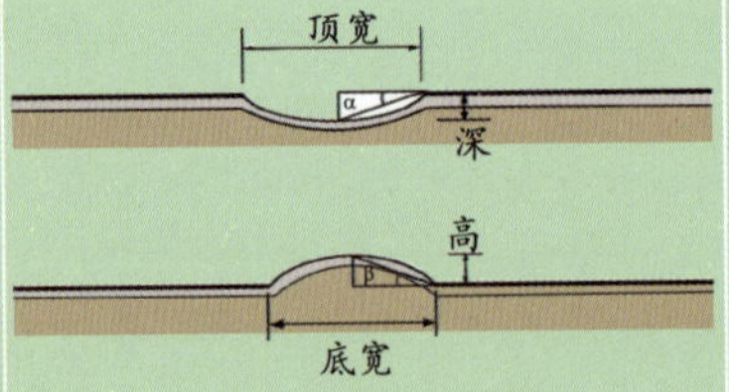 顶宽 α 深 高 β 底宽 （1）顶宽、底宽：车轮直径加60cm； （2）深度、高度：大型客车、小型车辆为6cm，其他车辆为12cm； （3）凹路面的α角小于车辆离去角，凸路面的β角小于车辆接近角； （4）凹路面的深度和凸路面的高度要小于车辆的最小离地间隙	车辆行驶至起伏路前减速，缓慢通过起伏路，中途不得停车	（1）通过起伏路面时，车速控制不当，车辆严重跳跃的，不合格； （2）中途停车的，不合格； （3）通过起伏路面前不减速的，扣10分
窄路掉头	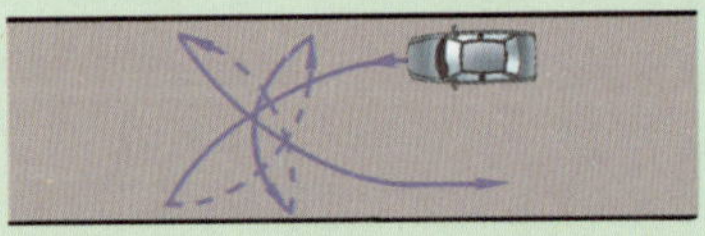 （1）牵引车窄路掉头路段直线长取值≥30m，路段宽取值14m； （2）其他车型窄路掉头路段直线长取值≥20m，路段宽取值9m； （3）各车型窄路掉头路段车头驶抵方向侧向净空取值≥2m，车尾倒车方向侧向净空取值≥4m	车辆行驶至掉头路段靠右停车，不超过三进二退，将车辆掉头。考试时间不超过5min 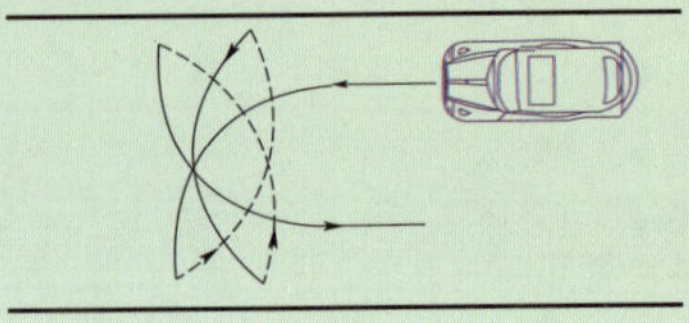	（1）三进二退未完成掉头的，不合格； （2）车轮轧路边缘线的，不合格； （3）中途停车或运行时间超过规定时间的，不合格

续上表

项目	场地要求	考试操作要求	专项考试评判
模拟高速		车辆行驶至入口匝道后，开启左转向灯，向左侧回头观察来车情况，确认安全后，加速驶入行车道至最低限速后正常行驶，关闭转向灯。需要变更车道时，应当开启准备驶入车道一侧的转向灯，观察来车情况，确认安全后变更车道。驶出高速公路时，按照出口预告标志提前调整车速和车道	（1）行驶中占用两条车道、应急车道或大型车辆前后100m均无其他车辆仍不靠右侧车道行驶的，不合格； （2）变道未开启转向灯或未观察后面情况的，不合格； （3）驶入高速公路时，未提速至规定车速的，不合格； （4）驶出高速公路时，未按照出口预告标志提前调整车速和车道的，不合格
模拟连续急弯山区路行驶		车辆行驶至弯道前减速，靠右行驶，鸣喇叭后驶入弯道，行驶时不得占用对方车道	（1）进入弯道前未减速至通过弯道所需的速度的，不合格； （2）弯道内占用对方车道的，不合格； （3）转弯过程中方向控制不稳，车轮轧弯道中心线或道路边缘线的，不合格； （4）进入弯道前未鸣喇叭的，扣10分
模拟隧道行驶		车辆行驶至隧道前观察隧道处道路交通标志，按标志要求操作。驶抵隧道时先减速，开启前照灯，鸣喇叭，驶抵隧道出口时，鸣喇叭，关闭前照灯。禁止鸣喇叭的区域不得鸣喇叭	（1）驶抵隧道时未减速或未开启前照灯的，不合格； （2）驶入隧道后不按规定车道行驶、变道的，不合格； （3）驶抵隧道入（出）口时未鸣喇叭的，扣10分； （4）驶出隧道后未关闭前照灯的，扣10分
模拟雨（雾）天行驶		车辆减速行驶。雨天视雨量大小选择刮水器挡位，雾天开启雾灯、示廓灯、前照灯、危险报警闪光灯	（1）雨天未开启或正确使用刮水器的，不合格； （2）雾天未开启雾灯、示廓灯、前照灯、危险报警闪光灯的，不合格
模拟湿滑路行驶		进入湿滑路前，减速行驶，进入湿滑路后，使用低速挡匀速行驶，平稳控制车辆方向通过	（1）未能使用低速挡平稳通过的，不合格； （2）进入湿滑路前，未减速的，不合格； （3）通过时急加速、急制动的，不合格

续上表

项目	场地要求	考试操作要求	专项考试评判
模拟紧急情况处置		（1）前方突然出现障碍物，应当立即制动，迅速停车，停车后开启危险报警闪光灯； （2）高速公路行驶遇爆胎等车辆故障时，合理减速、观察后方跟车情况、将车平稳停于应急车道，开启危险报警闪光灯，发出乘员撤离至护栏外的提示，正确摆放警告标志，驾驶人本人撤离至护栏外侧，模拟报警	前方突然出现障碍物： （1）未及时制动的，不合格； （2）停车后未开启危险报警闪光灯的，不合格。 高速公路车辆故障： （1）未及时平稳靠边停车的，不合格； （2）停车后未开启危险报警闪光灯的，不合格； （3）未及时提示乘员疏散的，不合格； （4）未正确摆放警告标志或未报警的，不合格； （5）本人未撤离至护栏外侧的，不合格

3 科目三考试操作要求与考试评判

1 考试操作要求

一般规定：道路驾驶技能考试应当按照报考的准驾车型，选定对应考试车辆，由考生按照考试员的考试指令完成实际道路的驾驶操作。

2 考试评判

一般规定：道路驾驶技能考试满分为100分，成绩达到90分及以上的为合格；安全文明驾驶常识考试满分为100分，成绩达到90分级以上的为合格。

通用评判：

考试时出现下列情形之一的，评判为不合格：

（1）不按规定使用安全带或者戴安全头盔的；

（2）遮挡、关闭车内音视频监控设备的；

（3）不按考试员指令驾驶的；

（4）不能正确使用灯光、刮水器等车辆常用操纵件的；

（5）起步时车辆后溜距离大于30cm的；

（6）驾驶汽车双手同时离开转向盘的；

（7）单手控制转向盘时，不能有效、平稳控制行驶方向的；

（8）车辆行驶方向控制不准确，方向晃动，车辆偏离正确行驶方向的；

（9）不能根据交通情况合理选择行驶车道、速度的；

（10）使用挡位与车速长时间不匹配，造成车辆发动机转速过高或过低的；

（11）车辆在行驶中低头看挡或连续2次挂挡不进的；

（12）行驶中空挡滑行的；

（13）视线离开行驶方向超过2s的；

（14）违反交通安全法律、法规，影响交通安全的；

（15）不按交通信号灯、标志、标线或者民警指挥信号行驶的；
（16）不按规定速度行驶的；
（17）车辆行驶中骑轧车道中心实线或者车道边缘实线的；
（18）长时间骑轧车道分界线行驶的；
（19）争道抢行，妨碍其他车辆正常行驶的；
（20）行驶中不能保持安全距离和安全车速的；
（21）连续变更两条或两条以上车道的；
（22）通过积水路面遇行人、非机动车时，有不减速等不文明驾驶行为的；
（23）遇行人通过人行横道不停车让行，不主动避让优先通行的车辆、行人、非机动车的；
（24）将车辆停在人行横道、网状线内等禁止停车区域的；
（25）行驶中身体任何部位伸出窗外的；
（26）制动、加速踏板使用错误的；
（27）对可能出现危险的情形未采取减速、鸣喇叭等安全措施的；
（28）因观察、判断或者操作不当出现危险情况的；
（29）驾驶摩托车时手离开转向把的；
（30）二轮摩托车在行驶中左右摇摆或者脚触地的；
（31）摩托车制动时不同时使用前、后制动器的；
（32）考生未按照预约考试时间参加考试的。

考试时出现下列情形之一的，扣10分：
（1）驾驶姿势不正确的；
（2）起步时车辆后溜，但后溜距离小于30cm的；
（3）操纵转向盘手法不合理的；
（4）起步或行驶中挂错挡，不能及时纠正的；
（5）起步、转向、变更车道、超车、停车前不使用或错误使用转向灯的；
（6）起步、转向、变更车道、超车、停车前，开转向灯少于3s即转向的；
（7）转弯时，转、回方向过早、过晚，或者转向角度过大、过小的；
（8）换挡时发生齿轮撞击的；
（9）遇情况时不会合理使用离合器半联动控制车速的；
（10）因操作不当造成发动机熄火一次的；
（11）不能根据交通情况合理使用喇叭的；
（12）制动不平顺的；
（13）遇后车发出超车信号，不按规定让行的。

专项考试的操作要求与考试评判见表3-8。

科目三专项考试操作要求与考试评判　　表3-8

项目	考试操作要求	专项考试评判
道路驾驶技能考试		
上车准备	绕车一周，观察车辆外观和周围环境，确认安全。打开车门前应观察后方交通情况	（1）不绕车一周检查车辆外观及周围环境的，不合格； （2）打开车门前不观察后方交通情况的，不合格

续上表

项目	考试操作要求	专项考试评判
起步	起步前检查车门是否完全关闭，调整座椅、后视镜，系好安全带，检查驻车制动器、挡位，起动发动机。检查仪表，观察内、外后视镜，侧头观察后方交通情况，开启转向灯，挂挡，松驻车制动器操纵杆，起步。起步过程平稳、无闯动、无后溜，不熄火	（1）制动气压不足起步的，不合格； （2）车门未完全关闭起步的，不合格； （3）起步前，未观察内、外后视镜，未侧头观察后方交通情况的，不合格； （4）起动发动机时，变速器操纵杆未置于空挡（驻车挡）的，不合格； （5）不松驻车制动器起步，未及时纠正的，不合格； （6）不松驻车制动器起步，但能及时纠正的，扣10分； （7）发动机起动后，不及时松开起动开关的，扣10分； （8）道路交通情况复杂时起步不能合理使用喇叭的，扣5分； （9）起步时车辆发生闯动的，扣5分； （10）起步时，加速踏板控制不当，致使发动机转速过高的，扣5分； （11）起动发动机前，不检查调整驾驶座椅、后视镜、检查仪表的，扣5分
直线行驶	根据道路情况合理控制车速，正确使用挡位，保持直线行驶，跟车距离适当，行驶过程中适时观察内、外后视镜，视线不得离开行驶方向超过2s	（1）方向控制不稳，不能保持车辆直线运行的，不合格； （2）遇前车制动时不及时采取减速措施的，不合格； （3）不适时通过内、外后视镜观察后方交通情况的，扣10分； （4）未及时发现路面障碍物或发现路面障碍物未及时采取减速措施的，扣10分
加减挡位操作	根据路况和车速，合理加减挡，换挡及时、平顺	（1）未按指令平稳加、减挡的，不合格； （2）车辆运行速度和挡位不匹配的，扣10分
变更车道	变更车道前，正确开启转向灯，通过内、外后视镜观察后方道路交通情况，确认安全后变更车道，变更车道完毕关闭转向灯。变更车道时，判断车辆安全距离，控制行驶速度，不得妨碍其他车辆正常行驶	（1）变更车道前，未通过内、外后视镜观察后方道路交通情况的，不合格； （2）变更车道时，判断车辆安全距离不合理，妨碍其他车辆正常行驶的，不合格
靠边停车	开启右转向灯，通过内、外后视镜观察后方和右侧交通情况。减速，向右转向靠边，平稳停车。拉紧驻车制动器操纵杆，关闭转向灯。停车后，车身距离道路右侧边缘线或者人行道边缘30cm以内	（1）停车前，不通过内、外后视镜观察后方和右侧交通情况的，不合格； （2）考试员发出靠边停车指令后，未能在规定的距离内停车的，不合格； （3）停车后，车身超过道路右侧边缘线或者人行道边缘的，不合格； （4）停车后，在车内开门前不侧头观察侧后方和左侧交通情况的，不合格； （5）下车后不关闭车门的，不合格； （6）停车后，车身距离道路右侧边缘线或者人行道边缘大于30cm的，扣10分； （7）停车后，未拉紧驻车制动器的，扣10分； （8）拉紧驻车制动器前放松行车制动踏板的，扣10分； （9）下车前不将发动机熄火的，扣5分
直行通过路口、路口左转弯、路口右转弯	合理观察交通情况，减速或停车瞭望，根据车辆行驶方向选择相关车道，正确使用转向灯，根据不同路口采取正确的操作方法，安全通过路口	（1）不按规定减速或停车瞭望的，不合格； （2）不观察左、右方交通情况，转弯通过路口时，未观察侧前方交通情况的，不合格； （3）遇有路口交通阻塞时进入路口，将车辆停在路口内等候的，不合格； （4）左转通过路口时，未靠路口中心点左侧转弯的，扣10分

续上表

项 目	考试操作要求	专项考试评判
通过人行横道线	减速，观察两侧交通情况，确认安全后，合理控制车速通过，遇行人停车让行	（1）不按规定减速慢行的，不合格； （2）不观察左、右方交通情况的，不合格； （3）未停车礼让行人的，不合格。
通过学校区域	提前减速至30km/h以下，观察情况，文明礼让，确保安全通过，遇有学生横过马路时应停车让行	
通过公共汽车站	提前减速，观察公共汽车进、出站动态和乘客上下车动态，着重注意同向公共汽车前方或对向公共汽车后方有无行人横穿道路	
会车	正确判断会车地点，会车有危险时，控制车速，提前避让，调整会车地点，会车时与对方车辆保持安全间距	（1）在没有中心隔离设施或者中心线的道路上会车时，不减速靠右行驶，或未与其他车辆、行人、非机动车保持安全距离的，不合格； （2）会车困难时不让行的，不合格； （3）横向安全间距判断差，紧急转向避让对方来车的，不合格
超车	超车前，保持与被超越车辆的安全跟车距离。观察左侧交通情况,开启左转向灯，选择合理时机，鸣喇叭或交替使用远近光灯，从被超越车辆的左侧超越。超车时，侧头观察被超越车辆的动态，保持横向安全距离。超越后，在不影响被超越车辆正常行驶的情况下，开启右转向灯，逐渐驶回原车道，关闭转向灯	（1）超车前不通过内、外后视镜观察后方和左侧交通情况的，不合格； （2）超车时机选择不合理，影响其他车辆正常行驶的，不合格； （3）超车时，未侧头观察被超越车辆动态的，不合格； （4）超车时未与被超越车辆保持安全距离的，不合格； （5）超车后急转向驶回原车道，妨碍被超车辆正常行驶的，不合格； （6）在没有中心线或同方向只有一条行车道的道路上从右侧超车的，不合格； （7）当后车发出超车信号时，具备让车条件不减速靠右让行的，扣10分
掉头	降低车速，观察交通情况，正确选择掉头地点和时机，发出掉头信号后掉头。掉头时不妨碍其他车辆和行人的正常通行	（1）不能正确观察交通情况选择掉头时机的，不合格； （2）掉头地点选择不当的，不合格； （3）掉头前未发出掉头信号的，不合格； （4）掉头时，妨碍正常行驶的其他车辆和行人通行的，扣10分
夜间行驶	起步前开启前照灯。行驶中正确使用灯光。无照明、照明不良的道路使用远光灯；照明良好的道路、会车、路口转弯、近距离跟车等情况，使用近光灯。超车、通过急弯、坡路、拱桥、人行横道或者没有交通信号灯控制的路口时，应当交替使用远近光灯示意	（1）不能正确开启灯光的，不合格； （2）同方向近距离跟车行驶时，使用远光灯的，不合格； （3）通过急弯、坡路、拱桥、人行横道或者没有交通信号灯控制的路口时，不交替使用远近光灯示意的，不合格； （4）会车时不按规定使用近光灯的，不合格； （5）通过路口时使用远光灯的，不合格； （6）超车时未交替使用远近光灯提醒被超越车辆的，不合格； （7）在有路灯、照明良好的道路上行驶时，使用远光灯的，不合格； （8）在路边临时停车不关闭前照灯或不开启示廓灯的，不合格； （9）进入无照明、照明不良的道路行驶时不使用远光灯的，扣5分
安全文明驾驶常识考试	（1）按科目一要求操作； （2）考试时间为45min	安全文明驾驶常识评判按考试满分为100分，成绩达到90分及以上的为合格执行

第四章 车辆基本知识及使用常识

教练员应该让学员了解和掌握与驾驶操作有关的车辆结构、车辆主要安全装置及车辆维护、故障车处置等方面的知识，这些知识是学习驾驶技能和掌握正确操作方法的基础，也是安全行车和合理使用车辆的条件。

第一节 车辆基本结构知识

一 汽车的总体结构

不论大型汽车还是小型汽车，一般都是由发动机、底盘、车身和电气设备四部分组成。发动机包括燃油系统、冷却系统、润滑系统、起动系统及点火系统等，底盘由传动系统、制动系统、转向系统、悬架系统和车轮等组成，电气设备包括照明与信号系统、仪表板、刮水器与洗涤器、空调系统、安全气囊等。

汽车驾驶室内的主要操纵装置有：转向盘、离合器踏板、制动踏板、加速踏板、变速器操纵杆、驻车制动器操纵杆和各类开关等。

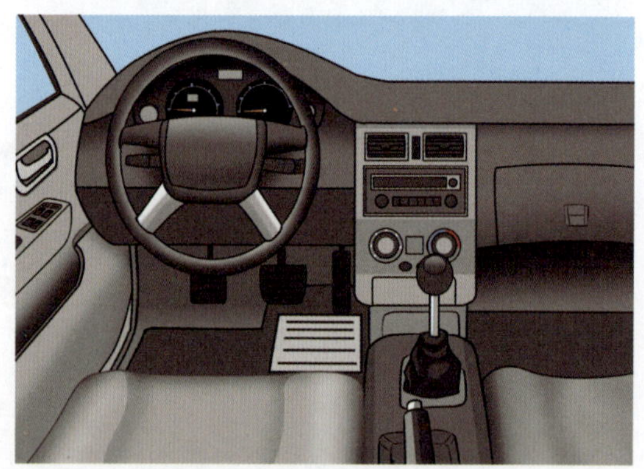
驾驶室内的主要操纵装置

二 汽车的行驶原理

汽车行驶就需要有一定的动力来驱动车轮旋转，产生这种动力的机器就是发动机。

汽车发动机汽缸内燃料与空气的混合气燃烧，产生推动活塞的动力。不论是汽油机还是柴油机，活塞上下运动的原理是：汽缸内的混合气燃烧后，就会瞬间膨胀，于是活塞被推动；燃烧过后，废气从汽缸排出，与此同时活塞又回到原来的位置；然后新进来的混合气

又膨胀，再次推动活塞。这种过程不断反复进行，产生了活塞的往复运动。活塞的往复运动所产生的动力使车轮旋转，最终驱动汽车行驶。

发动机

发动机是汽车的动力源，将燃料与空气的混合气燃烧产生的热能转变为机械能，为汽车行驶提供动力。大多数发动机安装在汽车的前部，也有部分发动机安装在汽车后部

传动系统

传动系统接受发动机的动力，并经过车轮将动力转化为汽车行驶的驱动力。传动系统包括离合器、变速器、传动轴和差速器等

电 脑

现在的汽车是用电脑来控制燃油供给量、点火正时、制动防抱死和驱动防滑等。电脑中发出指令的是集成电路芯片

转向系统

转向系统可以保证汽车能够按照驾驶员选定的方向行驶。转向系统由转向盘（俗称方向盘）、转向器、横拉杆等组成

悬架系统

悬架连接起车身与车轮，并能缓和路面的冲击，使乘坐舒适。悬架包括弹簧、减振器和支撑臂等

制动系统

制动系统可以使汽车减速、停车，并能保证可靠的驻停。制动系统除了包括安装在4个车轮处的制动器外，还有驾驶员座位附近的制动踏板（俗称脚刹）和驻车制动器操纵杆（俗称手刹）等

车 轮

车轮与路面接触，为汽车提供驱动力和制动力。车轮包括轮胎（为提高摩擦力由橡胶制成，做成中空的目的是缓和冲击）、轮辋（安装轮胎）和轮毂（在车轮中心，连接车轮与车桥）等

车 身

车身为驾驶员和乘车人提供舒适的环境，同时还能保证一定的行驶安全

内设装置

车身内设置有用于驾驶操纵的装置，以及仪表板、空调系统、车载导航和车座等

车 灯

车灯主要包括前照灯、雾灯、转向信号灯、制动灯及倒车灯等，既可以照亮汽车前后方，有利于提高驾驶员观察，又能向其他车辆或行人传达各类行驶信号

整车布局

以发动机前置后轮驱动的汽车为例，发动机产生的动力通过离合器、变速器、传动轴和差速器传给车轮，驱动汽车行驶。汽车起步时车轮转速要低，高速行驶时车轮转速要高，

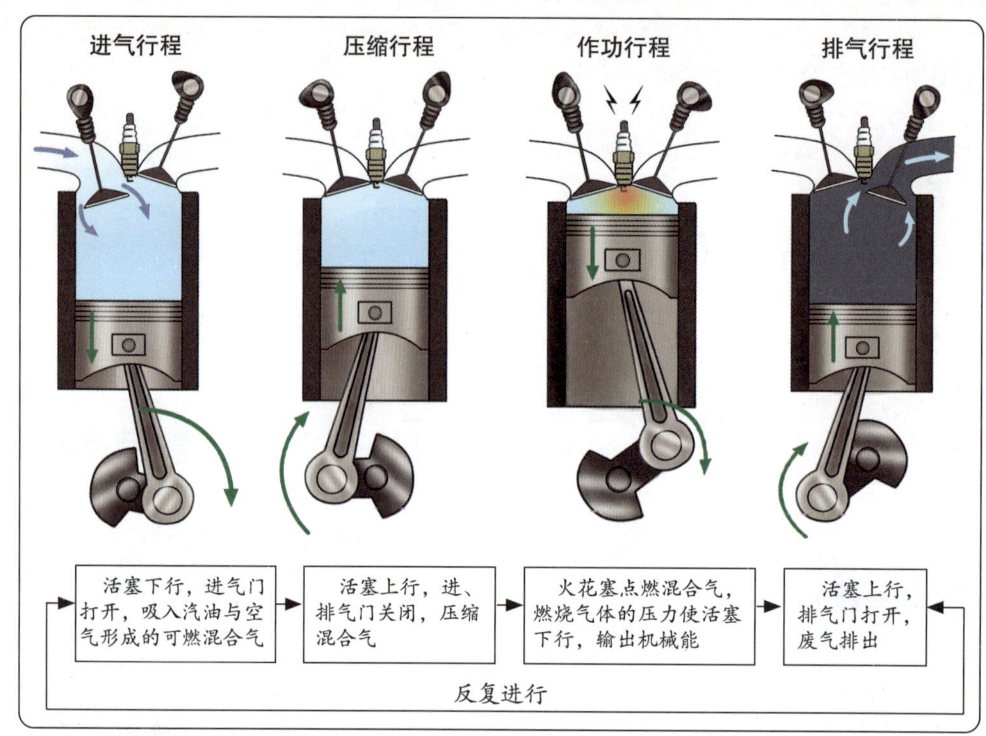

汽油机的工作循环

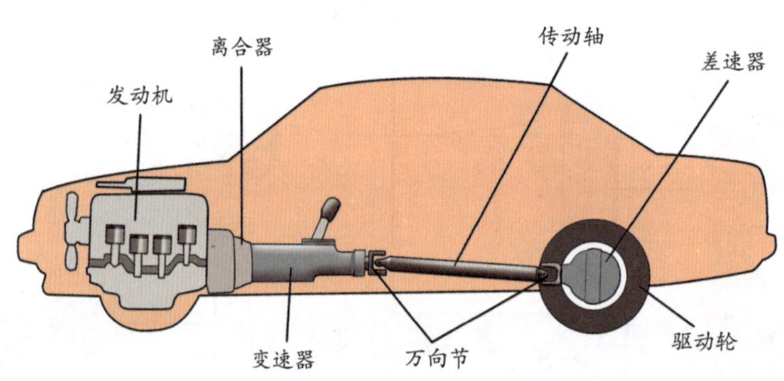

汽车的动力传递

虽然可以通过踩加速踏板（俗称油门）调节发动机转速，但这种调节很有限，需要装备变速器来改变转速。差速器可以使左右车轮以不同的转速旋转，最终将动力传至车轮。这种将旋转运动变为汽车行驶的动力，称为驱动力。

车轮旋转、汽车行驶，看起来很简单，其实在这一过程中轮胎与路面的“摩擦力”起了关键作用。轮胎旋转与路面产生摩擦力，驱动力作为其反作用力推动汽车行驶。例如，在摩擦力很小的冰面上，不管旋转的力矩多大，轮胎只在冰面上打滑，汽车也无法行驶。正是因为有了摩擦力，轮胎的旋转运动才能变成驱动力。

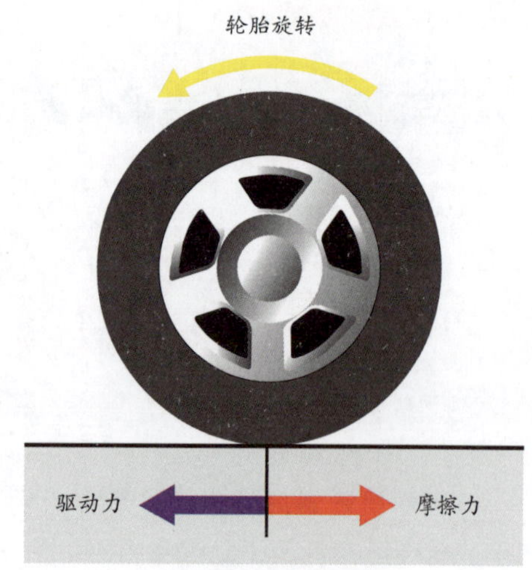

摩擦力与驱动力

第二节 车辆安全性能与新技术应用

一 教练车的特殊要求

1 教练车技术参数要求

（1）大型客车、城市公交车：车长不小于9m的大型载客汽车。

（2）牵引车：总长不小于12m的半挂汽车列车。

（3）中型客车：车长不小于5.8m的中型载客汽车。

（4）大型货车：车长不小于9m、轴距不小于5m的重型载货汽车。

（5）小型汽车：车长不小于5m的轻型载货汽车，或者车长不小于4m的小型载客汽车。

（6）小型自动挡汽车：车长不小于5m的轻型自动挡载货汽车，或者车长不小于4m的小型自动挡载客汽车。

（7）低速载货汽车、三轮汽车：车长不小于3.3m、轴距不小于2.3m、轮距不小于1.3m的载货汽车。

（8）残疾人专用小型自动挡载客汽车：应加装符合《肢体残疾人驾驶汽车的操纵辅助装置》（GB/T 21055—2007）要求的肢体残疾人驾驶汽车的操纵辅助装置，且车长不小于4m的小型自动挡载客汽车。①申请人为右下肢残疾的，应加装制动和加速迁延控制手柄或者制动和加速迁延控制踏板；②申请人为双下肢残疾的，应加装转向盘控制辅助手柄、制动和加速迁延控制手柄、转向信号迁延开关，或者驻车制动辅助手柄。

（9）普通三轮摩托车：至少有4个速度挡位的普通正三轮摩托车或者普通侧三轮摩托车。

（10）普通二轮摩托车：至少有4个速度挡位的普通二轮摩托车。

（11）轮式自行机械车、无轨电车和有轨电车等其他教练车车型：外廓尺寸参数由省级道路运输管理机构确定。

2 教练车安全设施及标识要求

（1）教练车（三轮汽车除外）应装备有副制动踏板，教练员在行车过程中可以有效地控制机动车减速或停车。

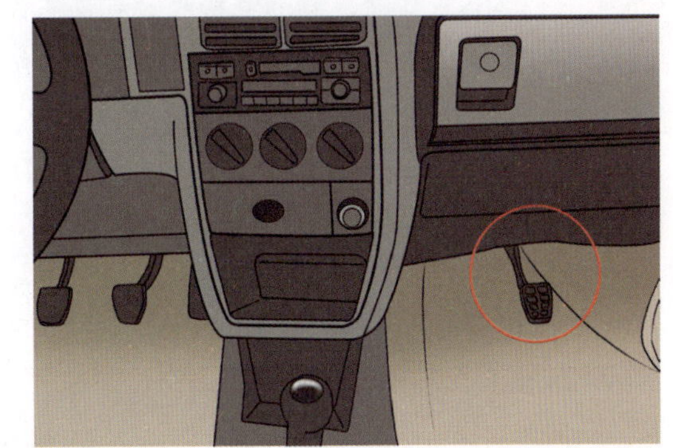

（2）教练车（三轮汽车除外）需安装有符合规定的辅助后视镜，教练员能够有效地观察到车辆周围的交通状况，提示驾驶学员采取预见性驾驶动作。

（3）教练车应随车配有符合要求的灭火器、危险警告标志、备胎、垫木等安全设施和工具。

（4）教练车在车身两侧及后部应喷涂

高度大于等于100mm的“教练车”等字样，教练车标识应符合省级道路运输管理机构有关的统一要求。

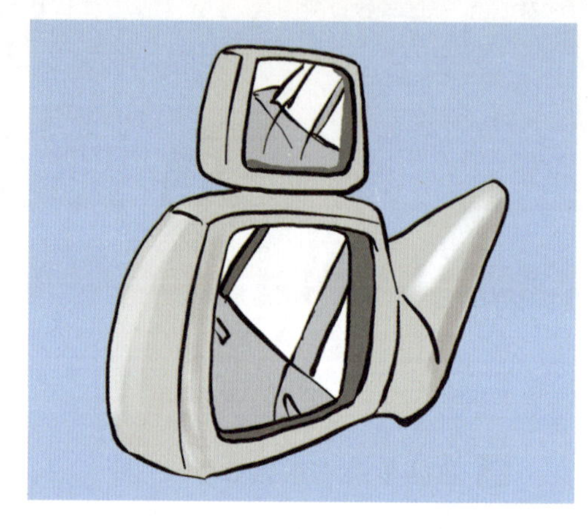

二 车辆主动安全系统的作用

车辆主动安全系统是车辆上避免发生交通事故的各种技术措施的统称，目的为“防止事故”。主动安全系统主要包括防抱死制动系统、驱动防滑控制装置、电子稳定程序、巡航控制系统、缓速器、间距检测系统及胎压监测报警系统。

1 防抱死制动系统（ABS）

ABS的作用是保证汽车在任何路面上进行紧急制动时，自动控制和调节制动力，防止车轮抱死，使每个车轮产生尽可能大的地面制动力，进而消除制动过程中的跑偏、甩尾等非稳定状态，以获得良好的制动性能、操纵性能和稳定性能。目前在轿车、大型客车和重型货车上普遍装备了ABS。

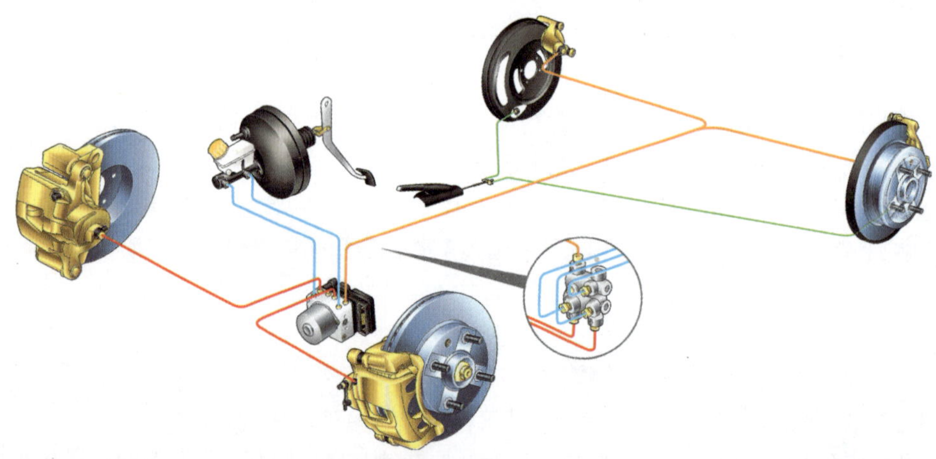

安装ABS的汽车尽管制动性能有所改善，但并不是更容易操控，还应注意以下事项：

（1）紧急制动时，驾驶员要始终踩住制动踏板不放松，使ABS有效地发挥作用（感觉制动踏板震颤），保证足够和连续的制动力。

（2）ABS不能减少汽车的制动距离，因此在行驶时仍然要保证足够的车辆安全距离。

（3）ABS工作时，制动踏板震颤和液压调节器有工作噪声是正常的，而且可以使驾驶员感觉到ABS正在起作用，此时不必怀疑制动系统有故障。

2 驱动防滑控制装置（ASR）

ASR的作用是在汽车行驶过程中防止驱动车轮滑转，用于提高汽车起步、加速、转向及在湿滑路面时的驱动力，确保汽车行驶稳定性。

ABS和ASR都是用来控制车轮相对地面滑动，以提高车轮与地面之间的附着力，但两者所控制的车轮滑移方向刚好相反。ABS是在汽车制动过程中工作，即在车轮出现滑移时起作用；而ASR则是在汽车行驶过程中都工作，即在驱动车轮出现滑转时起作用。一般在车速很低（小

于8km/h）时ABS不起作用，而ASR一般在车速很高（大于80km/h）时不起作用。

3 电子稳定程序（ESP）

ESP系统是对ABS及ASR的一种补充，通过调节车轮的制动力和发动机的输出功率，防止车辆在紧急情况下或转弯时的过度转向或转向不足，使车辆不偏离合适的行驶路线，保持在原来的车道内行驶：

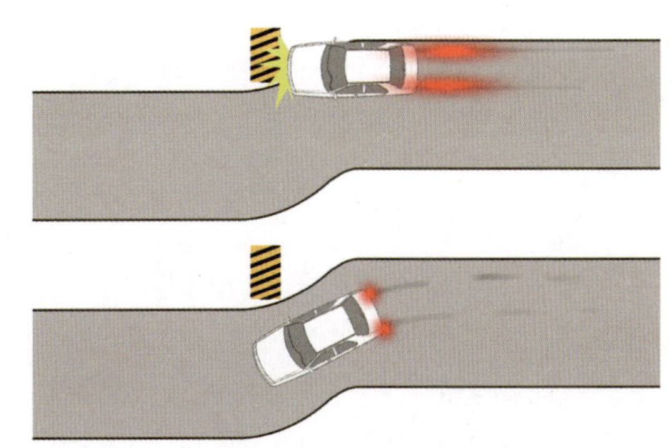

（1）汽车左转弯转向不足时，汽车将向车道外偏移，此时，ESP系统通过调节左后轮的制动力，使汽车保持原来的行驶路线。

（2）汽车左转弯过度转向时，车尾将甩出车道，此时，ESP系统通过调节右前轮的制动力，以避免发生侧滑的危险。

4 巡航控制系统（CCS）

CCS的作用是汽车在高速公路行驶时，按照驾驶员所设定的速度，不踩加速踏板汽车就可以自动地以一定的速度行驶。既可以保持汽车车速的稳定，减轻驾驶操作的负担，提高汽车行驶的舒适性，又可以节约燃料和减少有害气体排放。当驾驶员再踩踏加速踏板、制动踏板、离合器踏板或者操纵巡航控制开关取消巡航控制时，CCS立即解除巡航状态。

5 间距检测系统

间距检测系统就是在汽车前后两端安装超声波传感器，根据超声波发出与接收的时间间隔来判断障碍物的距离，并通过指示灯或蜂鸣器告知驾驶员，保证汽车在狭窄道路上和倒车时安全行驶。

6 缓速器

为了保证长途和山区行驶的安全，在大型客车和重型货车的传动轴上常装有对汽车起缓速作用的缓速器。缓速器的作用是可以在不使用或少使用行车制动装置的条件下，使汽车速度降低或保持稳定，而且不会使汽车紧急制动。

缓速器操纵控制开关通常设有0、1、2、3、4五个挡位，0挡位是空挡，其他挡位的制动强度依次增大。驾驶员可根据路况及制动强度的需要，合理选择挡位。

（1）当汽车下长坡时，在获得稳定的车速后，一般将缓速器控制开关置于中挡位置。在山区行驶、特别是在长下坡路段行驶时，不能连续将缓速器手控开关放在最高挡位，以避免缓速器持续过热导致线圈烧坏。

（2）汽车空载或行驶在冰雪、泥泞等低附着的路段时，使用缓速器应注意不能升挡太快，以避免缓速器作用力过大引起车轮打滑。

（3）准备停车时，提前3～4km或10min关闭缓速器，使其在停车前得到充分散热。

7 胎压监测报警系统（TPMS）

TPMS的作用是在汽车行驶过程中对轮胎气压进行实时自动监测，并对轮胎漏气和低气压进行报警，以确保行车安全。目前，TPMS主要分为两种类型：

（1）直接式，即利用安装在每一个轮胎里的压力传感器来直接测量轮胎的气压，利用无线发射器将压力信息从轮胎内部发送到中央控制模块，然后对各轮胎气压数据进行显示。当轮胎气压太低或漏气时，系统会自动报警。

（2）间接式，即通过ABS的轮速传感器来比较轮胎之间的转速差别，以达到监测胎压的

目的。当轮胎压力降低时，汽车的质量会使轮胎直径变小，导致车速发生变化，这种变化即可用于触发警报系统来向驾驶员发出警告。

三 车辆被动安全系统的作用

车辆被动安全系统是在交通事故发生时或发生后，减轻或避免对人员及车辆伤害程度的各种技术措施的统称，目的为“减轻事故后果”。被动安全系统主要包括安全带及安全气囊。

1 安全带

汽车发生碰撞或紧急制动时会产生巨大的惯性力，会使驾驶员、乘车人与转向盘、风窗玻璃、座椅靠背等物体发生二次碰撞，极易造成严重的伤害，甚至将人抛离座位或抛出车外，而安全带能将驾驶员和乘车人束缚在座位上，发生意外时它能有效地防止二次碰撞，并且其缓冲作用还能吸收大量动能，减轻对人的伤害程度。如果正确系安全带，在发生正面碰撞时，死亡率可减少57%；在发生侧面碰撞时，死亡率可减少44%；在发生翻车或坠车时，死亡率可减少80%。

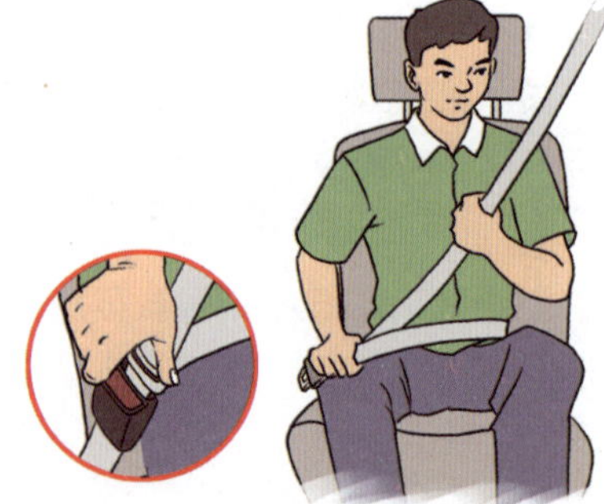

正确使用安全带的方法是：

（1）经常检查：经常检查座椅安全带的技术状态，如发现有损坏应及时更换。

（2）正确系戴：①三点式安全带，腰带应系得尽可能低些，系在髋部，不要系在腰部；肩部安全带不要放在胳膊下面，应斜挎胸前。②不能让安全带压在坚硬的或易碎的物体上，如衣服里的眼镜、钢笔和钥匙等。③一个安全带只能一个人使用，严禁双人共用。④不要将安全带扭曲使用。

（3）注意保护：不能让安全带与锋利的刀刃摩擦，以免损伤安全带；不能让座椅靠背过于倾斜，否则安全带将不能正确地伸长和收卷。

（4）妥善放置：座椅上无人时，要将安全带送回卷收器中，将扣舌置于收藏位置，以免在紧急制动时扣舌撞击到其他物体上。

儿童安全带和安全座椅

汽车安全带是依据成人的身高设计，因此，12岁以下及身高不足150cm的儿童不适合佩戴常规的安全带，而必须用专门的儿童安全座椅来保护。否则在紧急制动和发生交通事故时，会因安全带不适合儿童身体特征而发生严重的危险。因此，儿童出行时需使用儿童安全座椅。

（1）体重9～18kg、年龄约9个月至3岁的婴幼儿乘坐轿车时，需使用儿童安全座椅。

（2）身高140cm左右的儿童乘坐轿车时，需使用带三点式安全带的可升高的座椅。

2 安全气囊

当汽车以20km/h以上的速度正面撞击物体或者汽车前方在左右两侧30°以内的方向受到撞击时，安全气囊会在瞬间充气、膨出，垫在驾驶员与车内硬物之间，防止驾驶员的头部和胸部撞击到转向盘或仪表板等硬物上，从而避免和减轻人员的伤亡。

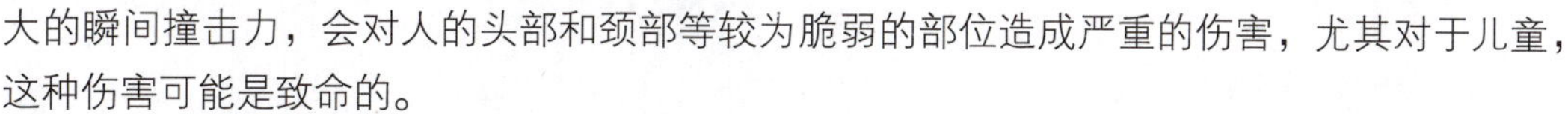

正确使用安全的气囊方法是：

（1）系好安全带是安全气囊发挥保护作用的一个重要前提条件。否则，安全气囊展开时强大的瞬间撞击力，会对人的头部和颈部等较为脆弱的部位造成严重的伤害，尤其对于儿童，这种伤害可能是致命的。

（2）不要在安全气囊附近摆放打火机、香水等物件，防止安全气囊触发的瞬间弹起这些物品，给乘车人造成伤害。

（3）当安全气囊处于工作状态时，严禁在前排乘员座位上设置儿童座椅，或者安排儿童乘坐，以防安全气囊触发时对儿童造成伤害。

四 车辆其他安全装置

1 灭火装置及危险警告标志

灭火器是驾驶员在车辆发生初期火灾进行紧急自救的重要工具。汽车应配备足量、有效的灭火器。一般来说，30座以下的客车配置1个灭火器，30座以上的客车配置2个灭火器，卧铺客车配置2个灭火器，大中型客车要求配置8kg以上的灭火器。

灭火器应在车辆（客厢内）按前、后，或前、中、后进行分布，其中一个应靠近驾驶员座椅。驾驶员应每月检查一次灭火器压力，查看标注的有效期，及时更换失效的灭火器。

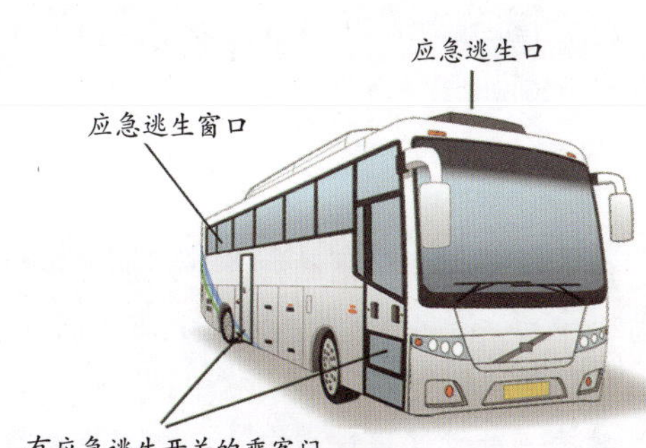

发动机后置的客车，通常装备有发动机舱自动灭火装置。自动灭火装置主要由易燃线和干粉喷粉装置组成。喷粉装置安装在发动机高温热源部件上方，当发动机舱内起火（或高温）引燃了易燃线时，自动引爆干粉喷粉装置喷粉，达到自动灭火效果。

汽车（无驾驶室的三轮汽车除外）应装备有符合规定的危险警告标志，在车辆出现故障或发生事故临时停车时，驾驶员应按规定摆放危险警告标志。

2 安全出口（安全门、窗）

当汽车发生火灾、侧翻等紧急情况或事故时，安全出口对于保障乘员逃生或救援人员有效开展施救非常重要。安全出口包括应急门、应急窗或撤离舱口。

每个安全出口的附近都写有“安全出口”字样。在乘客门和应急出口的应急控制器（包括用于击碎应急窗车窗玻璃的工具）附近，标有清晰的符号或字样，并注有操作方法。

3 车身反光标识

所有货车（半挂牵引车除外）和挂车应在侧面设置车身反光标识。侧面的车身反光标识长度应不小于车长的50%，对货厢长度不足车长50%的货车应为货厢长度。

半挂牵引车应在驾驶室后部上方设置能体现驾驶室的宽度和高度的车身反光标识，其他货车和挂车（设置有符合规定的车辆尾部标志板的除外）应在后部设置车身反光标识。后部的车身反光标识应能体现机动车后部的高度和宽度，厢式货车和挂车应能体现货厢轮廓。

4 汽车和挂车侧面及后下部防护装置

总质量大于3500kg的货车（半挂牵引车除外）和挂车应提供防止人员卷入的侧面防护装置。货车列车的货车和挂车之间应提供防止人员卷入的侧面防护装置。

总质量大于3500kg的货车（半挂牵引车除外）和挂车（长货挂车除外）的后下部应装备符合规定的后下部防护装置。该装置对追尾碰撞的机动车应有足够的阻挡能力，以防止发生钻入式碰撞。

五 车辆性能对安全行车的影响

汽车性能主要包括动力性、燃油经济性、制动性、操纵稳定性、舒适性及通过性等几个方面。在以上诸多性能指标中，对安全行车影响最大的是汽车制动性和汽车操纵稳定性。

1 汽车制动性对行车安全的影响

汽车制动性能是指汽车在行驶过程中强制地将车速降低直到停车，或在下坡时能控制汽车保持一定速度的能力。反映汽车制动性的主要指标有停车距离、制动效能的恒定性和制动时的方向稳定性。

1 停车距离

行驶的汽车要停下来，需要经过以下制动过程：①驾驶员发现需要停车的情况（决定采取制动）；②驾驶员把脚从加速踏板上移下来；③驾驶员把脚移到制动踏板上；④踩下制动踏板；⑤车轮制动器开始起作用，轮胎转速开始降低，汽车开始减速；⑥汽车完全停止。

行驶中的汽车，从驾驶员发现情况到汽车完全停止，经历了驾驶员反应距离、制动器反应距离和制动距离三段（统称为停车距离）。为了保证汽车行驶的安全性，停车距离越短越好。以下

几个方面对停车距离影响较大：

（1）驾驶员反应距离。驾驶员反应距离是指驾驶员反应时间内汽车所行驶的距离，在汽车制动过程是一个非常重要的环节，占全部停车距离的50%左右。为了缩短驾驶员反应距离，必须要缩短驾驶员的反应时间，而驾驶员反应时间的长短，主要取决于人的因素，即驾驶员的反应能力和动作能力。这就要求驾驶员，在极短的时间内，不仅要发现险情，而且更重要的是要针对险情做出相应的处理。集中注意力和仔细观察，是缩短驾驶员反应时间最有效的措施。

（2）行驶速度。制动距离与制动开始时汽车行驶速度成平方关系增长，当速度从50km/h增加1倍至100km/h时，制动距离将增加4倍；同时，驾驶员反应时间内行驶距离和制动器起作用时间内行驶距离也要延长，而且成正比增加。所以，高速行驶的汽车制动距离将大幅度增加，行驶安全性下降。从保证行车安全的角度来说，行驶中不宜开快车，更不可随意超速行驶。

（3）附着系数。附着系数表示轮胎与路面的接触强度，其大小主要取决于路面的种类和状况，与轮胎花纹磨损、轮胎气压和行驶速度也有关。

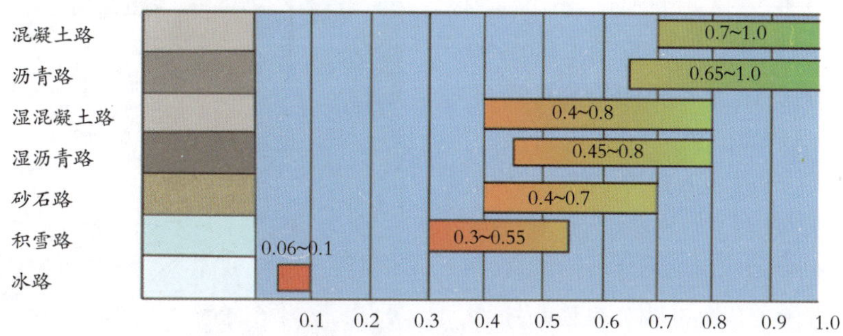

不同路面的附着系数

汽车以同一速度在不同附着系数的路面上行驶，紧急制动时的制动距离是不同的。附着系数大的路面不容易发生打滑，汽车制动距离短；在附着系数小的路面（如积雪路面），情况正好相反，加速时车轮有空转现象，制动效果也不好。

轮胎花纹的磨损对附着系数有着明显的影响，磨损的轮胎行驶时容易打滑，好像在积雪路面上一样。轮胎气压不同随着系数也不同，低气压、宽断面的子午线轮胎与地面的接触面积较大，附着系数比普通斜交轮胎高，汽车制动距离短。

（4）载质量。汽车满载与空载的制动距离有很大不同，满载时的制动距离要比空载时长。在同等速度下，载质量3t以上的汽车，大约每增加1t载质量，制动距离约增大0.5～1.0m。

在满载行驶时，驾驶员要集中注意力，尽早获得需要制动的信息，以便提前进行制动。同时，要控制好速度，禁止盲目高速行车，以免增大制动距离，增加行车危险。

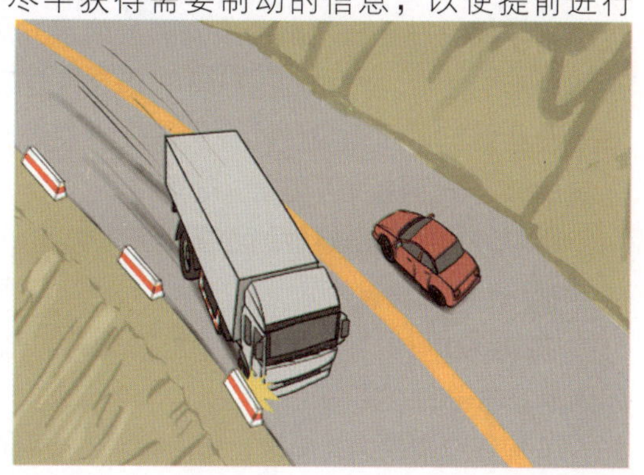

2 制动效能的恒定性

汽车制动效能是指汽车迅速减速直至停车的能力。汽车使用过程中，有两种原因可以引起制动效能的降低：

（1）制动器的热衰退。当汽车下长坡时，车速会因惯性而加快，为了控制保证行车安全，需要连续制动，制动器会因较长时间摩擦而升温（常在300℃以上，甚至高达600~700℃）。制动器温度升高后，制动器摩擦副的摩擦系数减小，摩擦力下降，汽车的制动效能衰退，这种现象称为制动器的热衰退。

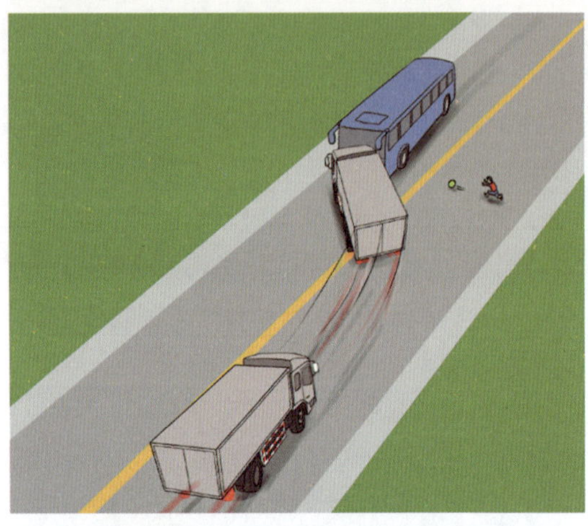

（2）制动器的水衰退。汽车涉水后，由于制动器摩擦副被水浸湿，制动效能也会下降，这种现象称为制动器的水衰退。在汽车涉水后，反复踩几次制动踏板，提高制动器温度，使水分迅速蒸发，对缓解制动器的水衰退非常有效。

3 制动时的方向稳定性

制动时的方向稳定性是指在制动过程中，汽车保持直线行驶或按预定弯道行驶的能力。在较滑的路面上制动，尤其是在高速或转弯时紧急制动，汽车容易失去控制而驶离行驶方向，造成冲入对向车道、边沟及滑下山坡等危险情况。在制动过程中，汽车丧失方向稳定性有以下三种情况：

（1）制动跑偏。制动跑偏是指制动时，汽车自动向左或向右偏驶。制动跑偏的原因主要是由于左右车轮制动力不均匀分配造成的。另外，装载不均匀也可能造成左右车轮制动力分配不匀而产生制动跑偏。

（2）制动侧滑。制动侧滑是指制动时车轮抱死，汽车的某一轴或两轴横向滑移。最危险的情况是高速制动时发生后轴侧滑，此时汽车常发生不规则的急剧回转失控而造成甩尾或掉头。

（3）弯道制动失去转向能力。汽车在弯道制动时，转向能力的丧失有两种情况：一种是转弯过程中制动，汽车不能按原来的弯道行驶而沿外侧驶去；另一种是在进入弯道时制动，转向盘不能改变方向仍按直线行驶。失去转向能力的原因是由于制动时转向轮抱死而无法控制行驶方向。

2 汽车操纵稳定性对安全行车的影响

汽车操纵性是指汽车沿着驾驶员给定方向稳定行驶的能力，汽车稳定性是指汽车抵抗侧滑和翻车的能力。汽车的操纵性和稳定性是密切相关的，操纵性的丧失往往导致汽车侧滑、回转乃至翻车，而稳定性的丧失往往会使汽车失控，处于危险状态。因此，通常把汽车的操纵性和稳定性合称为汽车操纵稳定性。

影响汽车操纵稳定性的主要因素有汽车的轴距和转弯时的离心力。

1 汽车的轴距

汽车前轴与后轴之间的距离称为轴距。轴距的长短不仅决定汽车转弯半径的大小，而且也是内、外轮差的主要决定因素。

一般汽车前轮为转向轮，转弯时左侧或右侧同一侧的前、后两个车轮的轨迹不在一条线上，

内侧前、后车轮轨迹沿转弯半径方向的距离差称为“内轮差”，外侧前、后车轮轨迹沿转弯半径方向的距离差称为“外轮差”。内轮差和外轮差的大小都与汽车的轴距有关，汽车轴距越长，轮差越大。

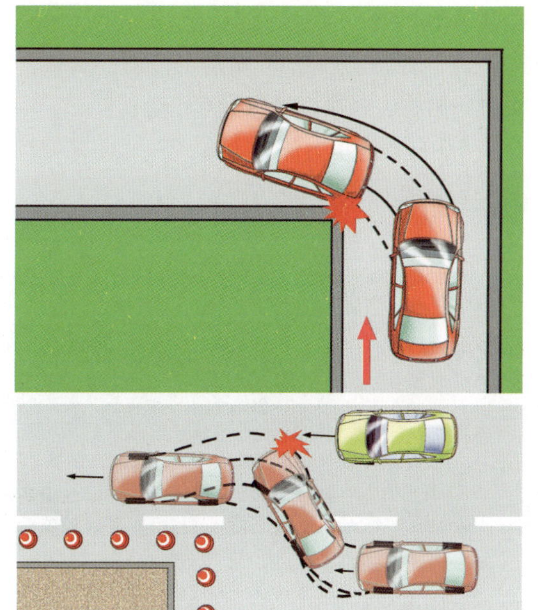

由内轮差引起的剐蹭：汽车左转弯时，尽管转向盘控制的前轮转向角很合适，前轮轨迹离路边的建筑物有一定距离，但是转向时前、后车轮轨迹不同，内侧后轮轨迹的转弯半径小（图中虚线），离路边的建筑物很近，驾驶员稍微不注意，很容易造成车身后部与路边的建筑物剐蹭。

由外轮差引起的碰撞：汽车并列行驶时，左侧汽车为了绕过路边的建筑物，在转弯过程中前、后车轮移动的轨迹差别较大，对右侧并行汽车的前进造成很大妨碍，稍不留意就会发生碰撞。

2 转弯时的离心力

汽车转弯时会产生离心力，离心力的方向是沿着转弯半径远离汽车重心。离心力的大小与汽车行驶速度、总质量、转弯半径和重心位置等有关，转弯半径越小（弯越急）、行驶速度越快、总质量越高，汽车所受到的离心力就越大，且汽车重心位置越高，越容易发生侧滑或侧翻的危险。

第三节 车辆维护与故障车的处置

随着行驶里程和使用时间的增加，汽车的动力性、燃油经济性和可靠性等各项技术指标会不断变差，甚至车辆会突然发生故障。只有通过必要的维护，才能使车辆恢复到完好状态，避免和减少故障及事故的发生。汽车维护分为日常维护、一级维护和二级维护3个级别，一、二级维护是以行驶里程或时间间隔为基本依据，两者统称为定期维护。

一 车辆日常维护常识

日常维护是由驾驶员在出车前、行车中、收车后负责执行的车辆维护作业。日常维护是发挥汽车效率、减少行车事故、节约维修费用、降低能耗和延长车辆使用寿命的重要环节。

1 日常维护作业内容

日常维护的作业内容为清洁、补给和安全检视，具体包括：

（1）对汽车外观、发动机外表进行清洁，保持车容整洁。

（2）对汽车各部润滑油（脂）、燃油、冷却液、制动液、各种工作介质、轮胎气压进行

检视补给。

（3）对汽车制动、转向、传动、悬架、灯光、信号等安全部位和位置以及发动机运转状况进行检视、校紧，确保行车安全。

2 日常维护方法

日常维护方法见表4-1。

日常维护方法 表4-1

项目	方法	图例
空气滤清器	取出滤芯，将尘土清除。注意不要用湿布擦拭滤芯，装复中要保持密封	
刮水器和洗涤器	刮水片和风窗玻璃接触不良时，应及时更换。应经常保持储液罐中有足够的清洗液，添加时注意使用指定的清洗液，并防止杂质混入	
蓄电池	经常检查蓄电池中电解液的液面高度，并保持蓄电池通气孔的畅通。电解液的液面过低时，应补充蒸馏水或补充液	
冷却液	经常检查冷却液的液面高度是否在补偿水箱的上限（MAX）和下限（MIN）之间，添加时注意使用符合要求的冷却液	
润滑油	拔出机油尺检查机油是否在上、下限之间（将车停放在平地上，在发动机起动前或熄火十几分钟后进行），添加时注意使用符合要求的机油	
风扇传动带	检查风扇传动带的挠度是否在10~15mm之间，否则应进行调整。如果有损伤，应及时更换	
灯光	检查各个灯光装置是否完好、工作是否正常。如果有损坏，应及时更换；如果有脏污，应及时清洗	
轮胎	经常检查轮胎气压是否符合标准（包括备胎）、胎面是否有破裂和损伤、胎面磨损是否超过极限，否则应及时补气或更换，清除轮胎上的异物	
液压制动系统	检查制动液的液面是否在储液罐的上限（MAX）和下限（MIN）之间。如果制动液明显减少，应检查制动系统是否有渗漏处	
气压制动系统	起动发动机，观察气压表上的指针上升是否过慢及是否停在规定范围内。通过踩、放制动踏板，检查制动控制阀的排气声音是否正常。如果有异常，应进行检修	
转向系统	前轮处于直线行驶位置时，在转向盘的边缘处检查其自由行程是否过大。如果有异常，应进行检修	

二 车辆定期维护常识

1 一级维护

一级维护是一项运行性维护作业，即在日常使用过程中的一次以确保车辆正常运行状况为目的的作业。

一级维护是由维修企业负责执行的车辆维护作业，除日常维护作业外，以清洁、润滑、紧固为作业中心内容，并检查有关制动、操纵等安全部件。

一级维护的周期通常按照行驶里程或时间间隔来确定，一般为7500～10000km或30日，

具体依据车辆使用说明书的规定或依据汽车使用条件的不同进行适当调整，可按照《汽车维护、检测、诊断技术规范》（GB/T 18344—2001）的要求来确定。

2 二级维护

二级维护是以消除隐患为目的的性能恢复性作业，尤其是恢复达标的排放性能，恢复安全性能，因此保证车辆二级维护作业的全面性和彻底性很重要。

二级维护是由维修企业负责执行的车辆维护作业，除一级维护作业外，以检查、调整转向节、转向摇臂、制动蹄片、悬架等经过一定时间的使用容易磨损或变形的安全部件为主，并拆检轮胎，进行轮胎换位，检查调整发动机工作状况和排气污染控制装置等。

二级维护的周期通常按照行驶里程或时间间隔来确定，一般为10000～15000km或3个月（客车）、4个月（货车），具体依据车辆使用说明书的规定或依据汽车使用条件的不同进行适当调整，可按照《汽车维护、检测、诊断技术规范》（GB/T 18344—2001）的要求来确定。

三 车辆安全检视

车辆安全检视就是对汽车的技术状况、安全部件、操纵装置等进行经常性的检查，可以提前发现车辆故障或者其他不符合安全技术性能的情况，杜绝驾驶带“病”车上路，消除事故隐患，是确保安全行车的重要环节。

1 出车前的安全检视

第1步：查看车辆维修情况。根据报修单对车辆维修部位进行检查，确保问题已经得到解决。

第2步：检查发动机舱内情况。先确认车辆的驻车制动器操纵杆处于拉紧状态，再打开发动机罩进行检查。主要检查风扇传动带情况及发动机润滑油、冷却液、制动液、风窗玻璃清洗液等是否充足，有无渗漏。

第3步：检查驾驶室及车厢内部情况。在起动发动机前，主要检查安全带、后视镜、转向盘、制动踏板、离合器踏板、加速踏板、驻车制动器操纵杆及车厢内座椅、安全出口、车内灯等的情况；起动发动机后，主要检查仪表指示灯、发动机异响等情况。安装有卫星定位系统车载终端的车辆，检查车载终端的工作状况。

第4步：检查随车工具。主要检查灭火器、安全锤、危险警告标志、三角垫木、千斤顶、轮胎扳手等的情况。

第5步：检查车辆灯光、信号。主要检查前照灯、制动灯、转向灯、示廓灯、危险报警闪光灯等是否正常，主要检查挂车的各种信号灯是否正常。检查灯光、信号装置时，可在同伴的配合下或者利用墙壁的反射进行确认。

第6步：检查车辆外观。从左前部开始绕车一周，主要检查车辆轮胎、制动管路、转向横直拉杆与球头销、悬架、储气筒、防护装置、备胎、燃油箱及挂车支撑、连接装置等安全部件的情况。

第7步：检查车辆制动性能。完成车辆静止状态下的所有检查项目后，再对车辆的制动系统进行试车检查，即起动发动机以5km/h的速度直线行驶，然后采取紧急制动，检查车辆是否能够立即停止、是否出现跑偏、踩踏制动踏板的感觉是否有异常。

出车前的安全检视项目及要求如表4-2和表4-3所示。

起动发动机前的安全检视项目及要求 表4-2

序号	检查项目	检 查 要 求	适 用 车 型			
			小型汽车	道路旅客运输车辆	道路货物运输车辆	汽车列车
1	轮胎	（1）用气压表检查轮胎气压符合标准； （2）胎面花纹的深度不低于深度标记，胎冠无严重磨损，胎侧无割裂伤，轮胎间无异物	√	√	√	√
2	散热器及冷却液	无泄漏，液面在Max、Min刻度之间	√	√	√	√
3	驱动桥壳	无渗漏	√	√	√	√
4	油底壳	无渗漏	√	√	√	√
5	燃油箱及油箱盖	箱盖完好，无渗漏	√	√	√	√
6	润滑油	（1）用机油尺检查油面在机油尺的凹槽内； （2）油质无乳化等异常现象	√	√	√	√
7	制动液	液面在Max、Min刻度之间	√	√	√	√
8	风窗玻璃清洗液	液面在Max、Min刻度之间	√	√	√	√
9	蓄电池	（1）清洁、无漏液、液量符合要求； （2）电极接线连接牢靠，无腐蚀	√	√	√	√
10	发动机外部传动带	松紧适当，无起皮、无脱壳、无破损	√	√	√	√
11	可见线束	无松脱、无破裂、无老化	√	√	√	√
12	安全带	能正常调节长度，锁止可靠，无破损	√	√	√	√
13	内、外后视镜	完好、清晰、调整得当	√	√	√	√
14	转向盘	（1）转动无松旷、窜动； （2）转动转向盘，最大自由转动量应不超过两指宽度	√	×	×	×
		（1）转动无松旷、窜动； （2）转动转向盘，最大自由转动量应不超过四指宽度	×	√	√	√
15	制动踏板	踏板下无异物，有效	√	√	√	√
16	离合器踏板	踏板下无异物，有效	√	√	√	√
17	驻车制动器操纵杆	拉紧、放松有效	√	√	√	√
18	变速器操纵杆	无松旷、有效	√	√	√	√
19	缓速器操纵装置	有效	×	√	√	√

续上表

序号	检查项目	检查要求	适用车型			
			小型汽车	道路旅客运输车辆	道路货物运输车辆	汽车列车
20	刮水器	（1）完好，洗涤液能正常喷出； （2）刮水器片能回到起始位置	√	√	√	√
21	灭火器	有效期内，压力正常，放置在指定位置	√	√	√	√
22	危险警告标志	齐全	√	√	√	√
23	灯光	检试各种灯光信号有效	√	√	√	√
24	号牌	完好、清晰	√	√	√	√
25	轮胎螺栓	齐全、无松动	×	√	√	√
26	半轴螺栓	齐全、无松动	×	√	√	√
27	传动轴螺栓	齐全、无松动	×	√	√	√
28	悬架装置	无断裂、无错位，挠度正常	×	√	√	√
29	U形螺栓	齐全、无松动	×	√	√	√
30	行李舱及舱门	正常	√	√	√	√
31	乘客座椅及安全带	齐全、完好	×	√	×	×
32	安全锤	齐全、标志明显	×	√	×	×
33	行李架、栏杆、扶手	完好、牢固	×	√	×	×
34	车内灯	齐全、正常	×	√	×	×
35	车辆反光标识	齐全	×	×	√	√
36	侧、后防护装置	完好	×	×	√	√
37	车箱栏板	完好	×	×	√	√
38	货物装载、固定	无偏载、无超高，固定牢固，覆盖严实	×	×	√	√
39	牵引车与挂车连接制动管路和电路	连接正确、可靠，无断裂、无漏气、无老化	×	×	×	√
40	鞍座、牵引销、锁止机构	（1）机件齐全、润滑良好、保险可靠； （2）鞍座与牵引销尺寸匹配	×	×	×	√

注：√——表示项目适用于该车型，×——表示项目不适用于该车型。

起动发动机后的安全检视项目及要求 表4-3

序号	检查项目	检查要求	适用车型			
			小型汽车	道路旅客运输车辆	道路货物运输车辆	汽车列车
1	发动机运转情况	起动发动机，察听发动机怠速运转平稳、无异响	√	√	√	√
2	仪表指示、报警灯	正常，无报警信号	√	√	√	√
3	散热器	无泄漏	√	√	√	√
4	燃油箱	无渗漏	√	√	√	√
5	油底壳	无渗漏	√	√	√	√
6	驱动桥壳	无漏油	√	√	√	√
7	汽车尾气	无色或者略带白色	√	√	√	√
8	冷却液温度	起动发动机数秒之后，水温逐渐上升	√	√	√	√
9	气制动气压力	查看制动气压表，在规定时间内达到正常范围	×	√	√	√
10	制动管路	以5km/h的速度直线行驶，然后采取紧急制动，车辆能够立即停止，无跑偏或其他异常现象	√	√	√	√

2 行车中的安全检视

中途停车时，应逆时针绕行一周，检查车辆重点安全部件的状况，如表4-4所示。

行车中的安全检视项目及要求 表4-4

序号	检查项目	检查要求	适用车型			
			小型汽车	道路旅客运输车辆	道路货物运输车辆	汽车列车
1	汽车尾气	发动机运转状态，尾气为无色或者略带白色	√	√	√	√
2	轮胎	（1）用气压表检查轮胎气压符合标准； （2）胎面花纹的深度不低于深度标记，胎冠无严 重磨损，胎侧无割裂伤，轮胎间无异物	√	√	√	√
3	散热器	无泄漏	√	√	√	√
4	燃油箱及油箱盖	箱盖完好，无渗漏	√	√	√	√
5	油底壳	无渗漏	√	√	√	√
6	驱动桥壳	无渗漏	√	√	√	√
7	轮胎螺栓	齐全、无松动	×	√	√	√
8	半轴螺栓	齐全、无松动	×	√	√	√
9	传动轴螺栓	齐全、无松动	×	√	√	√
10	悬架装置	无断裂、无错位，挠度正常	×	√	√	√
11	U形螺栓	齐全、无松动	×	√	√	√

续上表

序号	检查项目	检查要求	适用车型			
			小型汽车	道路旅客运输车辆	道路货物运输车辆	汽车列车
12	货物固定、覆盖	固定牢固，覆盖严实	×	×	√	√

3 收车后的安全检视

收车后，必须结合当天的运行情况对车辆外表及外露部件进行清洁、检查，如表4-5所示。如果发现异常情况，应及时进行维修。

收车后的安全检视项目及要求 表4-5

序号	检查项目	检查要求	适用车型			
			小型汽车	道路旅客运输车辆	道路货物运输车辆	汽车列车
1	轮胎	（1）用气压表检查轮胎气压符合标准； （2）胎面花纹的深度不低于深度标记，胎冠无严重磨损，胎侧无割裂伤，轮胎间无异物	√	√	√	√
2	散热器及冷却液	无泄漏，液面在Max、Min刻度之间	√	√	√	√
3	燃油箱及油箱盖	箱盖完好，无渗漏	√	√	√	√
4	油底壳	无渗漏	√	√	√	√
5	驱动桥壳	无渗漏	√	√	√	√
6	发动机外部传动带	松紧适当，无起皮、无脱壳、无破损	√	√	√	√
7	轮胎螺栓	齐全、无松动	×	√	√	√
8	半轴螺栓	齐全、无松动	×	√	√	√
9	传动轴螺栓	齐全、无松动	×	√	√	√
10	悬架装置	无断裂、无错位，挠度正常	×	√	√	√
11	U形螺栓	齐全、无松动	×	√	√	√
12	安全锤	齐全、标志明显	×	√	×	×
13	行李架、栏杆、扶手	完好、牢固	×	√	×	×
14	乘客座椅及安全带	齐全、完好	×	√	×	×

四 车辆故障的处置

车辆行驶过程中，突然发生故障是一种非常危险的情况，驾驶员如果处理不好，就可能引发交通事故。行驶中车辆突发故障时，首先在保证安全的前提下停车，尽快对故障做出判断，确定是自己维修、还是打电话联系救援或是将车开到修理厂去维修。

1 发动机常见故障的处置

发动机常见的故障有机油压力过高或过低、机油消耗过多、工作温度过高等故障，如表4–6所示。出现上述情况，驾驶员应及时停车，关闭发动机，进行诊断和处理。

发动机常见故障的处置 表4–6

故障类型	故障现象	处理方法
机油压力过高	（1）在正常工作温度和转速下，机油压力报警灯亮； （2）起动后，机油压力表显示压力剧增； （3）运转中，机油压力表显示值突然增高； （4）机油压力表显示压力增高后，又突然降下来	尽快将车辆开至修理厂，如距修理厂较远，最好请求救援
机油压力过低	（1）在正常工作温度和转速下，油压表显示在报警线以下或机油压力报警灯亮； （2）起动后，机油压力表显示值迅速下降，甚至降至零； （3）检查机油尺，机油被稀释，黏度下降，油面升高，带有浓厚的汽油味或水泡沫	停车检查机油量，按需补充机油，如故障未能消除，应尽快将车辆开至修理厂，如距修理厂较远，最好请求救援
机油消耗过多	（1）机油消耗量逐渐增多，机油消耗率超过0.1～0.5L/100km； （2）排气管冒蓝烟，且有焦煳味道	检查发动机外部是否有机油泄漏，并请专业人员进行修理
发动机工作温度过高	（1）行驶过程中，冷却液温度表显示超过95℃，并继续升温，甚至冷却液沸腾； （2）行驶中，冷却液温度正常，停车后立即沸腾； （3）冷却液温度表显示值接近100℃，但冷却液不沸腾	立即在安全路段（夏季选择阴凉处）停车，打开发动机罩，使发动机保持怠速运转进行降温，检查是否有漏水现象； 待发动机温度明显降低后（也可观察冷却液温度表），用湿毛巾或湿棉纱布包住水箱盖，先拧松放气，然后再完全打开，此时脸部要避开加注口，以防热气喷出烫伤脸部；如冷却液量不足，及时添加冷却液，并防止喷出；如风扇传动带太松，调整传动带张紧度；其他原因应请专业人员修理

2 底盘常见故障的处置

底盘常见故障的部位是离合器、变速器、制动系和转向系，如表4–7所示。

底盘常见故障的处置 表4–7

故障类型	故障现象	处理方法
离合器分离不彻底	（1）发动机怠速运转或行驶时，完全踩下离合器踏板，挂挡困难或根本挂不上挡，并伴随有齿轮撞击声； （2）勉强挂入挡位后，未抬起离合器踏板，汽车就起步或出现发动机熄火	立即选择安全地方停车，检查离合器踏板自由行程，并进行调整。如故障未消除，不要盲目行驶，应尽快到修理厂处理
变速器挂挡困难	变速杆不能或勉强挂入挡位，或者挂入后很难脱挡	不要盲目行驶，应尽快到修理厂处理
变速器跳挡	汽车以某一挡位行驶时，当抬起加速踏板或遇颠簸时，变速杆自行跳到空挡的位置	不要盲目行驶，应尽快到修理厂处理
气压制动不良	将制动踏板踩到底，车辆不能立即减速、停车	不要盲目行驶，应立即在安全地方停车检查，尽快到修理厂处理或者停驶并向专业人员求助

续上表

故障类型	故 障 现 象	处 理 方 法
转向沉重	转动转向盘时，感觉沉重费力	不要盲目行驶，应向专业人员求助
行驶跑偏	车辆行驶中，不能保持直线方向，而自行偏向一侧	立即在安全地方停车检查，如左、右轮胎气压不一致或异常磨损，及时给轮胎补气或更换磨损轮胎；其他原因应向专业人员求助

3 更换车轮

更换车轮前，应先安全停车，拉紧驻车制动器操纵杆，开启危险报警闪光灯，并正确摆放危险警告标志。更换过程中，应严格遵守安全操作规程（表4-8）。更换轮胎后，应尽快去修理厂，检查、调整车轮的平衡和轮胎的气压。

更换车轮（左后轮）的步骤及操作　　表4-8

步 骤	操 作 内 容	操 作 要 求
第一步	检查与安全防范	（1）挡位放置在1挡位置，驻车制动器操纵杆处于拉紧状态； （2）用垫木掩好呈对角的前后正常的两个车轮； （3）在车后规定的距离位置放置危险警告标志
第二步	准备操作工具	（1）准备备胎、胎压表、扳手、撬棍、千斤顶及其摇臂、垫木； （2）检查工具齐全、完好
第三步	拆卸备胎	（1）使用专用工具正确卸下备胎； （2）拆下的备胎倒放在故障车轮的附近，不准靠在车身上，以免倒下伤人
第四步	检查备胎胎压	用胎压表检查备胎的气压后，准确读出气压值
第五步	拧松故障车轮螺母	用专用工具（或扳手）按顺序（按对角线）拧松故障车轮的螺母，但螺母不完全松掉

续上表

步骤	操作内容	操作要求
第六步	用千斤顶顶起车身 	（1）将千斤顶顶在故障车轮附近底盘横梁的凹槽处； （2）使用千斤顶摇臂，顶起汽车车身，直到故障车轮离开地面
第七步	拆卸故障车轮 	（1）按顺时针方向完全将车轮螺母松掉； （2）借助撬棍卸下故障车轮
第八步	安装备胎 	（1）借助撬棍装上备用车轮； （2）两轮轮辋通风口应对准； （3）两车轮气门嘴应对应排列，按180°分开
第九步	紧固车轮螺母 	（1）按对角线交叉顺序分2次旋紧车轮螺母； （2）第1次施加70%左右的力，第2次则完全紧固螺母； （3）螺母斜面必须与轮辋眼斜面紧密接合
第十步	放下千斤顶 	（1）安全放下千斤顶； （2）放下千斤顶后，按对角线交叉顺序逐一检查并再次紧固车轮螺母，使旋紧力矩达到规定数值
第十一步	清理现场 	（1）将换下的车轮固定到备胎架上； （2）收回危险警告标志，撤回车轮垫木，将工具放回原位，并保持场地清洁

第五章 道路及其附属设施基本常识

道路是驾驶员从事驾驶活动的主要场所，教练员应让学员了解道路及其附属设施的基本常识，提高学员对道路及其附属设施的辨识能力，增强学员在不同道路上驾驶的安全性。

第一节 公路及其附属设施

一 公路的分类

公路是指经交通行政主管部门验收认定的城间、城乡间、乡间能行驶汽车的公共道路。公路包括公路的路基、路面、桥梁、涵洞、隧道。根据《中华人民共和国公路法》第六条规定，公路按其在公路路网中的地位分为国道、省道、县道和乡道，并按技术等级分为高速公路、一级公路、二级公路、三级公路和四级公路。具体划分标准由国务院交通行政主管部门规定。

1 按行政等级分类

国道是指由具有全国性和区域性政治、经济等意义的干线公路，包括普通国道和国家高速公路，是综合交通运输体系的重要组成部分。其中，普通国道网提供普遍的、非收费的交通基本公共服务，国家高速公路网提供高效、快捷的运输服务。

省道是指具有全省（自治区、直辖市）政治、经济意义，连接省内中心城市和主要经济区的公路，以及不属于国道的省际重要公路。

县道是指具有全县（旗、县级市）政治、经济意义，连接县城和县内主要乡（镇）、主要商品生产和集散地的公路，以及不属于国道、省道的县际公路。

乡道是指主要为乡（镇）内部经济、文化、行政服务的公路，以及不属于县道以上公路的乡与乡之间及乡与外部联络的公路。

农村公路是指纳入农村公路规划，并按照公路工程技术标准修建的县道、乡道和村道，

包括农村公路的桥梁、隧道和渡口。

2 按技术等级分类

1 高速公路

高速公路是指专供汽车分向、分车道行驶并全部控制出入的多车道公路。高速公路的年平均日设计交通量一般为15000辆小客车以上。

2 一级公路

一级公路是指供汽车分向、分车道行驶并可根据需要控制出入的多车道公路。一级公路的年平均日设计交通量一般为15000小客车以上。

3 二级公路

二级公路是指供汽车行驶的双车道公路。二级公路的年平均日设计交通量一般为5000～15000辆小客车。

4 三级公路

三级公路是指为供汽车、非汽车交通混合行驶的双车道公路。三级公路的年平均日设计交通量一般为2000～6000辆小客车。

5 四级公路

四级公路是指为供汽车、非汽车交通混合行驶的双车道公路或者单车道公路。双车道四级公路的年平均日设计交通量一般为2000辆小客车以下，单车道四级公路的年平均日设计交通量一般为400辆小客车以下。

二 公路的组成

公路按其结构包括路基、路面、桥梁、涵洞、隧道及其附属设施等，不同的结构承载相应的功能。

（1）路基。路基是公路的基本结构，是公路线形结构的主体，与路面共同承受行车荷载。

（2）路面。路面是铺筑在路基上，与车轮直接接触的结构层，承受车轮荷载和磨耗。

（3）桥梁。桥梁是跨越水域、沟谷时修建的构造物，确保公路的连续性。

（4）隧道。隧道是为了改善平、纵面线形和缩短线路，从地层内部和水层下部修建的构造桥。

（5）沿线附属设施。沿线附属设施主要包括安全护栏、防炫目设施、视线诱导设施、交通标志设施、服务性设施和环保设施等，以保证行车的安全、舒适和快捷。

三 公路网规划

1 国家公路网规划

根据《国家公路网规划》（2013—2030年），国家公路网规划总规模40.1万km，由普通国道和国家高速公路两个路网层次构成。

（1）普通国道网。由12条首都放射线、47条北南纵线、60条东西横线和81条联络线组成，总规模约26.5万km。

（2）国家高速公路网。由7条首都放射线、11条北南纵线、18条东西横线，以及地区环线、并行线、联络线等组成，总规模约11.8万km。

（3）安徽境内国家公路网路线。

普通国道网。普通国道在安徽省境内规划里程为7821km，经过的路线为“两射、两纵、三横”共7条。其中：

放射线2条，为南北走向：北京—福州，编号为G104,在安徽省的主要控制点为泗县、五河、明光和滁州；北京—珠海，编号为G105，在安徽省的主要控制点为亳州、太和、阜阳、六安、霍山、岳西、潜山、太湖、宿松。

纵线2条，为南北走向：秦皇岛—深圳，编号为G205，在安徽省的主要控制点为天长、马鞍山、当涂、芜湖、南陵、泾县、黄山；威海—汕头，编号为G206，在安徽省的主要控制点为宿州、蚌埠、淮南、合肥、肥西、舒城、桐城、怀宁、安庆、冬至。

横向3条，为东西走向：连云港—天水，编号为G310，在安徽省的主要控制点为砀山；连云港—西峡，编号为G311，在安徽省的主要控制点为萧县、亳州；上海—聂拉木，编号为G318，在安徽省的主要控制点为广德、宣城、南陵、青阳、贵池、安庆、怀宁、岳西。

国家高速公路网。国家高速公路在安徽省的规划里程为2781km，经过的路线为“一放、两纵、六横、三联络、一环线”共13条。其中：

放射线1条，为南北走向：北京—台北高速公路，简称“京台高速”，编号为G3，安徽省主要控制点为萧县、宿州、蚌埠、合肥、铜陵、黄山。

纵线2条，其中南北走向一条：长春—深圳高速公路，简称“长深高速”，编号为G25，安徽省主要控制点为天长；东西走向一条：济南—广州高速公路，简称“济广高速”，编号为G35，安徽省主要控制点为亳州、阜阳、六安、望江。

横线6条加3条联络线，分别是：连云港—霍尔果斯高速公路，简称“连霍高速”，编号为G30，安徽省主要控制点为萧县；南京—洛阳高速公路，简称“宁洛高速”，编号为G36，安徽省主要控制点为来安、明光、蚌埠、利辛、界首；上海—西安高速公路，简称“沪陕高速”，编号为G40，安徽省主要控制点为全椒、合肥、六安、叶集；上海—成都高速公路，简称“沪蓉高速公路”，编号为G42，安徽省主要控制点为全椒、合肥、六安、金寨；上海—重庆高速公路，简称“沪渝高速”，编号为G50，安徽省主要控制点为广德、宣城、芜湖、铜陵、池州、安庆、怀宁、潜山、太湖、宿松；杭州—瑞丽高速公路，简称“杭瑞高速”，编号为G56，安徽省主要控制点为歙县、黄山；三条联络线分别是：南京—芜湖高速公路，简称“宁芜高速”，编号为G4211，安徽省主要控制点为马鞍山、芜湖；合肥—安庆高速公路，简称“合安高速”，编号为G4212，安徽省主要控制点为合肥、怀宁、安庆；芜湖—合肥高速公路，简称“芜合高速”，编号为G5011，安徽省主要控制点为芜湖、巢湖、合肥。

环线一条，即合肥绕城高速公路，简称“合肥绕城高速”，编号为G4001，安徽省主要控制点为合肥。

2 安徽公路网规划

（1）普通省道网规划。根据《关于安徽省省道网布局调整规划的批复》（安徽省人民政府2012年9月3日批准）全省普通省道规划里程为14716km，省道公路网中的普通公路由202条路线组成，布局类型主要分为以下四类：

第一类：放射线路，如合肥—宿州、合肥—黄山等共5条，规划总里程1345km。

第二类：南北向线路，如萧县—淮滨、淮北—六安等共59条，规划总里程为5392km。

第三类：东西向线路，如泗县—永城、明光—亳州等共67条，规划总里程6173km。

第四类：高速公路互通连接线、重要连接线路、环巢湖公路，如机场、重要景区连接线和其他里程较短的省道网络化路线，如野寨—天柱山、和县—郑蒲港等共71条，规划总里程1806km。

（2）省高速公路网规划。根据《安徽省高速公路网规划要点》（安徽省人民政府2005年12月12日批准），到2020年，全省将形成“四纵八横”的高速公路网，总里程达到5500km，其中主线约4800km，联络线约700km。

南北四纵线：

徐州—杭州，主要控制点：徐州、睢宁、明光、滁州、和县、马鞍山、芜湖、宣城、宁国、杭州。另有五河—泗洪、浦口—和县、芜湖—高淳、湖州—铜陵、南京—宣城、扬州—千岛湖6条联络线。

徐州—福州，主要控制点：徐州、淮北、宿州、蚌埠、合肥、巢湖、无为、南陵、旌德、黄山、衢州、南平、福州。另有蚌埠—黄山1条并行线，主要控制点：蚌埠、淮南、合肥、庐江、铜陵、黄山；鸿门—黄山区、合肥—九江2条联络线。

济宁—祁门，主要控制点：济宁、单县、砀山、永城、涡阳、舒城、桐城、池州、祁门、景德镇。

商丘—景德镇，主要控制点：商丘、亳州、阜阳、六安、潜山、望江、东至、景德镇。另有岳西—武汉1条联络线。

东西八横线：

连云港—郑州，主要控制点：连云港、徐州、萧县、商丘、郑州。

淮安—许昌，主要控制点：淮安、泗洪、泗县、灵璧、宿州、永城、亳州、鹿邑、许昌。

南京—洛阳，主要控制点：南京、滁州、明光、蚌埠、蒙城、界首、周口、洛阳。

南京—驻马店，主要控制点：南京、滁州、定远、长丰、淮南、阜阳、新蔡、驻马店。另有阜阳—淮滨1条联络线。

上海—西安，主要控制点：上海、南京、全椒、合肥、六安、叶集、罗山、信阳、西安。另有六安—武汉1条联络线。

南通—武汉，主要控制点：南通、扬州、天长、滁州、和县、无为、枞阳、安庆、潜山、宿松、黄石、武汉。另有明光—扬州、淮安—南京2条联络线。

南京—九江，主要控制点：南京、马鞍山、芜湖、铜陵、池州、安庆（池州大渡口）、东至、湖口、九江。另有合肥—马鞍山、合肥—芜湖、安庆—东至3条联络线。

杭州—武汉，主要控制点：杭州、临安、黄山、祁门、九江、武汉。

省际出口：全省对外高速公路出口总数约39个，沿省界平均约100km有1个出口。按照东西向划分，东向出口24个，西向出口15个；按省际划分，江苏方向17个，浙江方向5个，河南方向9个，江西方向4个，湖北方向3个，山东方向1个。东向24个出口具体分布为：黄山市3个，宣城市5个，马鞍山市2个，巢湖市1个，滁州7个，蚌埠市1个，宿州4个，亳州市1个。

长江、淮河大桥：长江上新建马鞍山、芜湖、池州、望江4座高速公路大桥，淮河上新建阜周路、合淮阜路、寿县正阳关、五河4座高速公路大桥。

四 公路命名和编号

1 国道命名和编号

普通国道命名和编号。根据《公路路线标识规则和国道编号》（GB/T 917—2009），国家干线公路（简称国道），省干线公路（简称省道）和县、乡、专用公路路线命名由路线起

讫点地名中间加连接符“—”组成。路线简称采用起讫点地名的首位汉字或简称。公路路线编号由一位公路管理等级代码和三位数字构成。

国道按首都为中心放射线、北南走向为纵线、东西走向为横线分别顺序编号。以首都为中心的放射线由标识码“1”和两位路线顺序号构成，由北向南的纵线由标识码“2”和两位路线顺序号构，由东向西的横线由标识码“3”和两位路线顺序号构成。编号区间：公路路线编号区间国道为G101至G199、G201至G299、G301至G399。

2 国家高速公路命名和编号

根据《公路路线标识规则和国道编号》（GB/T 917—2009），国家高速公路网编号由字母标识符和阿拉伯数字编号组成，主线编号由国家高速公路标识符“G”加1位或2位数字顺序号组成，编号结构为“G×”或“G××”。其中：首都放射线采用1位数，如京哈高速编号为“G1”；纵线和横线采用2位数，如沈海高速（沈阳—海口高速）为“G15”，青银高速（青岛—银川高速）为“G20”；城市绕城环线和联络线采用4位数编号。

首都放射线的编号为1位数，以北京市为起点，放射线的止点为终点，以1号高速公路为起始，按路线的顺时针方向排列编号，编号区间为G1～G9。

纵向路线以北端为起点，南端为终点，按路线的纵向由东向西顺序编排，路线编号取奇数，编号区间为G11～G89。

横向路线以东端为起点，西段为终点，按路线的横向由北向南顺序编排，路线编号取偶数，编号区间为G10～G90。

并行路线的编号采用主线编号后加英文字母“E”、“W”、“S”、“N”组合表示，分别指示该并行路线在主线的东、西、南、北方位。

联络线的编号，由国家高速公路标识符“G”加“主线编号”加 数字“1”加“一般联络线顺序号”组成，编号为4位数。

城市绕城环线的编号为4位数，由“G”加“主线编号”加数字“0”加城市绕城环线顺序号组成。

3 省道网命名和编号

道路在省道（合肥）为中心的放射线，北南走向为纵线，东西走向为横线分别顺序编号。省道为S101至S199、S201至S299、S301至S399，县、乡、专用公路及其他公路为X/Y/Z/Q001至X/Y/Z/Q999。

普通省道的命名和编号：

（1）编号由4位（S×××）构成，其中“S”反映省级干线道路的性质；×××为数字，反映线路的方向、类型和顺序。

（2）×××：第一位×表示方向或类型，后两位××表示顺序。“1”开头表示从合肥出发的放射状普通省道；“2”开头表示南北向普通省道；“3”开头表示东西向普通省道；“4”开头表示高速互通连接线、省道网络化路线或因为里程较短无法与现有省道串联的路线，从S401起编，先南北向路线，顺序码自北向南依次增大，后东西向路线，顺序码自东向西依次增大。

五 公路部分特殊附属设施

1 里程碑、百米桩

普通公路里程碑用于指示公路的里程，设置在公路桩号递增方向的右侧，按照每1km间距设置一块，正反面标识公路编号及里程。表面为白色，国道编号用红色，省道编号用蓝色，县道、乡道编号用黑色。

普通公路百米桩为方柱体，根据需要在表面标识百米的序号，柱体为白色，国道编号用红色，省道编号用蓝色，县道、乡道编号用黑色。一般设置在公路右侧里程碑之间，按照每100m间距设置一个，主要用于公路测量和事故报警便于查找准确位置。

高速公路里程碑用于指示高速公路的里程、公路编号或者名称，版面为绿底白字白边框绿色衬底。一般以单柱形式设置在高速公路两侧或者中央分隔带内。

高速公路百米牌为圆形，直径一般为10cm，绿底白字，设置在高速公路里程碑之间，每100m设置一个，可附着在两侧的设施上。主要用于公路测量和事故报警便于查找准确位置。

2 立面标记

立面标记主要用于提醒驾驶员在夜间行车时注意在行车道或者近旁有高出路面的构造物或者障碍物，以避免碰撞，造成交通事故。多用于匝道口出口分离设施、桥梁端部、隧道口两侧或者隧道口上以及上跨桥上，一般分为端头立面标记、隧道口立面标记和上跨桥立面标记。

3 公路隧道

公路隧道分为特长隧道、长隧道、中隧道和短隧道，其中隧道长度大于3000m的为特长隧道，1000~3000m的为长隧道，500~1000m的为中隧道，小于500m的为短隧道。

4 公路收费设施

公路收费设施是公路管理设施的一部分，收费设施与公路设计服务水平相协调。收费广场出口和入口的收费车道数均不应小于2条。新建收费设施应同步建设ETC车道。

客车采用分车型收费方式，货车宜采用集中收费方式。

5 平面交叉道口

平面交叉道口的交通管理方式分为主路优先、无主路优先交叉和信号交叉三种，其交通管理方式是根据相交公路的公路功能、技术等级、交通量等来确定的。

6 公路限速

根据《公路工程技术标准》（JTG B01—2014）规定，将公路的速度分为设计速度、运行速度和限制速度三种。设计速度是指确定公路设计指标并使其相互协调的设计基准速度；运行速度是指在路面平整、潮湿，自由流状态下，行驶速度累计分布曲线上对应于85%分位值的速度；限制速度是指对公路上行驶车辆规定的允许行驶速度的限值。

普通国省干线公路限制速度。安徽省对于一、二级公路的一般路段的最高限速值采用设计速度。一般路段的设计速度，是指该条道路剔除特殊路段后，综合分析技术指标、地形、横向交通影响等因素后，可以达到的设计速度。对横向交通影响严重的路段应在警告标志中增加限速的信息。一、二级公路的特殊路段的最高限速值，根据实际技术指标所能满足的行驶速度来选取，可较一般路段低10～20km/h。而特殊路段是指整个道路中公路技术指标明显降低（如急弯、陡坡、视距不良等）、隧道等行车条件不良路段。对于一、二级公路中技术等级相同的 条公路， 般在下列位置设置限速标志。

（1）在公路起讫点沿行驶方向；

（2）路段中间与国省道交叉的，在交叉口后双向；

（3）路段跨县行政区域的，在进入下一个行政区域路段。

高速公路限速标志。安徽省对高速公路实行分车道、分车型设置限速标志。设计速度达到120km/h的一般高速公路或路段，同方向2车道的，左侧车道为小客车道，小客车行驶速度为100～120km/h，即最高速度不超过120km/h，最低速度不低于100km/h；右侧车道为客货车道，客货车行驶速度为60～100km/h，即最高速度不超过100km/h，最低速度不低于60km/h。同方向为3车道的高速公路，左侧车道为小客车道，小客车行驶速度为100～120km/h，即最高速度不超过120km/h，最低速度不低于100km/h；中间车道为客货车道，客货车行驶速度为80～100km/h，即最高速度不超过100km/h，最低速度不低于80km/h；右侧车道为客货车道，客货车行驶速度为60～100km/h，即最高速度不超过100km/h，最低速度不低于60km/h。

7 公路净空高度

一般情况下一条公路应采用同一净高。高速公路、一级公路、二级公路的净高应为

5.00m，三级公路、四级公路的净高应为4.50m。

8 公路车道宽度

公路车道宽度按照设计速度来确定，设计速度80~120km/h，车道宽度为3.75m，设计速度30~40km/h，车道宽度为3.50m，设计速度为30km/h，车道宽度为3.25m，设计速度20km/h，车道宽度为3.00m。

9 紧急停车带

当高速公路、一级公路的右侧硬路肩宽度小于2.50m时，应设置紧急停车带。紧急停车带宽度应为3.50m，有效长度不应小于30m，间距不宜大于500m。

第二节 城市道路及其附属设施

一 城市道路的概念

城市道路是指通达城市的各地区，供城市内交通运输及行人使用，便于居民生活、工作及文化娱乐活动，并与市外道路连接，承担对外交通的道路。

二 城市道路的分类

按照道路在路网中的地位、交通功能以及对沿线设施的功能，将城市道路分为快速路、主干路、次干路和支路四个等级。

快速路是指中央分隔、全部控制出入、控制出入口间距和形式，能实现交通连续通行，单项设置不应少于2条车道，并有配套的交通安全与管理设施的道路，设计年限为20年。

主干路是指连接城市各主要分区，以交通功能为主的道路，设计年限为20年。

次干路是指主干路的辅助交通线，用以沟通主干道和支路。次干路与主干线结合组成干路网，以集散交通功能为主，兼有服务功能，设计年限为15年。

支路是指干道的分支线和出入居住区等的道路。支路与次干路和居住区、工业区、交通设施等内部道路连接，以服务于局部地区交通功能为主，设计年限为10~15年。

三 城市道路的组成

城市道路结构主要由车道、自行车道、人行道和分隔带等组成:

（1）车道。车道是专供机动车行驶的道路。良好的车道线形，平整坚固的路基路面，视野清晰的交叉口，能为驾驶员提供安全行车的可靠条件。车道分为汽车道、公交车专用道等。城市道路与道路（或铁路）相交部分，分为平面交叉和立体交叉道路口。

（2）自行车道。我国自行车产量和拥有量都居世界首位。城市自行车出行量占总出行量的35%~76%。自行车道分为交通功能自行车道和休闲运动功能自行车道。交通功能自行车道在车道两侧各划出2~3m宽，以标线和护栏隔离。休闲运动功能自行车道沿公园、河流、步行街、山体周围等布局。

（3）人行道。人行道是指从标出车道界线的路缘石起至房基线高出车道部分，专供行人通行，一般位于车道两侧，宽度一般为4～6m，人行道还包含盲道，供植树、地上杆桩、地下管线等城市公共设施管理利用。

（4）分隔带。分隔带是有效组织城市道路交通的重要设施，在保障交通安全的同时，还提高了道路通行效率。分隔带分为中央分隔带和车道分隔带。中央分隔带又分为可穿越式和不可穿越式。主要用双黄线、护栏、绿化带来隔离对向车辆。

四 城市道路部分附属设施

城市道路的附属设施主要包括路侧安全净空、道路建筑限界、缘石、道路交叉、行人交通设施、公共交通专用车道及交通安全设施等。

1 路侧安全净区

在城市道路机动车道两侧，相对平坦，无非机动车道、人行道及其他障碍物，可供失控车辆重新返回正常行驶路线的带状区域。

2 道路建筑限界

道路建筑限界为道路上净高线和道路两侧侧向净宽边线组成的空间界线。道路建筑限界内不得有任何物体侵入。

3 缘石

城市道路缘石分为立缘石和平缘石。立缘石一般设置在中间分隔带、两侧分隔带及路侧带两侧。平缘石一般设置在人行道与绿化带之间，以及有无障碍要求的路口或者人行横道范围内。

4 道路交叉

道路交叉分为平面交叉与立体交叉。平面交叉按交通组织方式分为信号控制交叉道口、无信号控制交叉道口和环形交叉道口。立体交叉根据相交道路等级、直行或者转弯（主要是左转）车流行驶特征、非机动车对机动车干扰等因素分为枢纽立交、一般立交和分离式立交。

5 行人交通设施

行人交通设施包括人行道、步行街以及人行横道、人行天桥和人行地道等过街设施。

6 公共交通专用车道

公共交通专用车道可分为快速公共交通专用车道和常规公共交通专用车道。快速公共交通专用车道布置在道路中央或者道路两侧，设计速度一般为40～60km/h。常规公共交通专用车道，一般设置在最外侧车道。

7 交通安全设施

交通安全设施包括中央分隔护栏、防炫目设施、路侧护栏、预告标志、指路标志、禁令标志、反光突起路标、提示标志、防撞设施、交通信号灯等，并依据城市道路等级进行配置。

第六章 教学方法和教学手段

机动车驾驶培训是一项具有特殊性要求的教学工作，教练员要掌握学员的心理特点和行为特点，掌握教育心理学的基本知识，遵循教学规律和原则，运用合适的教学方法和教学手段，可以提高培训效率，取得较好的培训效果。本章重点介绍教育心理学应用常识和驾驶员培训中常用的教学方法和教学手段。

第一节 教育心理学应用常识

教育心理学是研究教学环境中，教与学的基本心理规律的科学。教育心理学研究目的是为了揭示影响教学效果的心理因素、师生关系和学员集体关系以及成人教育的心理特点等。

驾驶技能形成和发展的快慢，虽然受很多因素的影响，如学员的素质、教练员的教学方法等，但是仍有其内在的规律。因此，教练员学习和运用教育心理学知识，分析学员的心理特点和行为特点，掌握驾驶技能形成的内在规律，可以指导教学实践，提升教学效果。

一 学员心理特点与行为特点

学员的心理和行为特点主要是指学员身上经常地、稳定地表现出来的心理和行为方式，如性格、气质、能力等，这些因素往往决定学员对驾驶学习、规范操作和文明行车的态度，影响学员掌握驾驶知识和驾驶技能的效果。因此，教练员要能够运用心理学方面的知识，更好地分析和掌握不同学员的心理和行为特点，根据不同教学阶段学员的学习进度、学习效果，因材施教，保证每位学员的培训质量。

1 心理特点

学员的性格和气质是在社会实践中形成的，是对客观现实稳固的态度以及与之相适应的习惯性行为方式的心理特征。性格和气质本身不决定学习效率的高低，但是，不同性格和气质的学员，在训练中的表现会有不同。

1 性格和气质

（1）优柔寡断型：训练中容易出现紧张心理，教练员批评过多，还容易产生自卑心理，导致厌学情绪。因此，教练员需要有耐心、多给予鼓励，加强其复杂路况判断和处理的练习，鼓励其大胆操作。

（2）注意力易分散型：教练员应注意对其驾驶态度和责任感的培养，在训练中督促其集中注意力。

（3）冒险、急躁、冲动型：教练员应注意对其情绪调节能力的培养，在训练中严厉制止其抢行、随意变更车道、开斗气车等危险驾驶行为。

学员典型不良学驾心理及原因分析

1. 紧张心理

在上车训练初期，有些胆小、内向的学员会表现出过分紧张的心理，出现动作无序、慌乱、变形，甚至紧张发抖等现象，教练员越是严格纠正，学员越是害怕，致使教学无法继续进行。在训练后期面临测试、预考时，这类学员更是出现惧怕心理，表现得过分紧张，已经掌握的动作也往往做不好。学员产生紧张心理的原因：一是对技能学习规律不了解，对自己要求过高，想一步到位；二是对驾驶理论知识不熟悉，对动作要领没有完全领会；三是教练员过于严厉，动作讲解示范不够生动、具体，或者没有突出重点、难点，学员不懂又不敢问。

2. 厌学心理

在上车训练初期，有些接受能力强、反应快的学员不愿意重复做好每一个基础动作，虽然自身掌握的基础动作并不十分正确，但也并不在乎。其原因主要是学员不了解技能学习的规律，不了解基础动作的重要性。

3. 自卑心理

在训练的过程中，有些学习能力差的学员虽然努力，但总也掌握不了某项驾驶技能，开始出现消极情绪和自卑的心理，轻者对驾驶学习缺乏兴趣，丧失信心；重者一上车就开始紧张。其原因一是学员经过一段时间的技能学习，学习兴趣下降，而操作难度逐渐增大，学习进度变慢；二是教练员追求训练效果，给予学员过多的批评。

4. 盲目自信心理

在训练末期，有些学员对自己的驾驶技术有了几分把握，对于重复练习相同的内容，出现盲目自信的心理，开始追求快速行驶带来的成就感，处理较为复杂情况时往往也是采取紧急的措施。其原因主要是学员缺乏安全意识。

2 能力

能力是指学员能够顺利完成某项活动所必备的个性心理特征。能力可分为一般能力和特

殊能力。一般能力(又称智力)是指观察力、记忆力、想象力和思维能力等；特殊能力是指从事某种专业活动所必须具备的能力。

领悟能力强的学员，学习主动性强，学习效率高，但有些学员容易过于自信和骄傲，喜欢表现自己，尤其是有过驾驶经历的学员，往往不注意教练示范动作的要领，而是想当然地按照自己的一些“经验”去做。对于这类学员，教练员一方面应示范正确动作，指导和纠正其不规范的动作，说明不良操作动作可能导致的严重后果，引导学员树立良好的安全意识。还可以让操作规范的学员演示操作动作，组织其他学员观摩，使这部分学员积极、乐观的学习精神感染其他学员；另一方面部分学员自尊心很强，教练员不要用生硬的语言批评学员，要在肯定的同时提出建设性的意见，引导学员更自觉地改正不足。

对领悟能力相对较差的学员，教练员应有耐心，初期加强基础动作训练，并在训练后期加强复杂交通情况的判断和应急处理能力的训练；关注他们的进步，随时给予表扬和鼓励。

2 学员的行为特点

学员的驾驶行为，是由一系列特定的动作方式构成的，需要身体各部位的相互配合与协调。动作的及时性和准确性，是正确地完成系列操作动作的重要前提。掌握学员的行为特点，能有效指导学员进行动作的协调训练，将驾驶基本动作很好地组合起来。

1 动作的控制与协调性

学员在驾驶操作技能的训练中，往往表现出对动作的控制与协调性较差。教练员应有意识地提醒学员注意动作、速度和力量的准确性，并及时纠正错误动作，有效地提高学员对动作的控制和调节能力。

学员根据对外界环境的感知进行操作，操作动作的效果体现为车辆状态的变化，而后者又给学员新的感觉刺激，于是学员根据新的刺激信号和前面动作的感觉信号调整下一步的动作，如此往复循环，便可使操作动作形成一个动作系统。

2 动作的反应时间

操作动作的反应时间，是指从刺激物出现到做出动作所需要的最短时间。在训练初期，不同学员的反应时间不同，尤其是面对复杂的动作或复杂的交通情况，表现出较大的差异。

3 动作的准确性

动作的准确性是安全驾驶的基础，主要表现在动作的方向、幅度、速度和力量的把握四个方面，见表6-1。

学员操作动作准确性的评价指标分析　　表6-1

评价指标	内　涵	规范的操作	举　例
动作的方向	为达到目的，肢体移动的轨迹	动作方向准确无误	变速器从1挡变换到2挡时，对变速器操纵杆的操纵方向准确
动作的幅度	肢体移动距离的长短或范围的大小	根据需要，幅度恰当	弯道行驶时，对转向盘的操纵适当

续上表

评价指标	内涵	规范的操作	举例
动作的速度	肢体在单位时间内移动的距离	与动作的目的和情况的需要相结合	一般情况下，匀速踩制动踏板；紧急情况下，快速踩制动踏板
动作的力量	肢体运动克服操纵机构阻力所表现出来的力量	动作柔和、平稳速度不会急剧地变化	踩加速踏板时做到轻踏、缓抬

在驾驶训练的初期，学员对动作的理解不深刻，动作不熟练，容易出现错误动作或者多余的动作。通过练习，学员的动作准确性会逐步提高。

3 不同类型学员的教学方案

不同年龄学员的教学方案见表6-2。

不同年龄学员的教学方案　　表6-2

年龄类型	优点	缺点	教学方案
年轻学员	反应敏捷，接受能力强	（1）喜欢凭兴趣，往往满足于一知半解，学会动作后无耐心巩固； （2）思想不成熟，喜欢表现、逞能与冒险，易忽视交通法规	（1）严格要求，经常进行安全教育，引导树立良好的安全意识； （2）明确学习目的，激发训练兴趣，培养安全行车的意识、方法和经验
年龄较大学员	（1）社会经验丰富，尊师爱友，学习目的明确，学习态度端正； （2）善于观察、判断和总结	反应较慢，接受能力差，掌握技能比较缓慢	（1）尊重学员，指导时要耐心、细心； （2）适当增加初期训练的时间，加强基础动作训练

不同性格学员的教学方案见表6-3。

不同性格学员的教学方案　　表6-3

性格类型	优点	缺点	教学方案
性格内向学员	内在体验深刻、办事谨慎、力求稳妥	不善交流、缺乏果断、更容易出现紧张心理	（1）主动加强交流，教学有耐心，加强学员复杂交通情况的判断和应急处理能力的练习； （2）多鼓励，少指责，增强其自信心
性格外向学员	性格开朗、自信心强、动手能力相对较好	好冲动、喜欢冒险、胆大心不细、情绪波动大	（1）引导并帮助其养成安全、文明和礼让的驾驶习惯； （2）表扬要适当，批评要严厉，但不能伤害其自尊心； （3）加强基础动作的训练，培养其耐心和情绪调节能力，提高驾驶技能的稳定性

不同性别学员的教学方案见表6-4。

不同性别学员的教学方案 表6-4

性别类型	优　点	缺　点	教学方案
男性学员	反应敏捷，能果断决策，接受能力强，能迅速掌握动作	缺乏耐心，对于教练员的指导经常保持独立见解，易于忽视交通法规	（1）加强安全教育，引导其树立良好的安全意识和培养遵守交通安全法规的自觉性； （2）反复严格地督促其练习基础动作，培养耐性
女性学员	温和心细，遵章守法，学习有耐心，动作柔和，行车谨慎	自信心稍弱，接受能力稍差，掌握动作较慢，处理情况犹豫不决，反应能力稍差	（1）多给予鼓励，增强其学习自信心； （2）有意识地到复杂的道路交通情境中去培养； （3）要顾及生理的特殊性，妥善安排训练的内容和时间

二 学员操作技能的培养

1 操作动作形成的阶段特征

学员对操作动作的形成包括操作动作的定向、模仿、整合以及熟练四个阶段：

（1）建立定向印象。学员从教练员的动作示范中首先是了解做什么、怎么做，对动作的结构和步骤建立定向印象。准确的定向印象可以有效地调节实际的操作活动，而缺乏定向印象的操作活动经常是盲目尝试，学习效率较低。

（2）模仿练习。建立动作印象后，学员通过模仿练习，将头脑中形成的定向印象以实际动作表现出来，强化对动作的动觉感受，调节、控制动作的进行，使动作定向印象更完善，并得到巩固。

（3）动作整合。模仿练习熟练后，要求学员对动作进行整合，使各动作相互结合，固化成型。通过动作整合，一方面动作结构趋于合理、协调，动作完成水平得以提高；另一方面，学员对动作的有效控制逐步增强。

（4）动作自动化。通过进一步训练，使所形成的动作对各种环境变化具有高度的适应性，动作的执行达到高度的自动化，动作熟练。

操作动作的形成，与教练员的示范讲解、学员的练习有密切关系。教练员准确的示范与讲解有利于学员形成准确的定向印象和准确的练习模范，这是影响操作动作学习的直接决定因素。练习是各种操作动作形成所不可缺少的关键环节。在练习过程中，要注意根据学员的特点，合理安排练习的量与练习的方式。

2 操作技能掌握速度呈现“先快后慢”的特点

学员训练初期成绩提高较快，而随着训练的进行，技能提高的速度逐渐减慢，最后趋于平稳，主要原因是：训练初期，学员兴趣浓厚、好奇心强，学习的积极性非常高，接受新事物的速度较快。但是随着训练的深入，学员开始感到枯燥，甚至产生厌倦情绪，不愿意接受新的挑战，学习效率下降。此外，教练员在训练初期把复杂的动作分解为一些比较简单的动作进行练习，学员易于掌握，进步较快。但是，逐渐地进行动作组合、动态下的协调训练时，学员只能通过大量的练习才能达到要求，因此，掌握的速度下降。

3 操作技能的掌握会出现波动，甚至倒退现象

训练过程中，学员的技能出现时而进步快，时而进步慢的现象，甚至有时出现本来学得不错的动作，一段时间后会犯很多的错误。究其原因，主要有以下几个方面：

（1）与学员的个人素质、性格特征等有关。有的学员运动能力强而不善于观察、思考，

场地训练进步快，而实际道路驾驶时进步迟缓；有的学员驾驶比较谨慎，不敢提高车速，高速驾驶能力进步慢。因而，对学员要因材施教，解决学员因“个性的局限性”而带来的训练难题。

（2）与不同场景的训练要求有关。随着训练的进行，对学员提出新的要求，促使学员改进旧的动作模式，这种要求往往使学员的技能出现波动，甚至倒退。例如，学员初期掌握的慢节奏换挡方法，在进行快速换挡训练时，往往容易出现手忙脚乱的现象，甚至根本换不进挡。对此，教练员应热情鼓励，讲清动作要领，强化训练，促使学员熟练掌握技能。

（3）与训练计划有关。已建立的动作定势不反复练习，动作定式有可能消退，出现学员技能倒退的现象。此外，驾驶培训采取学时制的方法，虽然使得驾驶训练变得灵活，如果训练时间安排不合理，学员掌握的动作没得到巩固，可能出现上次训练已掌握的动作又忘记现象。对此，教练员应当制定合理的训练计划，保证学员训练的连续性。

4 学员紧张状态和多余动作逐渐消失

学员在掌握基本动作阶段，表现出紧张，出现多余动作，主要是因为在开始阶段学员对汽车驾驶没有理性的认识，对新知识表现出新奇而又畏惧的心理。随着系统的理论培训和实操训练，学员的动作逐渐形成定式，并通过感觉控制操作动作自动完成，因而错误和多余动作逐渐减少。同时，学员控制安全驾驶的能力逐渐增强，对驾驶越来越有信心，因而紧张情绪得到缓解。

5 视觉控制作用减弱，感觉控制作用增强

驾驶训练初期，学员通过视觉观察教练员的示范动作，记住动作顺序和轨迹，形成动作的视觉记忆，并借助视觉来指导操作。此时，学员肌肉运动感知能力较差，出现抓不到变速器操纵杆，找不准挡位等情况。随着系统训练逐步深入，学员肌肉运动感知能力逐渐加强，形成有关动作的习惯性和连贯性，并替代视觉来指导操作，最后达到轻松自如地操作。

三 学员心智技能的培养

学员是否具有良好的安全意识和驾驶技能，能否安全地驾驶车辆，不仅取决于学员良好

的驾驶操作技能，还有赖于对学员良好的心理素质（情绪控制、观察、分析、判断和处理交通情况等能力）的培养。

1 培养学员的情绪控制力

情绪是人们对客观事物所持态度的外在表现，对安全行车有很大影响。与安全行车有关的不良情绪通常表现为恐惧、紧张、急躁、骄傲自满和犹豫不决等。

1 克服恐惧、紧张的情绪

在训练的初期或紧急情况下，学员会出现恐惧和紧张的心理，它不仅是造成事故的重要原因，而且是驾驶技能形成和发展的严重障碍。因此，在训练初期，教练员对学员要求不能过高，可适当放慢训练进度以缓解紧张情绪，并让学员在成功中树立自信，克服恐惧心理。如：教练员不能因学员操作错误而加以指责，要对学员耐心辅导，训练中使用“慢慢来、不要紧”等文明用语，努力营造宽松和谐的学习氛围，缓解学员紧张情绪和畏难心理。

2 克服急躁情绪

有些学员因屡学不会而产生急躁情绪，反而出现操作失误越来越多的现象。教练员可以在学员每次完成动作后，及时沟通让学员放松，帮助学员分析错误原因，加强学员对动作的认识，或者停止当时的训练科目，选择其他难度低一些的科目进行训练，转移学员的注意力，在学员情绪放松后，再找机会帮助分析原因，寻求解决的办法。

3 克服犹豫不决的情绪

学员遇到新情况时会不知所措，犹豫不决，尤其是性格内向的学员。例如，驾驶训练过程中，有些学员在条件允许的情况下，会出现想超车而又不敢超车的情况。教练员可先要求学员操作要规范，并在此基础上引导学员加强复杂交通情况下的训练，提高准确观察和判断交通情况的能力， 鼓励学员大胆操作，积累安全行车的经验。

4 克服骄傲自满的情绪

有些学员进步比别人快，往往会产生骄傲自满的情绪，自以为驾驶技能掌握得很好了。此时，学员很难发现自己存在的问题，也听不进别人的批评和意见，造成学员的训练成绩出现停顿。对此，教练员可以加大训练的难度，要求其发挥在群体中的示范作用，对所犯的错误可以适当给予批评。

2 培养学员坚强的意志

意志是指自觉地确定目的，支配行动，克服困难的心理过程。驾驶员在长时间单调的驾驶训练中，往往会处于注意力分散或疲劳等不安全的状态。驾驶员如果没有坚强的意志，克服生理和心理上的各种障碍，很难保持良好的安全行车状态。因此，教练员有必要在训练中加强对学员意志品质的培养。

教练员在培养学员坚强意志的同时，应当遵守以下几方面的原则：

（1）使学员明确学习训练目标。学员有了明确的训练目标，会增强训练的自觉性，会主动积极地创造条件去实现目标。

（2）训练遵循先易后难的原则，让学员在成功中树立战胜困难的自信心。

（3）针对不同类型的学员，因材施教。

3 培养学员的注意力和观察力

驾驶员的注意力，是指驾驶员在训练中，心理活动有选择地指向和集中于一定的道路交通信息上，直接影响驾驶技能和安全行车。教练员可从以下几方面培养学员良好的注意力：

① 引导学员扩大注意的范围

注意范围是指驾驶员同一时间内感知对象的数量。丰富的驾驶知识和经验，善于对各种信息的特征进行分析，是扩大注意范围的基础。相对男性学员或外向性格的学员来说，女性学员或内向性格的学员往往更易于集中注意力，但是注意的范围可能会相对小些。教练员可以有意识地引导女性学员和内向性格的学员拓宽视野，把握全局，从而扩大自身的注意范围。

② 培养学员正确观察的能力

学员在初学驾驶时，观察能力较差，随着训练的进行，将会逐渐增强。比较典型的观察错误表现为：学员长期观察交通情况的次要细节，而不注意观察影响安全驾驶的危险目标。教练员首先可以通过理论讲解行车过程中需要观察的内容，例如，道路的条件、路面其他车辆或行人的状况等，分析交通情况的危险程度以及应对方法，并在实际训练中引导学员主动运用理论知识去指导观察和分析，形成预见性驾驶的习惯。

③ 培养学员注意力集中的习惯

注意力集中是指驾驶员把全部精力集中到驾驶活动中，对其他事物的干扰有抵抗能力。男性学员、年轻学员或外向性格的学员喜欢新事物，比较情绪化，在驾驶过程中，难以长时间集中注意力。在每次训练的过程中，学员一进入驾驶室，教练员就应要求学员抛开一切与驾驶训练无关的事情。当感觉学员注意力不集中时，教练员要适当提醒学员提高驾驶注意力。

④ 培养学员分配注意力的能力

注意力分配是指学员在同一时间内，把注意力分配到两个或两个以上的目标上。如果不善于分配注意力，往往容易顾此失彼，尤其在复杂的交通情况下，易发生事故。熟练的操作是分配注意力的基础，因此，教练员要加强学员的基本动作及其协调性训练，提高学员动作的熟练程度，促使学员把注意力集中于应对道路交通状况上。

5 提高学员注意力转移的速度

注意力转移是指有目的、及时地把注意力从一个对象转移到另一个对象，同时控制操纵动作的相应转换。注意力过于集中或过于紧张，往往会加大转移的难度，因此教练员可以为学员营造一个宽松、和谐的驾驶环境。女性学员或年龄较大的学员，注意力转移的能力相对较差，教练员可以适当对其加强训练。

4 培养学员的感知能力

（1）对车体的感知能力是指驾驶员对所驾车辆的空间外形特征，例如车辆的长、宽、高等，有非常准确地把握。只有具备这种感知能力，才能保证车辆行驶时，与外部障碍物、交会车辆保持适当的横向安全间距，并准确地控制车辆位置，正确选择安全通过的空间，达到安全行车的目的。

教练员可以首先在静态训练项目中培养学员对车辆的空间外形的感知，然后结合场地驾驶训练和实际道路训练的特定项目训练。例如，在“停车入位”、“窄路驾驶”等项目训练时，先低速后中、高速行驶，帮助学员逐步形成精确的车感。

（2）对车速的感知能力是指驾驶员能判断所驾车辆和其他车辆的行驶速度的能力。正确感知车速，是选择合适的挡位、掌握会车和超车的时机与地点的基础。遇到险情时，根据车速感知来预测安全距离，并采取相应的应急措施，避免事故的发生。

在驾驶训练的过程中，教练员应让学员通过观察车速表来控制好车速，然后体验在不同条件下各种车速的视觉、听觉感受，适当选取观察目标，体会目标物往后移动的速度。可让学员先根据自身视觉、听觉来判断车速，然后观察车速表的时速，找出误差的原因，反复练习。引导学员运用已有的车速感，对迎面来车等运动物体的速度进行判断，预测交会地点，并反复练习。

（3）对道路的感知能力是指驾驶员驾车行驶在各种道路上时，道路情况对安全行车影响的感知能力，如前方道路的宽度能否保证两车的安全交会，涵洞、隧道的净高度能否保证车辆通过，坡顶后面的道路情况将会怎样等。驾驶员除了要注意观察道路两侧外，还要善于分析道路上其他车辆留下的痕迹特征，借以判断道路的情况。

教练员可以先让学员学习一些与道路有关的知识，例如行车过程中道路线形的变化、不同路面的附着能力等，并结合实际驾驶训练，在具有代表性的路段或路面上停车，仔细观察道路的特征、路面轮胎碾压痕迹与道路路面的变形情况等，讲解各种情况下的驾驶技巧。

（4）对车辆控制的感知能力是指驾驶员在驾驶车辆过程中，手和脚不断变换操纵车辆时，对身体肌肉活动的感知能力。如手转动转向盘的快慢和幅度，脚踩踏制动踏板力量的轻重缓急等。这种感知能力有助于驾驶员正确地控制车速、行驶方向和车体的位置，尤其是在紧急情况下，实现操作动作的准确、自动化。

教练员在初期的静态训练过程中，可以让学员反复练习基本操作动作，掌握动作细节、规律和动作之间的协调性，体验肌肉知觉感受；在后期的实际驾驶训练过程中，引导学员利用肌肉知觉感受指挥操作，检验感知觉指挥操作的正确程度。

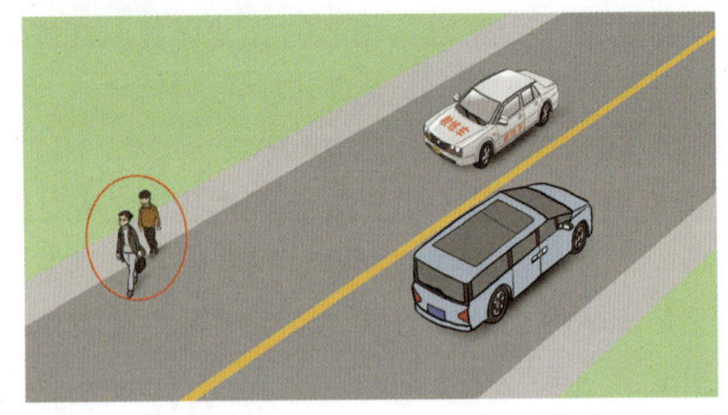

（5）对危险的感知能力是指驾驶员正确判断周边交通环境中存在的危险能力，尤其是对潜在危险的正确判断。例如，感知路边临时停靠车辆的潜在危险。

学员对危险的感知能力与交通复杂程度、学员的安全意识、观察能力、注意力集中程度、车体感知能力、车速感知能力、道路感知能力、预见性驾驶知识和驾驶经验等有关。在理论教学中，学员具备了基本的驾驶知识后，教练员即可讲解道路通行的规定、各种交通参与者的交通特性等，并利用多媒体教学手段，直观地介绍不同交通情况下可能出现的险情，提高学员的预见性驾驶能力。

在实际操作训练中，教练员应首先培养学员的车体感知能力、车速感知能力和道路感知能力等，并结合跟车行驶、会车、超车、各种道路条件下的实际安全驾驶训练项目，以及通过模拟器进行的恶劣天气条件下的训练项目，逐渐培养学员对危险的感知能力。此外，教练员应当让学员树立良好的安全驾驶意识、文明驾驶意识。

（6）应急反应能力是指驾驶员对紧急情况的处理能力。行车过程中，紧急、突发事件比较多，需要驾驶员迅速做出决策，例如前方停止车辆前面突然出现小孩横穿道路、在高速公路行驶过程中轮胎突然爆裂等。如果驾驶员缺乏处理紧急情况的知识和经验，不知如何应对，往往表现出紧张、不知所措或误操作，导致交通事故的发生。因此，教学过程中有必要对学员进行相应训练。

对于初学驾驶的学员来说，由于没有驾驶经验，实际的应急反应训练往往比较危险，教练员可在学员已经掌握了一定的安全驾驶能力后，在理论课上向学员介绍各种可能的紧急情况，说明基本的应急措施和预防措施。条件允许的情况下，采用驾驶模拟器进行应急驾驶训练。

第二节 常用教学模式与教学方法

一 常用教学模式及特点

教学模式是按照一定的教学理论、教学原则和教学经验，围绕一定的教学目标而形成的相对稳定的规范化教学程序和操作体系。教学模式实质上就是教练员在教学实践中，针对不同的教学内容和教学方式，综合教学过程的诸多因素，系统而有步骤地组织和完成教学活动的相对稳定的形式。

1 理论教学模式及特点

理论教学模式的特点是依据学员的认知规律，充分挖掘学员理解和掌握知识的潜能，使学员在单位时间内迅速有效地掌握较多的信息。同时，注重教练员在教学过程中的主导地

位和作用，结合现代互动教学的理念，使教练员的讲授与学员学习构成一个相互配合的有机整体。例如，教练员通过运用案例和情景教学，引导学员主动参与，帮助学员建立印象思维模式，使教与学相互影响和相互作用，从而共同完成教学任务，实现教学目标。

运用理论教学模式时，教练员通过导入新课、讲解内容、总结练习和布置作业等环节进行教学，学员通过建立有效的学习动机、理解教学内容、巩固知识和运用知识等环节来获取新知识。

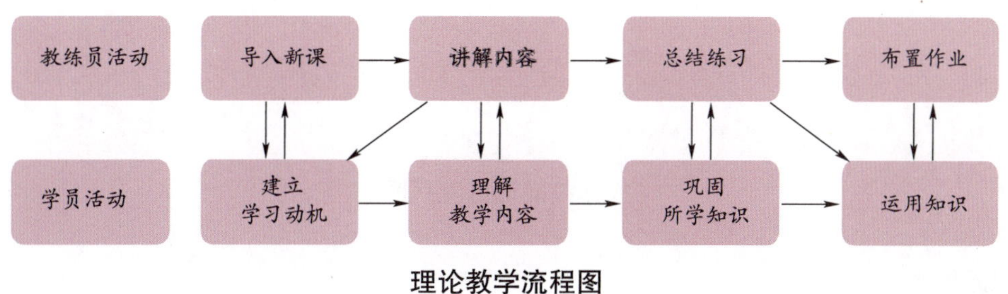

理论教学流程图

1 导入新课

导入新课是为讲解新教学内容作铺垫，目的是激发学员的学习兴趣，建立学习动机。教练员可以利用与本次课主题相关的生动案例或直观的教学手段为学员提供感性认识，引导学员产生学习新知识的强烈愿望，为后续的教学活动打下良好的基础。

2 讲解内容

讲授新的教学内容是理论教学的主体部分和中心环节，目的使学员系统地学习安全驾驶知识，能够由感性认识上升到理性认识。

3 总结练习

总结练习是一节课结束前对所讲授的内容进行归纳总结、练习和巩固，目的是让学员理解、掌握当堂课的内容，并通过实际应用加深记忆，发现不足时，教练员能够在后续教学中及时作相应的调整。总结练习的形式主要有：

（1）教练员对知识结构体系的总结，对重点、难点的点评，帮助学员理清思路，把握重点；

（2）教练员设问，让学员回答，及时了解教学效果，并作为课后填写教学日志的依据。

4 布置作业

布置作业是教练员选择教材中的习题或者自己设计一些与本次课内容相关的习题，让学员去思考和回答，其目的是引导学员学习的自觉性和主动性，使学员通过自学，进一步理解和巩固所学知识，从而培养学员独立运用知识解决实际问题的能力。

教练员作为教学活动的管理者，在正式上课前需要先稳定学员的情绪，使学员做好上课准备；在教学过程中，控制好课堂秩序，为学员创造良好的教学情境，如出现学员注意力分散、课堂秩序混乱等情况时，教练员应及时、有效地制止。

2 操作技能训练模式及特点

学员主要通过实际操作训练来熟练掌握驾驶技能，包括基础驾驶技能、各种路况下的规范驾驶技能以及特殊条件下的安全驾驶技能等。在实际操作教学中，教练员主要采用操作技能训练模式组织教学。

操作技能训练模式的特点是教练员利用特定的教学设备和教学场所，通过向学员讲解动作要领、动作示范、指导练习、课后讲评等环节开展教学活动，学员则通过了解动作活动的构成、建立动作的定向印象、进行动作的模仿练习、完成动作整合、形成动作的自然顺畅等环节，使驾驶操作技能与大脑反应之间保持有效的神经联系。

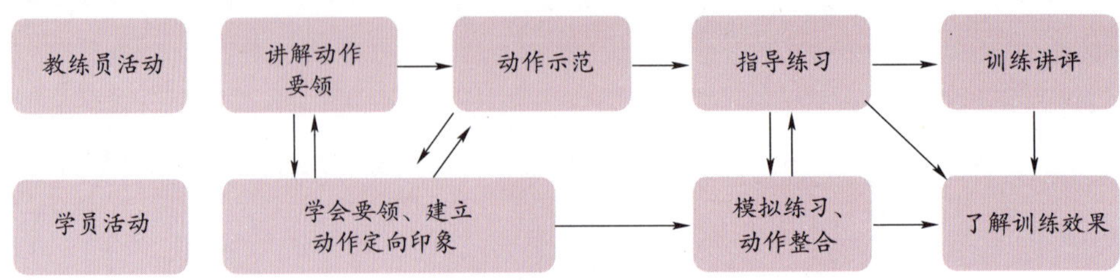

操作技能训练流程图

1 讲解动作要领

在训练开始时，教练员首先需要向学员说明本次训练的项目、内容、基本要求、训练难点和训练安排，并对复杂动作进行合理的分解，帮助学员了解本次训练的内容和应达到的目标，领会动作要领，建立正确的操作技术概念。讲解动作要领时，应介绍动作的名称、作用、基本原理和技术要求等，抓住操作要点和规范，并指出学员操作中易犯的错误。

2 动作示范

在动作要领讲解清楚后，规范、正确地向学员示范动作是培养学员掌握驾驶操作技能的重要环节，通过示范将讲解不清楚的细微动作直观表现出来，为学员提供模仿的榜样。

教练员示范动作时应当姿势正确、动作规范，对于复杂的动作，应进行分解动作示范，并做到分解动作示范与整体动作示范相结合，讲解和示范相结合，示范速度的快慢相结合。必要时，教练员可以将正确的动作和错误的动作做比较，便于学员领会，建立动作定向。

3 指导练习

学员通过听觉和视觉获得了大量的动作信息后，可以借此为依据开始模仿练习。教练员应随车对学员的练习进行监督指导，帮助学员及时发现并纠正错误，以免养成不良的操作习惯。此外，教练员应对学员做得好的方面和犯的错误进行记录，作为训练讲评的依据。

动作练习是一个单调枯燥的过程，安排练习不合理，学员往往容易产生烦躁情绪和疲劳感，使学习兴趣降低。教练员应当根据学员对动作的掌握程度，变换练习方式，调整练习次数、练习时间和每次练习之间的时间间隔，提高学员训练的积极性和主动性。当学员的操作技能达到一定的熟练程度时，教练员应适当增加动作难度，提高对动作稳定性和速度的要求；改变教学环境，让学员体会各种实际驾驶中可能出现的交通情况，帮助学员提高驾驶技能。

4 训练讲评

训练讲评是教练员在结束驾驶训练前，对学员训练情况的及时总结和分析，包括学员对动作的掌握情况、训练中存在的问题、需要加强的方面等，从而帮助学员了解自己训练的效果，及时发现不足，争取在下次的训练中加以改进。课后讲评对学员掌握驾驶技能具有非常重要的意义，是教练员填写教学日志的基本依据。

3 模拟教学模式及特点

模拟教学模式是在具备驾驶模拟器或模拟情景等教学条件的前提下，由教练员指导学员在模拟设备或模拟情景下进行训练。模拟教学的特点是能够弥补客观条件不足，节约能源，利于环保，提高培训效率，同时允许学员在训练过程中操作失误，增强教学的安全性。

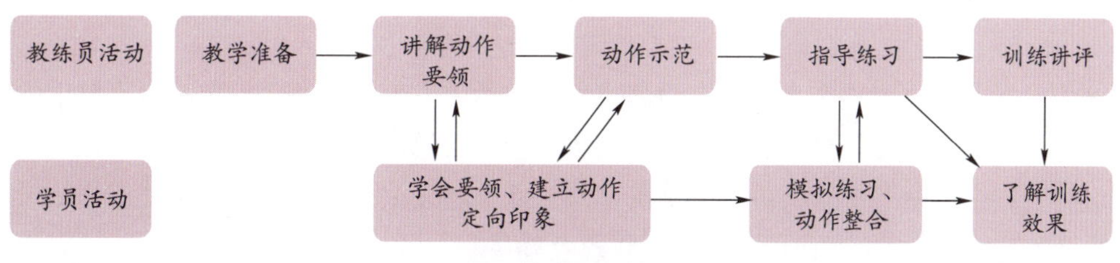

模拟教学流程图

1 教学准备

教练员首先应按照《教学与考试大纲》的要求，从教学目标、教学内容的特点、学员状况等实际出发，确定哪些教学内容适合采用模拟教学。其次，教练员要制订科目教学计划，包括教学目的、实施过程、模拟交通情况、可能出现的问题等，这样才能更好地发挥指导作用。最后，教练员要准备教学设备，并在课前进行预演，以确保教学的正常进行。

2 讲解动作要领

在开始操作前，教练员需要向学员说明设备的使用方法、训练项目和内容，介绍动作的操作要领、操作要点和规范，提醒学员在操作过程中容易犯的错误，使学员建立感性认识。

3 动作示范

教练员正确规范地向学员示范动作，让学员对动作有更深刻的理解和认识，并且为学员树立模仿的榜样。

4 指导练习

该环节中，教练员应当从学员实际情况出发，确定教学模拟程序，尽量做到和实际操作训练的教学过程相一致。与实车训练不同的是，教练员要注意引导学员端正训练态度，充分调动学员的主观能动性，并根据具体情况及时指导，纠正错误，避免学员养成不良习惯。

5 训练讲评

训练讲评是教练员在结束驾驶训练前，对学员模拟训练情况的及时总结和分析，包括学员在训练中普遍存在的问题、还需加强的方面等，从而帮助学员了解自己训练的效果，及时改进不足。

二 常用教学方法

教学方法包括教练员“教”的方式方法与学员“学”的方式方法。常用的教学方法有讲授教学法、演示教学法、示范练习教学法、模拟教学法等。教练员根据教学项目、教学内容、教学目标、学员特点和教学条件等因素，灵活选择和使用教学方法，并通过观察了解学员的学习情况，对教学方法进行适当的调整，以提高教学效果和教学质量。

1 讲授教学法

讲授教学法主要有讲解、述说两种方式：

讲解是指教练员针对某个主题，向学员作解释。在讲解过程中，教练员要注意表述条理清晰，语言通俗易懂且用语文明。此外，教练员在讲解之前，应说明所讲解内容的教学目的。例如学习“道路交通安全法”、“节能驾驶方法”的意义等。

述说是指教练员讲述亲身经历、见闻或现实生活中发生的事情，例如与自己熟识的驾驶员的经历，某次轮胎爆裂时的驾驶经历等。教练员在述说前应先告诉学员准备讲述故事。在讲述过程中，学员会产生身临其境的情景，并将该主题铭记在心。此外，讲述的目的必须明确，最好设置一个悬念，一般在故事的结尾揭开悬念。

在讲解和述说的同时，教练员往往会根据内容的需要，穿插运用多媒体动画、录像、图片、实物和模型模具等对所述内容进行演示。

① 教学准备

教练员首先应按照《教学与考试大纲》的要求，从教学目标、教学内容的特点、学员状况等实际出发，确定哪些教学内容适合采用模拟教学，怎样教学。其次，教练员要制订科目教学计划，包括教学目的、实施过程、模拟交通情况、可能出现的问题等，这样才能更好地发挥指导作用。最后，教练员要准备教学设备，并在课前进行预演，以确保教学的正常进行。

② 讲授教学法的特点

讲授教学法在教学活动中是最为重要的教学方式之一，主要有以下五个方面特点：

（1）教学效率高。教练员能够在短时间内，直接、系统地传授驾驶教学中的专题知识和技术原理，为后续实际操作训练打下基础。

（2）教学的主动性强。教练员比较容易控制教学内容和教学时间，有利于教练员充分发挥教学的主导作用。

（3）具有较强的适应性和灵活性。教练员能够根据学员的反应，及时调整授课进度，吸引学员的注意力。

（4）讲授过程中穿插演示教学，有助于培养学员的观察能力和思维能力，激发学员学习的兴趣，调动学员学习的积极性。

（5）讲授教学法的实施效果，很大程度上取决于教练员个人的语言表达能力。在教学过程中，如果教练员把握不当，容易造成学员在教学过程中处于被动思维和被动学习的状态，影响学员学习的效果。

③ 讲授教学法的应用

讲授教学法应用广泛，可以应用于理论教学的各个教学项目，特别是对于内在逻辑性强或需要做总体概况介绍、关联分析和说明的教学内容，采用讲授教学方法教学非常有效。如在介绍道路交通安全法律、法规制定背景和法律体系的框架结构时，宜采用讲授教学方法。

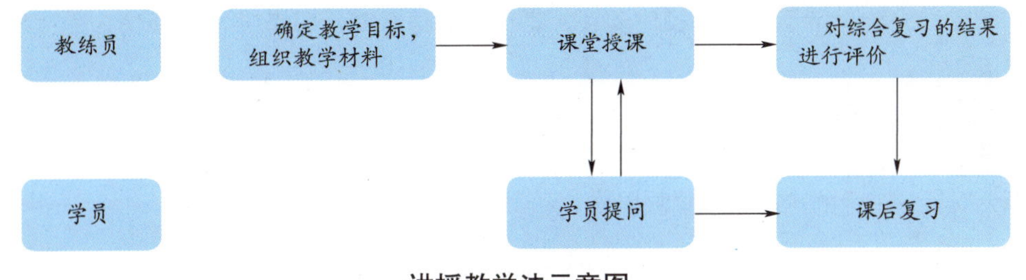

讲授教学法示意图

讲授中穿插的演示教学是以直观感知为主的教学方法，适合于抽象内容的教学。例如，驾驶培训教学大纲中第一阶段的“车辆结构常识”、“车辆性能”，教练员可以采用直观教学模型或多媒体动画来教学。

讲授教学法的应用注意事项：

（1）教练员应当在讲课前应认真备课，熟练掌握教学大纲和教材中重点、难点，熟知学员必须掌握的基础知识、重点内容及难点。

（2）在讲授时，先让学员对教学项目形成基本的认识，在学习过程中做到心中有数。

（3）在讲授时，要抓住教学重点和难点，突出主题，语言流畅、生动有趣，条理清楚，层次分明，时间控制合理。

（4）在讲授时，教练员讲述的内容富有启发性，并适当运用直观的教学手段，如多媒体课件教学，使教学内容深入浅出，便于学员理解，还能够激发学员兴趣，使学员的思维活跃，引导学员产生学习的内在动力。

（5）教练员要围绕教学目标选取课后复习的内容，同时考虑到教学内容的难易程度、学员现有的知识结构和学习能力。

在运用演示教学时，教练员还需要注意以下事项：

（1）教练员应当根据教学内容和教学目的选取合适的演示工具，并在课前预演一次。

（2）教练员可以先讲解内容再进行演示，也可以先演示再进行讲解，还可以边演示、边讲解。演示时，应尽量让学员都能看清楚演示的过程。

（3）在演示前，教练员要提出明确的观察要求，让学员带着问题观察，引导学员把注意力集中于演示内容的主要方面。

（4）每次演示的时间不宜过长，否则容易造成学员的注意力不集中。

2 示范教学法

示范教学法是按照学员操作技能的形成规律，遵循由易到难、由简到繁、循序渐进的原则，通过对训练科目动作的分析，将其分解为若干相互衔接的简单基本动作，向学员进行讲解、示范；同时，让学员通过模仿练习，掌握基本动作并整合形成连贯动作，最后熟练掌握动作，并形成动作定势的教学方法。

1 示范教学法的特点

（1）培养学员的感性认识，建立动作定向印象。教练员通过自己的示范和讲解，使学员对动作获得感性的认识。

（2）便于学员理解和模仿。示范教学法强调学员的观察能力和领悟能力。在实施过

程中，教练员先给学员示范动作操作要领，学员在旁边观察、思考并加以模仿，通过反复练习掌握该动作。

2 示范教学法的应用

示范教学法是教练员在实操教学中常用的方法之一，尤其是在学员学习基础驾驶阶段，如教学大纲第二阶段的“操纵装置的操作”和“场地驾驶”等。

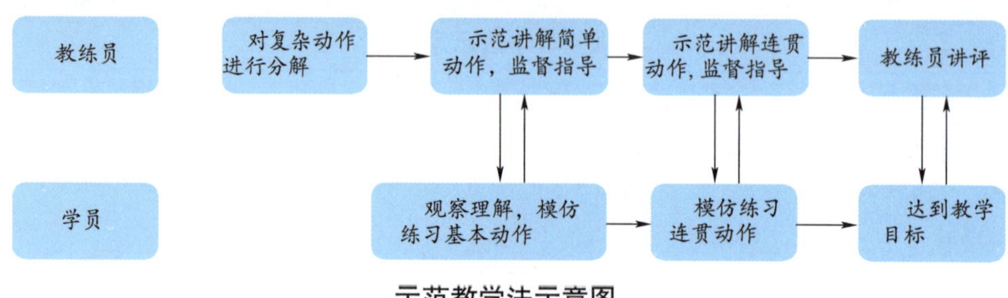

示范教学法示意图

示范教学法的应用注意事项：

（1）教练员对训练科目的动作本身要有深刻的认识，能够对复杂动作进行合理地分解。

（2）训练开始时，教练员先介绍与本次训练相关的基本知识，让学员明确练习的目的和要求。

（3）教练员在进行动作示范前，先对动作进行简单讲解，再准确、规范地进行示范（也可以适当夸张地示范某个动作过程，便于学员看清来龙去脉），在学员练习过程中，要随车指导，及时纠正错误动作。

（4）教练员指导学员练习，要循序渐进，先求动作的准确，再求动作的迅速；每次练习的时间不宜过长，次数不宜过多，避免重复性练习使学员对学习过程感到枯燥乏味。

（5）教练员应利用训练中间的休息时间或在当天训练结束前，对学员练习的效果进行讲评，使学员了解训练的结果，包括训练中的进步和不足，明确今后训练的重点，保持练车的积极性和热情。

3 模拟教学法

模拟教学法是在教练员的指导下，通过创设一种情景和条件，让学员在这种情景和条件下反复练习，进而获得驾驶知识和驾驶技能的方法。模拟教学法包括模拟设备教学和模拟情景教学。

模拟设备教学以硬件模拟设备或多媒体动画模拟软件作为教学的支撑，如采用驾驶模拟器进行冰雪天、雨天等特殊天气下的驾驶模拟训练。模拟情景教学是指模拟某一驾驶活动，如模拟车辆突然发生故障需要临时停车，让学员模拟现场处置；在教练场内道路设置障碍，让学员模拟通过障碍物路段的训练等。

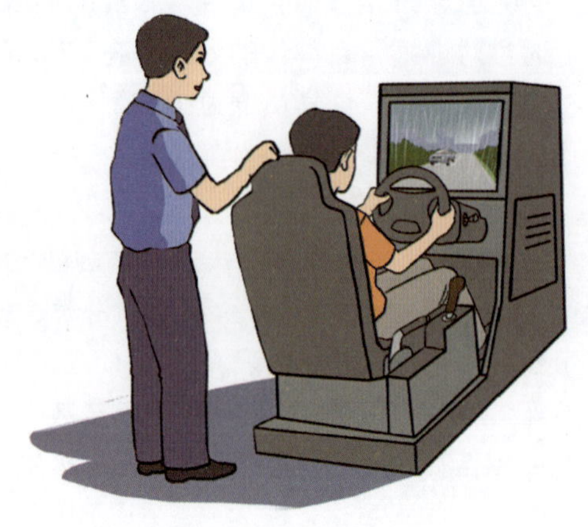

1 模拟教学法的特点

（1）模拟教学法是一种行为引导型教学模式，学员通过模拟角色、模拟操作程序等，达到理论与实际操作的统一。

（2）模拟教学法有助于学员获得感性认识、建立动作定向印象，提高学员上车训练的心理适应性，帮助学员更牢固地掌握知识和技能。

（3）模拟设备教学具有很好的安全性，可以避免学员因操作失误而产生不安全的后果，学员一旦失误可重新再进行操作。

2 模拟教学法的应用

模拟教学法可用于学员的基本动作训练、恶劣条件下的驾驶等教学项目。例如，教学大纲第二阶段实际操作部分的“操纵装置的操作”、“模拟紧急情况处置”等。

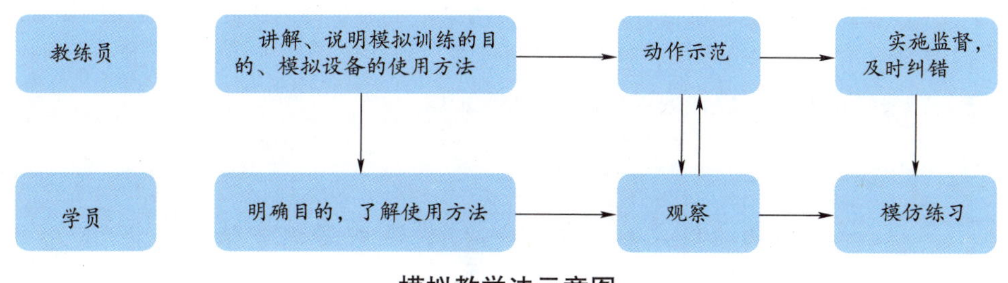

模拟教学法示意图

模拟教学法的应用注意事项：

（1）在开展模拟训练的过程中，教练员应当对学员的训练进行监督，发现错误及时纠正，对学员的训练效果进行评价，及时调整训练。

（2）教练员要注意培养学员良好的安全意识，引导学员在训练过程中形成严肃、认真的训练态度，避免不良习惯的养成。

（3）模拟情境训练中，教练员要注意保障教学安全。

4 纠错教学法

纠错教学法是在教练员的指导下，为纠正学员在驾驶技能和驾驶行为方面存在问题而采用的教学方法，其目的是通过教学互动使学员正确掌握驾驶技能和树立良好的驾驶行为习惯，是驾驶教学中一种常用和必须掌握的教学方法。

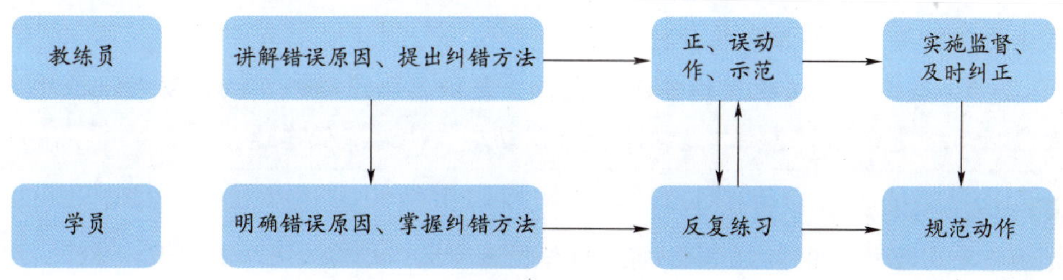

纠错教学法示意图

1 纠错教学法的特点

学员在学习驾驶过程中，往往会出现许多错误的动作，如果教练员能进一步帮助学员分析错误原因，提出纠正错误的方法，有助于保证培训质量，提高学员安全文明驾驶水平。

2 纠错教学法的应用

学员要掌握规范化操作技能需要通过不断练习，及时纠错，才能达到手脚配合默契、运用自如，规范操作，安全文明驾驶。因此，纠错教学法可用于《教学与考试大纲》中第一阶段的“交通信号”、“驾驶行为”，第二阶段的“基础驾驶”、“场地驾驶”，第三阶

段的“安全文明驾驶”、“恶劣天气和复杂道路条件下安全驾驶”、“紧急情况下的临危处置”、“发生交通事故后的处置”等教学项目。

纠错教学法应用时的注意事项：

（1）教练员应引导学员针对练习中出现的错误动作进行反思，如“为何总是起步熄火，是知识上的原因，还是操作上原因。如何才能做到以后起步不再犯同样的错误。”教练员告诉学员相应的纠错方法，改正不良的操作习惯。

（2）教练员要随车指导，及时了解学员练习的效果，做出评价。让学员知道每次练习正确与否，不断地给学员鼓励、督促，调控好学员情绪，正确对待错误，增强学员的信心。

（3）教练员在纠错的过程中，注意要透过现象，抓住错误的本质，多角度地分析，提出纠正方法，激发学员学习兴趣，达到事半功倍的效果。

案例

车辆通过无人通行的人行横道的驾驶方法

教学目的：

（1）熟悉纠正错误法是指导驾驶教学中的一种方法；

（2）掌握教学中各种错误现象、原因和纠错的方法。

教学重难点：通过观看3D动画，模拟驾驶教学场景，模仿学员错误动作，能及时描述错误现象，指出错误原因，提出纠错方法。

错误现象：车辆通过无行人通行的人行横道时未减速。

错误原因：没有掌握通过无行人通行的人行横道的规定。

错误方法纠正：

（1）认真学习、掌握机动车通过无行人通行的人行横道的规定，增强安全意识。

（2）道路交通法规定，机动车通过没有行人行经的人行横道应当减速行驶。减速的含义是应降低原来的行驶速度。

（3）减速的方法视交通情况确定，一是松抬加速踏板，利用发动机低转速牵阻制动缓慢降低车速；二是踏下行车制动踏板快速降低车速。

5 训练与复习教学法

训练与复习教学法是通过综合训练，让学员综合运用和检验所学的知识和技能，尽可能地使学员的技能掌握程度达到培训要求的教学方法。

1 训练与复习教学法的特点

（1）训练与复习教学法是对学员训练效果的一种阶段性总结。学员训练完成一个阶段后，教练员应当及时对学员进行考核，以便了解学员上一个阶段的训练效果，确定能否转入下一个阶段的训练，或者确定在下一个阶段的重点训练内容。教练员在训练过程中，对自己的教学还需要做哪些改进，从而实现教学阶段的协调性与持续性。

（2）提高训练的针对性。学员通过阶段性的综合训练，可以认识到自己存在的不足，以便在后续阶段提高训练的针对性，做到有的放矢。

（3）巩固所学的知识。学员通过阶段性的综合训练、复习已经学过的科目，巩固所掌握

的知识并在大脑中形成深刻记忆，将学过的东西长期储存到大脑中并由此将机械动作转变成下意识的动作。

2 训练与复习教学法的应用

教学大纲把学员的驾驶培训分为三个阶段，并在每个阶段规定了一定学时的综合复习及考核。教练员可以根据教学大纲的安排，在每个训练科目结束时，结合先进的教学手段，采用训练与复习教学法。例如，教练员采用教学磁板或多媒体动画模拟软件考核学员对“文明礼让”知识的掌握程度。

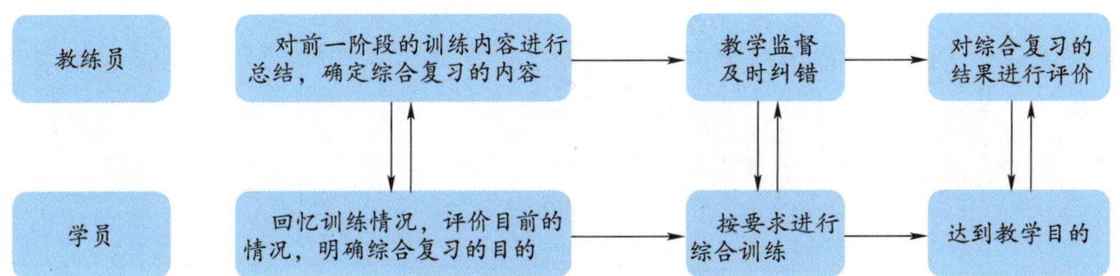

训练与复习教学法示意图

训练与复习教学法的应用注意事项:

（1）教练员选择综合复习的时间要适当。

（2）每次综合复习完成之后，要进行分析，以便在下一阶段中能有针对性地进行训练。

（3）综合复习的内容要与学员培训的目的和要求相吻合。

如何选择教学方法

教练员可以按照以下原则选择合适的教学方法。

1. 根据驾驶培训教学项目的特点进行选择

驾驶培训的教学目的和教学任务要通过具体内容和教学项目的教学得以完成，教学方法要满足具体训练项目内容的需要。例如，理论教学适宜选用讲授、演示和自学辅导的方法，而实操训练需要通过实际动作训练才能达到目的。

教练员应根据各阶段目标组织实施教学，并结合整体目标，正确地把握所承担的具体教学项目以及每个课时所要达到的教学目标和教学任务，科学地选择教学方法。

2. 根据学员的学习特点进行选择

学员的知识储备、生理和心理等诸方面的存在差异，影响其对驾驶技能的学习能力，例如，有的学员动作掌握得快，而有的学员动作掌握得慢。教练员应当以人为本，在了解学员的生理和心理特点、学习的自觉性和学习态度、对各种教学方法的接受程度等基础上，选择合适的教学方法。如果学员学习能力强，学习进步快，可以多采用讲授、练习等方法；如果学员学习基础较差，学习进步慢，则可以多采用演示、示范等更为直观的方法。

3. 根据教练员自身的条件进行选择

选择教学方法要符合教练员自身的特点，包括教练员对教学方法及其运用范围的了解程度、运用教学方法的能力、教学风格和习惯等。教练员要扬长避短，选择自己擅长的教学方法。例如，口头表达能力强的教练员，运用讲授教学法效果较好；擅长操作教学的教练员，运用示范教学法、模拟教学法等教学效果较好。

4. 根据教学项目的时间安排及教学设备等条件进行选择

各种教学方法实施的步骤不同，要求的教学时间会有差异。教学条件的不同，也会对教学方法的选择有限制作用。因此，一方面，应当按照相关要求选购教学设备，规范设计教练场地，为教学创造良好条件；另一方面，教练员应当根据教学大纲以及教学安排，科学选择教学方法，并在限定时间内完成教学任务。

第三节 常用教学手段

常用的教学手段包括多媒体、教学磁板、教练车、驾驶模拟器、教学模具等。多媒体、教学磁板和驾驶模拟器等现代化教学手段的应用，使教学变得更加直观、灵活和互动，便于学员理解和接受教学内容，更能充分调动学员学习的兴趣和主动性，提升教学效果。

在教学活动中，教练员要依据教学内容和教学目标选择合适的教学工具，不能一味追求新奇，违背教学项目训练的基本原理和实际需求，要注意传统教学手段和现代化教学手段的有机结合。

一 多媒体教学

多媒体是综合计算机、图像处理、教育学等众多学科与技术的一门综合性技术，集文字、图形、图像、声音和动画等多种信息于一体，能充分调动学员的视觉和听觉感官。多媒体教学是指在驾驶培训过程中，教练员根据教学目标和教学内容，通过教学设计，合理选择和运用现代化的教学设备，并与传统的教学手段有机结合，共同参与教学的全过程，以多种媒体信息作用于学员，形成合理的教学过程结构，达到最优化的教学效果。

1 录像教学

录像是指根据教学内容和教学目标的需要设置某些场景，利用摄像设备录制下来，并配以相应的解说，从而形成兼具视觉信息和听觉信息的教学素材。教学过程中，教练员通过影视播放设备和投影幕等，向学员展现符合本次教学项目的录像，帮助学员理解和掌握该部分知识。例如，在讲授道路交通安全知识的同时，播放相关的事故案例教学录像，促进学员安全意识的培养。

1 录像教学的特点

（1）教学内容具有真实性。录像通常反映真实的场景，不包含夸张的成分，学员在观看教学片的过程中，会有一种身临其境的感觉，从而激发学员的学习兴趣，提高他们的理

解力。

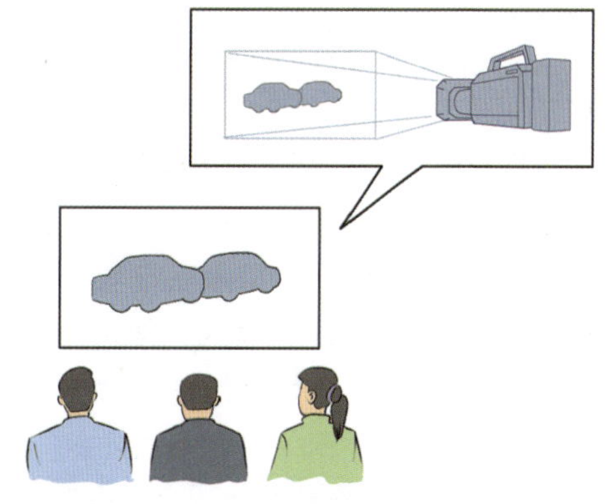

（2）教学的风格统一。录像的教学场景、解说语气和速度等在制作过程中就已经确定，在教学过程中始终保持统一，从而完全可以克服因教练员教学风格、教学能力的差异所带来的不同教学效果的问题。

（3）教学具有重复性。录像能够被重复使用，因此，学员不易理解的地方，教练员可以有针对性地重复播放。

2 录像教学在驾驶培训中的应用

录像教学主要用来强化学员树立遵章守法的意识教育，或者根据某个教学主题，讲授安全驾驶的理论知识。例如，《教学与考试大纲》第一阶段理论部分的“法律、法规及道路交通信号”、“机动车基本知识”以及第三阶段“安全、文明驾驶”。

教练员运用录像教学时，有以下几方面的注意事项：

（1）教练员要根据教学内容和教学目标的需要选择录像素材。

（2）选择播放录像的合适时机。对某个问题带有探讨性和设问性的录像片段，适宜在刚开始上课播放，引出本次教学的主题；对某种现象带有解释性的录像片段，则适宜教练员对该问题有一定的分析后再播放，让学员更容易理解；对教学内容带有总结性的录像片段，则适宜在本次课即将结束时播放，以加深学员的印象。

（3）录像片断的连续播放时间不宜过长，否则学员容易注意力不集中。

（4）对录像作适当的讲评。虽然很多录像配有专业的解说，但是，对于教学的重点、难点，教练员还应当作适当的讲解。录像（尤其是较长的录像片段）播放结束后，教练员应当作简单的总结，以加深学员的印象。

2 动画模拟教学

动画模拟教学是指在教学过程中，利用动画模拟软件来表现某个主题或者解释某种现象。例如，模拟真实的交通场景或者汽车某总成的工作原理等。它能够增强教学的生动性、趣味性，提高学员学习兴趣，从而达到良好的教学效果。

1 动画模拟教学的特点

动画模拟应用于教学具有以下几方面的特点：

（1）教学内容直观。动画模拟软件不仅可以模仿简单的交通场景，还能够将比较复杂、通常难以捕捉的交通状况非常直观、形象地表现出来。

（2）教学过程生动、有趣。动画中的元素表现形式灵活多样，整体风格比较活泼，视觉效果好，容易吸引学员的注意力，可以调节严肃的课堂气氛，使教学变得更加生动有趣。

（3）教学更具互动性。动画模拟软件能够提供对交通参与者行为正确或错误的自动判断功能。教练员可以让学员参与到模拟过程中，检验学员对教学内容的理解和应用程度，并通过互动教学的方式，强化学员的印象，增强学员对教学内容的理解和掌握。

（4）教学更为灵活。动画模拟软件可以非常方便地提供大量的典型交通场景案例，如交叉路口交通冲突的解决、通过环岛的正确驾驶等，而且在案例中可以从不同交通参与者的角度来观察当前的交通状况，培养学员观察、分析和解决问题的能力。

2 动画模拟教学在驾驶培训中的应用

动画模拟教学主要用来将比较复杂、通常难以捕捉的交通场景，直观、形象地表现出来，如第一阶段的“车辆结构常识”， 第三阶段理论部分的“文明礼让”等教学项目。

动画模拟教学可以使教学变得更加生动有趣，但是教练员需要注意以下几方面的问题：

（1）模拟演示时间分配不宜过多，能说明主题即可。动画模拟交通场景时，往往忽略了很多次要的因素，与现实情况之间存在差异，适当的演示可以提高教学的直观性、生动性，提高学员学习效率。但是，过多的动画演示又会使教学偏离实际，难以达到教学目标。

（2）针对演示的内容及时做出解释。动画的表现生动活泼，有时还略带夸张，因此，需要教练员对演示的内容及时做出解释。一方面，突出教学的重点、难点；另一方面，加强学员对知识的理解。

（3）增强学员的参与意识。动画模拟教学可以提高学员学习的兴趣，但更重要的是培养学员学习的主动性，提高教学互动性。因此，教练员要提醒学员不仅是观看，更多的是要参与到教学活动中来。

3 多媒体课件教学

多媒体课件是以计算机、多媒体等技术为基础，以学员为中心的计算机辅助教学工具。

1 多媒体课件教学的特点

多媒体课件教学具有以下几方面的特点：

（1）课件中只需体现纲要性的内容。多媒体课件在制作过程中，要根据教学内容和教学目标，明确教学主线，体现教学重点、难点。在教学过程中，教练员需熟悉教学内容，能根据提纲进行内容的扩展，掌握清晰的教学主题和教学的层次性。

（2）信息资源广泛。多媒体课件能够集成文字、图形、图像、动画和视频等多种媒体信息，具有强烈的视觉效果，使学员的抽象思维与形象思维有机地结合起来，增强学员学习的兴趣。丰富的信息资源在扩大教学知识信息量的同时，还能明显地提高教学效率，产生良好的教学效果。

2 多媒体课件教学在驾驶培训中的应用

在理论授课中，课堂演示型多媒体课件教学应用非常广泛，教学大纲三个阶段的理论教学项目均可运用该种方法。

教练员在制作课件、选择课件和运用课件教学时，应注意以下事项：

（1）教学课件应当围绕教学内容和教学目标。教学课件是教练员授课的提纲和导向，如果与教学内容和教学目标有偏差，往往易使教练员偏离方向。

（2）课件应当有明确的主线。课件内容由表及里，便于学员对知识体系进行归类，使学员自如地掌握纵横线索，增强学员的问题意识，提高解决问题的能力，培养学员善于思考、善于设计以及高度概括的能力。

（3）适当插入图形、图像和动画等媒体信息，使授课形式新颖、活泼和形象。例如，教练员在讲授道路交通安全法规时，可以在教学课件中插入真实道路交通事故图片或插预先录制视频等。

网络远程教学的特点

网络远程教学是利用计算机技术和互联网技术对学员实行远程教育的教学模式。与现场多媒体教学模式相比，网络远程教学具有以下优点：

（1）除继承了图文并茂、形象直观、表现力丰富等特点外，还可以使学员在不同的计算机终端上随时随地学习，不受空间、时间等因素约束；

（2）可以使学员在按要求完成学习任务的情况下，结合自己的兴趣和疑问点自由在线选择学习内容；

（3）可以为学员提供更丰富的安全驾驶知识信息，提供模拟测试、在线交流等学习功能；

（4）可以自动对学员身份进行判定，记录学员的学时、学习内容等信息，实施远程自动监管。

二 教学磁板教学

教学磁板是一种集道路交通背景、交通参与者、交通标志标线、交通信号灯和警察等各种交通元素于一体，可根据教练员教学的需要，灵活组建各种具体交通场景的软件。教学磁板可以通过各种交通元素的灵活组合，搭建出教学需要的交通场景，从而使驾驶培训教学更加直观、灵活和互动。

1 教学磁板的特点

教学磁板教学属模拟教学的范畴，通过情景融合、交通元素的灵活组合以及教练员与学员之间的互动，来帮助学员建立印象模式，主要有以下几方面的特点：

1 交通元素全面、场景组建灵活

道路交通场景由人、车、路和环境四要素组成，而教学磁板内设置了各种典型的交通参与者、符合国家标准的全部道路交通标志标线以及各种道路交通背景，因此，教练员可以利用磁板软件所包含的交通元素灵活地组建交通场景。

2 教练员与学员间的互动性强

教学过程中，教练员配置好交通场景后，可以针对该场景设置各种问题，与学员共同探讨正确的驾驶行为方式，并通过交通元素位置的灵活变化，模拟出各种交通行为的后果，增强学员对知识的理解能力和知识的应用能力，提高学员学习的主动性，克服“灌输式”教学导致的枯燥感。

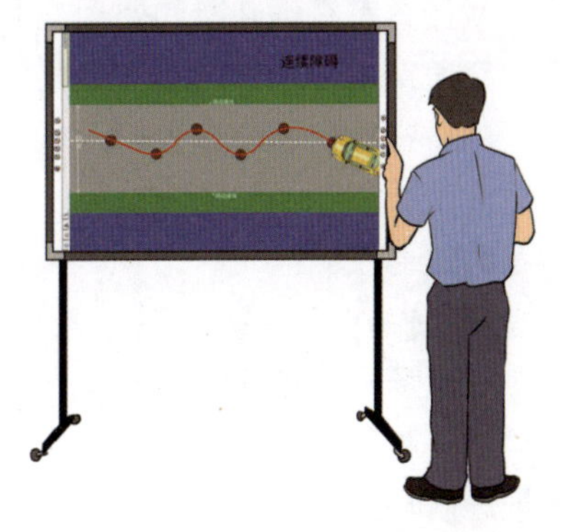

3 教学内容直观、生动

交通场景，尤其是复杂的城市交通场景，教练员很难单纯地用语言解释清楚。因此，教练员可以借助画面演示等直观、真实的方式，帮助学员加深理解。例如，教练员进行“弯道和曲线驾驶”教学时，可以借助教学磁板给学员分析车辆在弯道的受

力情况、弯道行驶时的潜在危险和提前减速行驶的必要性等。

4 教学素材多样

教学磁板除了能利用已有的交通元素灵活地组建各种交通场景外，还有助于教练员对教学素材的拓展。教学磁板能够保存教练员自行收集的教学背景图片，以增强教学磁板的地区适应性和教学的灵活性。

5 操作简便

教学磁板的界面整洁，教练员操作时，更多的是采用点击或拖拽图标的方式，针对相对难以理解的功能有详尽的操作指导，因此，用教学磁板来组织教学的关键在于教练员对驾驶培训专业知识的掌握程度和教练员组织的教学场景与教学内容的专业性是否贴近实际，而在计算机技术方面没有特殊要求。

2 教学磁板的使用方法

1 组建交通场景

组建交通场景是教练员利用教学磁板实施教学的基础。根据《教学与考试大纲》的要求，教学磁板中设置了许多典型的交通场景，教练员可以通过调用交通场景元素来直接组建。但是，教练员有必要掌握如何自行组建交通场景，以增加教学的灵活性。组建交通场景通常分为以下几个步骤:

（1）根据教学主题选择交通背景。教练员每次上课均有一个教学主题和教学目标，教学内容应当围绕该主题和目标服务，因此教练员选择交通背景时，要考虑是否能够满足教学主题和教学目标的需要。例如，在准备进行“文明礼让”授课时，教练员可以选择十字交叉路口或环形交叉路口的交通背景。

（2）正确添加交通信号灯和交通标志标线。交通信号灯和交通标志标线是道路交通规则的重要载体，给交通参与者科学地分配通行权，使他们有秩序地顺利通行。但是，不是所有区域都必须有交通信号灯和交通标志标线。因此，教练员有必要根据教学的需要，为所选择的交通背景正确地布置交通信号灯和交通标志标线。

（3）添加合适的交通参与者。交通参与者是道路交通的主体，包括行人、非机动车和机动车。教学磁板包括了各种典型的交通参与者。教练员添加交通参与者时，应当根据教学的需要来考虑选用交通参与者的类型、数量、位置和他们的交通行为等。

（4）标识交通参与者的交通行为。交通事故的发生往往源于交通冲突的存在，因此，教练员需要培训学员具有正确判断和处理交通冲突的能力。交通冲突通常是由于交通参与者之间交通行为的交错引起的，在对交通场景进行分析时，教练员可以利用教学磁板的绘画和书写功能，标识出有关交通参与者的交通行为。

2 更换交通场景

交通场景组建好后，教练员就可以开始对交通场景进行分析。但是在教学过程中，常常因模拟交通参与者的交通行为的结果或者根据学员的设问变换新的交通场景等，需要对交通场景进行调整。

（1）交通场景的局部调整方法。教学过程中，教练员往往需要添加新的交通参与者或者去除某些交通标志等。对于添加新的交通元素，教练员可以按照组建交通场景的方法进行。而对于去除某些交通元素，教练员则可以利用教学磁板提供的“垃圾箱”功能。

（2）交通场景的整体变更。教练员常常为某一教学主题准备了多个交通场景，解释完一个交通场景后，需要及时地变换到下一个交通场景去，这就存在对交通场景更新的问题。对此，教练员可以利用教学磁板提供的“文件下载”功能。

3 扩展教学素材

教学素材的可扩展性为教学磁板教学增添了“新的生机”，使得教学磁板的应用不受地域的限制，应用更加广泛。当然，要实现这项功能，需要驾驶培训机构或教练员备有数码照相机或摄像机。

4 与其他设备的组合

现代化教学手段更多地强调多种设备之间的组合运用，以达到更好的效果，对于教学磁板来说，也是一样。教学磁板在计算机中运行，并通过投影仪投放到互动白板上，教练员可以用手的操作替代鼠标的操作，使教学变得更加简单而有趣。

3 教学磁板教学在驾驶培训中的应用

教学磁板起到“教学平台”作用，可以方便教练员再现学员培训场景，便于讲评和学员的理解，主要用于讲解交通场景的教学项目。在教学中，教练员需要注意以下几方面的问题：

1 精心准备教学场景

组建教学场景应当为教学内容和教学目标服务，恰当的教学场景可以帮助教练员取得非常好的教学效果，因此在上课前，教练员应当围绕教学主题设计好场景，以期在较短的时间内完全教学任务，达到教学目标。

2 提前设计教学场景的变换程序

为了详细地说明某个问题，教练员需要围绕教学主题设计各种问题，从而牵涉到教学场景的变更。教练员需要根据各种问题，合理地安排教学场景中各元素的变换方法和变换的顺序，从而可以很好地控制教学的过程。

3 让学员积极参与，增强教学的互动

让学员主动参与教学，而不是被动地接受，可以产生良好的教学效果。因此，教练员应当充分利用教学磁板，增强教练员与学员之间的互动性。

三 驾驶模拟器教学

驾驶模拟器教学能够弥补客观条件的不足，增强教学的安全性，节约能源和提高培训的效率。因此，教练员有必要掌握驾驶模拟器教学的方法。

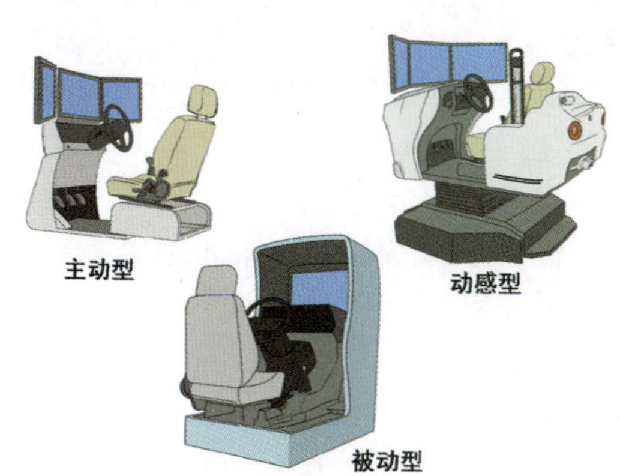

1 驾驶模拟器的基本常识

驾驶模拟器是一种具有汽车驾驶操作功能的教学仿真装置，一般由驾驶模拟座舱和视景系统组成。驾驶模拟座舱由汽车驾驶操纵机件、仪表、座椅、后视镜、安全带等

实物或仿真件组成，具有与所模拟的汽车驾驶室驾驶操作工位相似的空间，供学员学习和训练。视景系统由视景软件、播放器及显示部件组成，具有模拟汽车驾驶场景的功能。

驾驶模拟器按照视景系统呈现方式的不同，可分为互动和非互动两种类型，分别具有不同的特点，驾驶模拟器的分类见表6-5。

驾驶模拟器的分类　　表6-5

分　类	视景系统的呈现方式	基本特点
非互动型	视景显示不随模拟驾驶操作变动	（1）具有座舱和独立显示用于引导汽车驾驶操作的视景系统； （2）有受离合器踏板控制的挡位锁止机构； （3）操纵机件的相对位置与所模拟的汽车一致，操纵机件的操纵力度接近所模拟的汽车
互动型	视景显示跟随模拟驾驶操作变动	（1）具有座舱和互动的视景系统； （2）具有错误驾驶操作记录和提示功能，能再现学员的操作过程，以利于分析学员的操作情况； （3）操纵机件的相对位置与所模拟的汽车一致，操纵机件的操纵力度接近所模拟的汽车或与所模拟的汽车一致

2 驾驶模拟器教学特点

驾驶模拟器教学通过模拟各种道路场景，在视觉、听觉和操作感觉上为学员提供一种实际操作训练的仿真环境，能够训练和提高学员基本的驾驶操作技能和心智技能，具有以下几方面的特点。

1 克服了实际操作训练的局限性

由于地域、培训时间、培训场地等客观原因，对于“雨天驾驶”、“山区道路驾驶”等特殊交通环境下的教学项目，教练员很难在实际训练中进行组织，因而，可以采用驾驶模拟器来对学员进行模拟训练，克服实际训练存在的局限性，达到教学目标。

2 节约能源，降低培训的成本

学员在进行规范操作训练时，如果采用实车反复练习，对车辆的磨损大，而且消耗燃料，驾驶模拟器训练则可克服这些问题。《教学与考试大纲》要求有7个学时实施驾驶模拟器教学，若按使用教练车训练，每小时行驶30km，平均百公里油耗12L计算(以小车为例)计算，平均每位学员使用驾驶模拟器完成学习可节约燃油25L，如2012年某省培训近150万名汽车驾驶学员，可节约3750万升燃油。

3 提高培训的效率

培训初期，利用实车进行静态下的规范操作训练，学员会有紧张感，错误操作多，心理适应能力差，从而降低训练的效率。采用驾驶模拟器训练，学员心情比较放松，学会操作动作快，因此采取驾驶模拟器训练与实车操作训练相结合的培训模式，能提高学员培训的效率。

4 提高教学的安全性

驾驶培训过程中，因学员的驾驶操作技能不熟练，缺乏安全驾驶经验，驾车教学中存

在很大的风险。在实际道路上进行驾驶训练时，路况较复杂，学员常常比较紧张易发生操作失误，可能会导致严重的后果，甚至造成重大交通事故。驾驶模拟器允许学员操作失误，一旦出现事故，可以重新开始驾驶操作。

3 驾驶模拟器教学在驾驶培训中的应用

根据《教学与考试大纲》的规定，驾驶模拟器教学主要包括两个方面：

（1）第二阶段基础驾驶训练项目，包括驾驶姿势、操纵装置的操作、行车前车辆检查与调整等，共3个学时；

（2）第三阶段实际操作训练项目，包括对常见驾驶陋习和违法行为进行综合分析与判断，雨天、雾天、冰雪路面、泥泞道路、涉水等恶劣条件下安全驾驶的要领和方法，山区道路、高速公路安全驾驶的要领和方法等，共4个学时。

教练员在利用驾驶模拟器教学时，需要注意以下几方面的问题：

1 分阶段运用模拟器训练

驾驶培训是一个从掌握基本操作动作到驾驶技能的熟练和巩固的过程，教练员需要根据《教学与考试大纲》的要求分阶段、有针对性地运用驾驶模拟器进行教学。

2 引导学员端正训练态度

驾驶模拟器教学是一种模拟性训练，学员在训练过程中出现操作失误也不会发生危险，因而学员在思想上会比较放松，甚至有的学员完全把训练当成游戏，而忽视训练的目的。因此，教练员需要引导学员在训练过程中端正训练态度，认真对待。尤其是对于互动型驾驶模拟器，学员要能够根据反馈的结果，及时调整自己的驾驶行为。

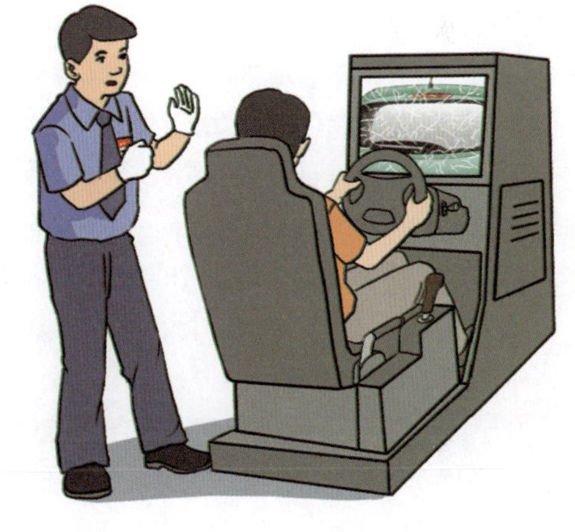

3 及时纠正学员的错误

学员能够及时了解和纠正出现的操作错误，驾驶技能训练的进步会很快。非互动型驾驶模拟器不能为学员提供操作的错误提示，因此教练员需要了解学员的训练情况，并对学员所犯错误及时纠正。互动型驾驶模拟器虽然能够提供错误操作提示和操作记录，但是学员并不一定能马上认识和纠正， 还需要教练员及时指导。

4 对训练结果讲评

每次训练结束后，教练员应当向学员做训练情况的讲评，让学员了解训练的难点和容易出现的错误等，激发学员改正错误的内在动力。非互动型驾驶模拟器不能提供错误操作记录，教练员需要在教学过程中对学员容易出现的错误驾驶行为进行统计，作为讲评的依据。

四 实车教学

实车教学是培养学员全面掌握汽车驾驶技能的根本途径。

1 实车教学的特点

学员参加驾驶培训的目的是学习安全驾驶车辆的技能，通过相关的考试，并能够独立驾驶车辆。实车教学是学员利用真实的驾驶体验，学习和掌握汽车驾驶技能，也是驾驶培训过程中必不可少的一个环节。实车教学通常有以下几方面的特点：

（1）训练真实。实车教学是学员学习驾驶的一种真实的体验。学员在实车教学过程中，直接面对真实的交通场景，学员的驾驶行为与周边的交通状况紧密联系，相互影响。

（2）学员的操作结果反馈及时。学员根据周边的交通情况采取某种操作后，车辆的状态能够迅速地发生相应的变化，从而对学员刚才所采取的操作动作起到反馈的作用，作为学员采取下一步操作的信号。

（3）充分反映学员对汽车的操控能力。实车教学过程中，为了行车的安全，学员必须对各种交通情况及时采取正确的措施，此时的驾驶行为能够充分反映学员对汽车的操控能力。

（4）教学过程存在一定的风险。实车教学使学员面对真实的交通场景。因学员的驾驶操作技能还不熟练，缺乏安全驾驶经验，常常比较紧张，容易发生操作失误而导致交通事故，因此教学过程存在一定的风险。

2 实车教学在驾驶培训中的应用

实车训练可以应用于整个培训的实际操作训练项目，在实车教学过程中，教练员需要注意以下几方面的问题：

（1）教练车必须具备良好的安全性能，满足教学的要求。根据《机动车驾驶员培训机构资格条件》(GB/T 30340—2013)标准的要求，教练车技术状况应符合《机动车运行安全技术条件》（GB 7258—2012）的要求和《运营车辆技术等级划分和评定要求》（JT/T 198—2004）所规定的二级车以上技术条件，并装有副后视镜、副制动踏板、灭火器及其他安全防护装置。

（2）及时纠正学员的错误。训练过程中，学员出现错误操作时，教练员应当及时给予纠正，保证学员动作的准确性，让学员养成良好的驾驶习惯。

（3）确保教学的安全。实车教学过程存在一定的风险，因此教练员不仅要督促学员仔细观察、集中注意力，而且还应当要求自己抱着认真的教学态度，充分利用副后视镜、副制动踏板，在紧急情况下采取必要的措施，防止交通事故的发生。

（4）训练结束后及时讲评。每次训练结束后，教练员应当对学员训练的情况进行讲评，指出学员所取得的进步和仍然存在的问题，帮助学员正确评估自己。

五 教学模具教学

教学模具包括按照比例模仿实物结构的模型以及按照比例模拟实物工作原理的示教板。模型侧重于真实反映实物的基本结构，而示教板侧重于真实反映系统的工作原理。

1 教学模具教学的特点

（1）教学直观形象。汽车许多零部件的结构比较复杂，教练员难以通过简单的语言描述或利用车辆零部件实物阐述清楚，例如，变速器的组成、制动系统的工作原理等。教学模型能够以剖面和透明的方式展现出实物的基本结构，使复杂的事物变得直观形象，使单一的教学模式变得多样化，便于学员理解和掌握。

（2）教学内容比较真实。教学模型是对实物或系统的真实反映，尽可能模仿实物或系统的原貌，因而在学员学习时，能增加真实感。

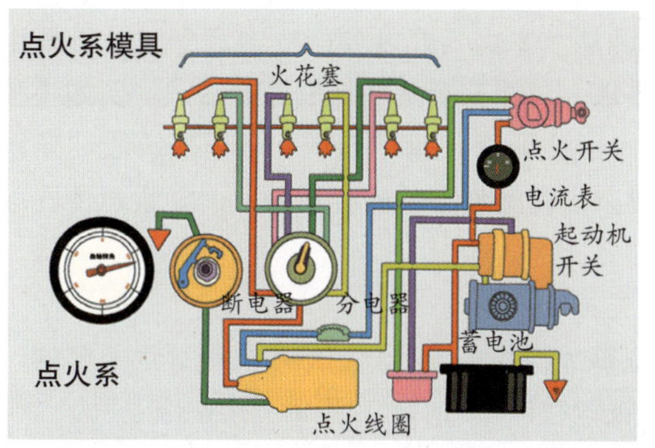

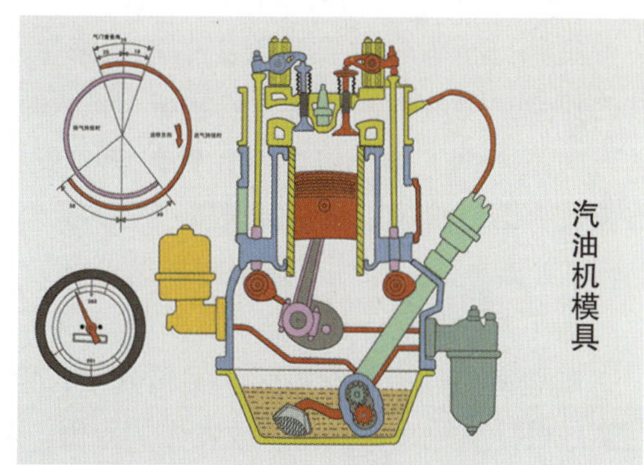

2 教学模具教学在驾驶培训中的应用

教学模具主要用于直观地展示车辆总成的基本结构和工作原理，例如《教学与考试大纲》第一阶段的“车辆结构常识”等教学项目。教练员在教学过程中需要注意以下几方面的问题：

（1）让学员带着问题观看教学模具。教学模具所模仿实物的结构相对比较复杂，因此，教练员需要根据教学内容和教学目标，向学员提出明确的观察要求，让学员带着问题观察，增强学习的针对性。

（2）进行适当的解说。结构的复杂性增加了学员理解的难度。教学过程中，学员很难通过自己的观察为存在的问题找到满意的答案。因此，教练员需要有针对性地进行讲解，以在短时间内完成教学任务，达到预期的教学目标。

（3）注意正确的解说顺序。教练员针对模型的解说应当有合适的先后顺序，或者根据结构，由表及里；或者按照工作流程， 按组成部位进行讲解。总之，解说过程中需要突出一条主线，便于学员理解和接受。

六 典型案例分析教学

典型案例分析是安全文明驾驶理论学习的重要内容和具体运用的教学手段，是以教学事故现场所提供的基本情况为依据，按照交通法规的规定，对事故发生的经过做出全面分析。其目的是强化学员安全文明驾驶意识，正确认识事故的发生过程，判断事故发生原因，吸取事故教训，划清责任，及时采取有效措施，保证驾驶教学安全。

1 典型案例分析教学的特点

（1）具有强烈的吸引力、感染力和影响力。事故案例是生动具体、实实在在的活教材，具有形象性、直观性的特点。事故案例内容切合驾驶教学实际，针对性强，容易引起教练员和学员的共鸣。

（2）可以采用灵活多变的形式。进行案例教学可以采用录像、多媒体、分析会、现场会等形式，既可以形象教学，又可以文字宣传教育，从各个侧面增强教学效果。

（3）内容充实，容易找出事故根源。每一次事故的发生，偶然中隐含着必然，往往有深刻的思想根源和管理漏洞，经过案例分析容易抓住事故的本质，从学员上车之日起就进行安全意识灌输，对其一生的驾驶行为都将产生深远的影响，提高学员在处理交通情况时的安全运行的能力，实现本质安全。

2 典型案例分析教学在驾驶培训中的应用

案例分析教学主要用现实的事故来警示学员从上车之日起就要树立遵章守法、珍爱生命的安全文明意识，根据《教学与考试大纲》要求，讲授安全文明驾驶理论知识。例如《教学与考试大纲》第一阶段理论部分的“安全行车、文明驾驶基础知识”；第二阶段“场地驾驶”；第三阶段“道路驾驶”“恶劣天气和复杂道路条件下的安全驾驶”、“紧急情况下的临危处置”、“发生交通事故后的处置”。

运用典型案例分析教学时，应注意以下几个方面：

典型案例分析教学不同于案情介绍，仅仅把事故的基本情况介绍给学员是远远不够的，主要是根据事故案例找到事故发生的原因，从中吸取教训与启示，在案例运用中应注意：

（1）典型案例分析要有针对性，要难易适中，教练员要了解学员的个性特点、知识背景等因素，有针对性地选择案例。

（2）典型案例分析要有时宜性，要根据教学进度，合理安排案例分析的时机，切不可随意进行，主观臆断，夸大案情，让学员产生恐惧感。

（3）典型案例分析要有侧重性，案例分析教学不能取代理论知识讲授，案例分析教学目的是为了让学员更好地理解和掌握安全文明驾驶知识，如果没有理论知识的讲解，学员对案例分析则过于片面和零散，讲不清因果关系，侧重安全文明驾驶知识讲解是案例教学的基础和前提。

案例

案例一 教练员场地脱岗教练车冲出墙外

2010年3月18日，××省××驾校教练员来某进行场地驾驶训练时脱岗，让学员张某一人在训练场地进行倒桩训练，由于操作不当，将加速踏板误当制动踏板踩下，车辆加速后撞破场地隔离墩，径直撞上外墙，导致墙外过路的一名13岁学生身亡。

事故原因分析：教练员责任心不强，擅自离开教学岗位，既没有对学员场地驾驶进行指导练习，又没有预见学员可能出现的驾驶错误，从而造成事故的发生。

事故责任认定：该教练车的教练员负事故的全部责任。

教训与启示：教学过程中任何一个疏忽都有发生事故的危险，教练员一定要有教学风险意识，加强责任心，坚守自己的工作岗位，人车不离，确保教学安全。

案例二 教练员酒后教练，被后方跟车追尾

2013年1月21日，××省××驾校教练员唐某带领3名刚刚考完“科目二”的学员返回驾校，为了庆贺唯一通过的学员王某，4人到饭店吃饭并饮酒，饭后另外2名学员回单位，教练员唐某和学员王某继续上路教练，当教练车行至某路口时，学员王某怀疑走错路而紧急制动，造成教练车被后面跟车追尾。

事故原因分析：教练员法律观念淡薄，明知酒后不准教练，还和学员共同饮酒，明知学员王某已经饮酒，仍然主观放任其驾车，未尽到职责和义务，从而造成教学事故。

事故责任认定：该车教练员因主观放任学员酒驾负连带责任被刑拘。

教训与启示：在驾驶教学中，教练员要知法守法，不仅自己要模范地遵章守法，率先垂范给学员做出榜样，还要培养学员自觉遵章守法，文明驾驶的安全意识，并贯穿于教学的全过程，防微杜渐，警钟长鸣，确保人民生命财产安全。

七 计时培训系统

计时培训系统是利用信息技术对驾驶培训全过程的学习实时进行记录和管理的系统，包括计时培训企业平台、计时终端、学时记录卡等。该系统的应用能够及时、准确地掌握教学过程和学员培训信息，规范驾驶员培训教学过程，保障培训质量。2013年8 月，交通运输部发布了《机动车驾驶员计时培训系统 平台技术规范》、《机动车驾驶员计时培训系统 计时终端技术规范》两项规范性文件（交通运输部公告2013年第49号）， 对计时培训系统的技术性能做了进一步的规范。

1 计时培训系统的功能要求

① 计时培训企业平台

（1）身份信息采集功能，能够采集学员、教练员身份信息。

（2）图像采集功能，能在教学过程中对学员、教练员身份信息进行确认和记录，存储和显示车载计时计程终端采集的图像信息。

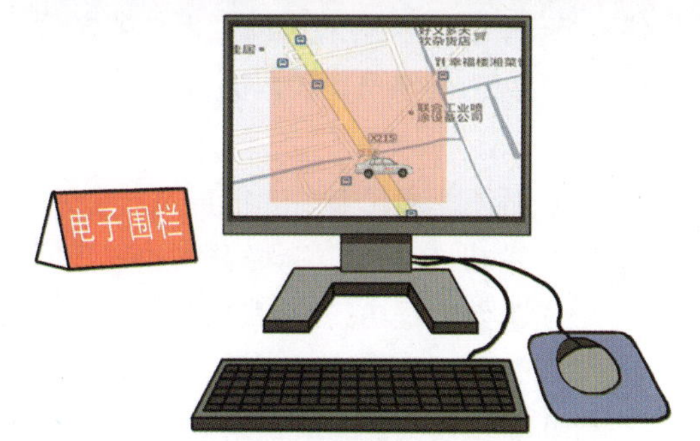

（3）计时功能，一是记录教学培训过程中学员理论学习（含课堂学习和远程网络学习）和模拟驾驶阶段学习信息；二是能实时接收车载计时计程终端上传的动态信息，记录教学培训过程中学员实际驾驶操作训练信息，在电子地图中显示教练车的位置，回放指定时间内的车辆行驶轨迹；三是，能自动生成培训记录及教学日志；四是对学员道路训练或场地

训练超出预设的电子围栏范围、培训学时不符合规定情况等进行报警提示。

（4）培训信息查询功能，能查询机动车驾驶员培训机构、学员、教练员、教练车及培训记录审核等信息，查询培训学时记录、场地和道路驾驶行驶轨迹记录以及场地和道路驾驶培训过程中采集的图像等信息。

（5）数据传输、存储和备份功能。

（6）统计分析功能，能对学员学时审核情况、学习状态、教练员准教情况、教练车类型等信息进行统计分析。

（7）违规处理及信息查询功能，能对教练员违规教学进行处理，并记录处理情况；能查询教练员违规教学时间、地点、原因及处理措施等信息。

2 计时终端

计时终端是指采集、记录和传输学员的培训类型、培训阶段、培训起止时间、教练员教学等信息的终端设备，包括车载计时计程终端、理论（模拟）计时终端。主要具有以下功能：

（1）能采集并记录培训基本信息，实现学员、教练员签到、签退，并对学员、教练员的身份进行验证。

（2）能记录从学员签到开始，到学员签退之间的累计培训时间，并能实现中途抽查点名。

（3）能实时显示当前时间、培训时长等信息，存储学员的培训记录。

（4）能通过无线通信网络实时上传学员的培训学时、卫星定位、报警、图片等信息。

（5）能查询最后一次采集的学员培训记录信息，以及存储的所有学员培训记录信息。

（6）车载计时计程终端能够记录车辆的行驶速度，通过卫星定位信息实时获取车辆位置信息；能够对培训过程的图像进行抓拍，对车辆超速、偏离预定线路或超出训练场区域等自动向企业平台报警。

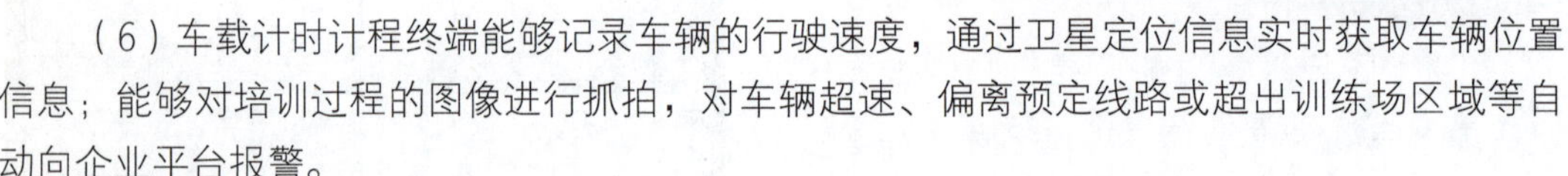

2 计时培训系统的应用

计时培训系统主要用于监督和管理学员参加驾驶培训的情况，下面以车载计时计程终端的使用为例，说明在每次培训过程中的操作步骤：

（1）插入教练员IC卡，进行身份验证，通过后，开启车载计时计程终端的键盘，准备本次课程训练。

（2）插入学员IC卡，进行身份验证，通过后，学员根据自己的训练情况，按照《教学与考试大纲》的训练要求，选择具体的教学项目和学时，开始本次课程训练。

（3）训练过程中，车载计时计程终端自动记录学员训练的时间、里程、行驶速度、车辆位置、培训过程图片等信息。

（4）训练结束后，学员输入对教练员的满意度信息，并插入学员IC卡，结束本次训练。

第七章 规范化教学

规范化教学是依据学员驾驶技能形成规律归纳总结的，教练员必须遵守的固定形式的教学方式。规范化教学是一种以培养教学能力为目标，以规范教学行为为依托，既有综合性、通用性，又有实用性、针对性的方法体系。

第一节 教案编写

教案是教练员为实现《教学与考试大纲》设定的教学目标而具体细化并精心设计的授课框架，是以学时或教学项目为单位编写的具体教学行动计划或方案，是组织教学的重要依据。教练员在授课前认真编写教案，授课时才可能胸有成竹，才可能有计划、有步骤地上好驾驶培训课。此外，通过编写教案和讲评，教练员还能及时发现并解决教学中存在的问题，不断提高教学水平。

一 教案编写的要素和基本要求

教案是教练员针对具体课程编制的实施方案，解决教什么、如何教的问题。它不是对教材简单的重复或缩写，而是包含教案特定的要素，按照教案系统的编写程序完成的教学蓝本，是教练员对教材的再加工和再创造。

1 教案编写的要素

教案编写的形式灵活多样，教练员可以根据授课内容及自身的教学风格决定。但是，一份完整的教案应当包含一定的基本要素，如表7-1所示。

教案编写的要素及其内涵　　表7-1

基本要素	内　涵
教学项目	教学大纲确定的某类知识点的教学名称，分为理论教学项目和实际操作教学项目两种
教学目标	按照教学大纲的要求，学员通过某次课程的学习，需要达到的预期效果（例如学员认知、情感、行为等的变化）

续上表

基本要素	内　涵
教学内容	教练员通过对教学大纲、教材等资料的研究分析，所确定的教学知识信息的总和及其重点、难点
教学学时	按照教学大纲的要求，某次授课所需的教学时间。驾驶员培训以1小时为1个学时计量单位
教学方法	在教学过程中，教练员为达到教学目标，完成教学任务而采取的教与学相互作用的活动方式的总称，如讲授教学法、示范教学法和模拟教学法等
教学手段	在教学过程中，教练员为达到教学目标，完成教学任务而使用的各种教学用具的统称，如多媒体软件、教学磁板、教练车、驾驶模拟器等
教学场所	根据教学内容确定的适宜的教学地点。如理论课通常在教室进行，而实际操作训练通常在场地内或实际道路上进行
教学过程	是整个教案的主体部分，也是教案编写最重要的步骤，把教学活动划分为若干环节或步骤，用以明确教学活动的逻辑程序
教学分析与评价	教练员对教学实际效果的总结与分析，包括对教学重点和难点的把握、教学方法和手段应用的效果、教学过程设计的合理性、学员学习积极性的调动、学员对内容的掌握程度以及改善措施等教学情况的总结与分析

2 教案编写的基本要求

教练员应根据教学内容、授课方式及学员的基本情况，结合实际教学条件、个人的教学经验和教学风格，提前编写出规范、工整、内容完整充实、条理清晰且具有自身特色的教案。教案编写应符合以下的基本要求：

1 以教学大纲为依据

教学大纲是教学的指导性文件，是组织教学和进行教学检查的基本依据。教练员首先应钻研教学大纲，了解教学大纲对各阶段教学项目、教学目标、教学内容和教学学时的要求，使编写的教案与教学大纲、教学计划保持一致。如果教学大纲、教学计划有变化，教案也必须按照新教学大纲重新编写。

2 分单元编写教案

教案编写一般以一次授课为单元，可灵活根据教学项目或者教学学时来划分。例如，以“夜间安全驾驶知识”为专题，编写一份完整的理论教案。

3 教案的繁简应适当

教案是教练员对教学过程的设想和计划，承载的是教学的组织管理信息，不等同于授课讲稿，不宜过分详细。一般来说，刚从事教学工作的教练员应尽可能编写详细的教案。

4 以服务教学、指导教学为根本准则

教案主要是能够提纲挈领地反映教学过程的设计思路，处理好应该教什么和学什么、如何教和如何学、教得怎样和学得怎样的关系，提示教练员上课需要强调的重点内容和注意事项，包括如何引导学员学习或练习，使教学真正服务于学员素质的全面提高。

5 教学内容安排应科学合理，遵循学员的学习规律

教练员要弄清各部分知识的内在联系，充分利用知识迁移规律，对新知识引入、讲解、练习、巩固及学员能力开发等环节，都要做出科学合理的安排，以符合学员知识形成规律和能力发展的渐进性。如在进行加速、减速操作教学前，教练员首先要向学员介绍如何进行正

确的挡位操作，再讲解手脚协调操作。

二 教案编写的步骤

教案编写的是教练员按照教学大纲的要求，在充分准备的基础上，围绕教案的组成要素进行教学规划的过程。教案编写包括备课、教学过程设计和课后总结与分析三个步骤。

1 备课

备课是教练员在授课前所做的全部准备工作。教学过程是一个存在多种矛盾的复杂过程，教练员需要预先考虑好教什么、怎么教、如何调动学员的积极性等。因此，教练员应从三个方面来备课：

① 分析教学对象

教学是一个教与学同时进行的双向活动，因此教学效果的好坏与教练员了解学员情况的程度有关。教练员对学员情况了解得越透彻，授课越有针对性，从而能提高教学效率和效果。

首先，教练员可凭借学员的培训申请表了解学员的性别、年龄和职业背景等，并根据个人的教学经验判断学员可能的学习特点；对于已经培训过的学员，教练员可根据学员日常的言谈举止和在训练中的表现，判断学员的文化修养、性格、气质、学习态度和学习能力等。

其次，教练员可以利用教学日志了解学员对相关知识和技能的学习与掌握情况以及目前仍存在的问题。教练员了解了学员目前的学习状况，才可能依据学员的认知规律，有针对性地提出改进措施，因材施教。

② 确定教学内容

教练员首先应根据教学计划，结合对学员情况的分析结果，确定教学项目和教学内容，并通过分析教学大纲和阅读教材，使教学层次分明、教学重点突出、教学难点清晰。

（1）分析教学大纲。教练员准确理解教学大纲的内涵，是合理设计和撰写教案的基础。教练员只有深入钻研教学大纲，才能了解教学目标和学时要求、教学重点和难点以及学员不容易理解、容易混淆的知识，梳理清楚不同知识和技能之间的内在关联，才能自觉转化为教学活动的指导思想。

（2）阅读教材。阅读教材包括对教材的通读、精读和多读。教练员理解教材越深越透，教学时越能得心应手。通读是指教练员粗略地阅读教材，对教材进行全面系统了解的过程；精读是指教练员选择教材中与教学内容相关联的部分，进行仔细推敲、深入剖析和理解的过程；多读是指教练员尽可能多读一些与所授课程相关的书籍和资料。

③ 选择合适的教学方法和手段

教无定法，贵在得法。教练员结合驾驶培训的特点，在授课中合理应用教学方法和手段，尤其是多媒体教学和模拟教学等先进教学手段，能够丰富教学形式，激发学员学习兴趣，提高学员学习积极性和主动性，增强教学互动，取得良好的教学效果。

教学方法和手段的选择取决于教学内容、学员的特点、教练员的教学风格及教学条件等因素。因此，教练员在选择教学方法与手段时，应考虑教学条件是否允许，是否与教学内容相适应，是否有助于学员理解内容，从而实现教学目标。

2 教学过程设计

设计教学过程是在教练员确定教学内容、对学员情况进行分析以及选择好教学方法和手段的基础上，针对某个教学项目，明确教案要素并进行课堂教学程序设计的过程。

1 理论课教学过程设计

（1）教学内容的安排。一般来说，每个授课内容涉及的知识点都非常广泛，而教学时间非常有限，因此，教练员需要根据教学目标，确定讲授的知识点，明确知识点的主次关系，并按照知识点之间的内在联系确定内容的先后顺序。

（2）教学时间的分配。教练员首先应按照理论教学模式的规范，对导入新课、讲解内容、总结练习和布置作业四个教学环节有一个总体上的时间分配；然后根据教学内容的轻、重、难、易，合理地规划教学进度。对教学内容的时间分配，原则上教练员不是围绕学员感兴趣的内容，而是应对重点和难点内容给予充足的时间保障。

（3）教学活动设计。教学活动设计是教练员结合所选择的教学方法和手段，围绕四个教学环节，设计相应的“教”与“学”的活动，如表7-2所示。

理论教学活动设计注意事项　　表7-2

教学活动	目　标	注意事项
导入新课	激发学员对教学内容的兴趣	应尽量避免平铺直叙
讲解内容	让学员理解和掌握知识	（1）明确哪些内容必须深入讲解，哪些内容可以一带而过，并通过教学时间分配来体现； （2）在教案中列出授课的主线和教学内容的先后顺序； （3）在教案中，针对具体内容标注相应的教学手段和教学方法
总结练习	让学员巩固所学知识	（1）在教案中明确总结练习的形式，是对本次课内容的回顾，还是设问让学员回答； （2）采用回顾的形式，则应以内容逻辑关系为主线，体现教学重点和难点内容；采用设问的形式，应在教案中列出具体的问题
布置作业	让学员灵活运用所学知识	在教案中注明作业的内容

（3）板书设计。板书是需要在教室黑板上或者在多媒体课件中展现的内容。设计并书写出优美的板书，是教练员组织教学的基本功。板书设计应条理清晰，书写工整，突出重点难点，保留或擦除部分层次分明，能够形象地揭示所有授课知识点及其内在的联系。

2 实际操作教学过程设计

（1）教学内容的安排。教练员应依照动作技能形成和完善的规律，结合学员的训练情况，确定先让学员巩固哪些所学的动作，再让学员重点学习哪些操作技能。

（2）教学时间的分配。教练员首先应按照操作技能训练模式的规范，总体分配讲解动作要领、示范动作、指导练习、训练讲评四个教学环节的时间。然后根据操作技能复杂和难易程度，合理规划教学进度，尤其对学员较难掌握的技能给予充足的练习时间。

（3）教学活动设计。教学活动设计是教练员结合所选择的教学方法和手段，围绕四个教学环节，设计相应的“教”与“学”的活动，是教案编写的核心。教练员应在教案中体现具体的教学指导方法，从而能够有效指导教练员规范、正确地组织教学，如表7-3所示。

实际操作教学活动设计注意事项　表7-3

教学活动	目　标	注意事项
讲解动作要领	让学员了解训练的安排，领会要领，并建立动作定向印象	（1）在讲解动作要领前，应先说明本次课的训练内容、应达到的目标和训练的安排； （2）讲解动作要领时，应说明动作的达标要求，并对复杂动作进行分步骤讲解，在教案中应列出具体的动作分解方法
示范动作		（1）应先进行动作要领讲解，再向学员示范动作；示范动作时，可以适当配合一些讲解； （2）示范动作时，可以将正确动作和错误动作进行对比示范，并在教案中列出对比示范的动作
指导练习	让学员模拟练习、熟练掌握动作	（1）在教案中写明学员的练习方式和教练员应如何提供相应的指导； （2）在教案中写明在学员练习时，教练员应重点注意的一些事项，包括应如何保证训练的安全、应向学员强调哪些训练要点等
训练讲评	让学员了解训练效果	在教案中写明将从哪些方面进行讲评，包括学员哪些操作掌握得好，哪些操作还需改进，下一次课将进行什么训练项目

3 课后总结与分析

教练员在课后应对本次课的教学情况进行总结和分析，包括判断学员的学习效果，分析教学环节设计和时间安排的合理性，教学重点和难点的把握情况，教学方法和手段的合理性等，并把分析结果列在教案当中，为后续修改教案和改进教学组织提供参考。教练员只有经常反思教学中存在的问题，才能保证及时改进教学，提高教学水平。

三 教案编写实例

1 科目一教学教案

1 教学内容

（1）机动车基本知识。

（2）道路交通安全法律、法规和规章。

（3）交通信号及其含义。

2 机动车基础知识教学教案（表7-4）

机动车基础知识教学教案　表7-4

教学项目	第一章　机动车基本知识	教学学时	2
教学目标	（1）了解车辆基本构造、车辆性能及与安全行车的关系、运行材料的一般知识；（2）熟悉车辆主要安全装置的作用；（3）掌握车辆日常检查和维护的基本方法		
教学内容	（1）车辆总体构造；（2）车辆性能及评价指标，制动性能对行车安全的影响；（3）车辆主要安全装置；（4）运行材料的使用常识；（5）车辆日常检查和维护		
重点难点	（1）车辆主要安全装置；（2）车辆日常检查和维护		
教学方法	讲授、讨论、演示		
教学手段	电脑、投影仪、投影幕、多媒体教学软件、汽车模具和实物		
教学场所	第__教室		
教学过程设计			
教学活动	内　容	教学指导	
导入新课	列举车辆超载、制动失灵的典型事故案例	结合教学课件或多媒体软件讲解	

续上表

教学活动	内　容	教学指导
讲课内容（板书设计）	第一节 机动车总体构造常识 一、汽车的组成 二、发动机 1.冷却系 2.润滑系 三、底盘 1.传动机构 2.制动装置 3.转向装置 4.加速装置 5.离合器 6.变速器 第二节 主要安全装置常识 一、报警指示灯 二、座椅 三、安全带 四、安全气囊 第三节 车辆日常检车和维护基本知识 一、车辆日常维护的内容 二、行车前的检查内容 三、行驶途中的检查内容 四、驾驶室内的检查 五、发动机舱的检查 六、轮胎的检查与维护	
课堂练习	从考试题库中选择两种题型中的部分试题进行练习	教练员可从理论考试题库中选择典型试题组织练习
课后作业	要求学员熟记与教学内容相关的试题库中的试题	

3 道路交通安全法律、法规和规章教学教案（表7–5～表7–7）

道路交通安全法

表7–5

教学项目	第二章　道路交通安全法律、法规和规章	教学学时	2
教学目标	熟练掌握道路交通安全法相关内容		
教学内容	《中华人民共和国道路交通安全法》		
重点难点	（1）对相关内容的重点把握和记忆；（2）如何将法律条文用于以后的驾驶实践		
教学方法	讲授、讨论、演示		
教学手段	电脑、投影仪、投影幕、多媒体教学软件		
教学场所	第__教室		
教学过程设计			
教学活动	内　容	教学指导	
导入新课	1.我国道路交通安全形势分析 2.《中华人民共和国道路交通安全法》的意义	结合多媒体软件讲解	
讲课内容（板书设计）	第一节 道路交通安全法 一、总则 1.道路交通安全法立法目的（1） 2.道路交通安全法适用范围（2） 二、车辆和驾驶人 1.机动车登记制度（8） 2.机动车登记所需证明、凭证（9） 3.登记车辆安全技术检验（10） 4.上道路行驶车辆悬挂、携带牌证要求（11）	（1）配合多媒体进行演示、讲解； （2）要强调让学员重点掌握的内容和要点； （3）每个要点可结合考试题库讲解	

续上表

教学活动	内　容	教学指导
讲课内容（板书设计）	5.机动车变更登记（12） 6.机动车报废制度（14） 7.特种车辆标志灯具使用规定（15） 8.机动车登记内容变更的限制（16） 9.驾驶许可制度（19） 10.驾驶人对所驾车辆的安全责任（21） 11.驾驶人驾驶行为（22） 12.记分制度（24） 三、道路通行条件和规定 1.交通信号分类（25） 2.信号灯功能（26） 3.右侧通行规则（35） 4.车道通行规则（36） 5.专用车道规定（37） 6.交通信号通行原则（38） 7.运行车辆限速通行原则（42） 8.跟车与限制超车原则（43） 9.交叉路口通行原则（44） 10.机动车排队原则（45） 11.机动车通过铁路道口（46） 12.机动车避让行人原则（47） 13.机动车载物规定（48） 14.机动车载人规定（49） 15.禁止货车载客（50） 16.安全带与安全头盔的使用（51） 17.故障车警示（52） 18.避让特种车辆（53） 19.避让道路养护作业车辆（54） 20.停车规定（56） 21.高速公路最高限速（67） 22.高速公路上故障车辆紧急处置（68） 四、交通事故处理 1.交通事故现场处置方法（70） 2.车辆路外事故处置方法（77） 五、法律责任 1.道路交通安全违法种类（88） 2.一般交通安全违法行为罚款（90） 3.酒后驾驶处罚规定（91） 4.运输车辆超载处罚规定（92） 5.违法停车处置方法（93） 6.上道路行驶机动车未按规定悬挂、携带牌证的处置方法（95） 7.使用伪造、变造牌证的处罚（96） 8.非法安装警报器、标志灯具的处置（97） 9.未投保强制险的扣车、处罚规定（98） 10.严重交通安全违法的处罚规定（99） 11.驾驶拼装及报废车的处罚规定（100） 12.事故逃逸处罚（101） 13.当事人不履行行政处罚，处罚机关可采取的措施（109） 14.交通违法行为人接受处理时限（110） 15.“道路”与“交通事故”的定义(119)	
课堂练习	从考试题库中选择两种题型中的部分试题进行练习	教练员可从理论考试题库中选择典型试题组织练习
课后作业	要求学员熟记与教学内容相关的试题库中的试题	

注：（ ）内的数字为该项内容对应的法律条文序号。

道路交通安全法实施条例 表7-6

教学项目	第二章　道路交通安全法律、法规和规章	教学学时	2
教学目标	熟练掌握道路交通安全法实施条例相关内容		
教学内容	《中华人民共和国道路交通安全法实施条例》		
重点难点	（1）对相关内容的重点把握和记忆；（2）如何将法律条文用于以后的驾驶实践		
教学方法	讲授、讨论、演示		
教学手段	电脑、投影仪、投影幕、多媒体教学软件		
教学场所	第__教室		
教学过程设计			
教学活动	内　容	教学指导	
导入新课	简述《中华人民共和国道路交通安全法实施条例》与《中华人民共和国道路交通安全法》的关系	结合多媒体软件讲解	
讲课内容（板书设计）	第二节　交通安全法实施条例 一、车辆和驾驶人 1.机动车登记分类（4） 2.机动车登记交验凭证（5） 3.变更登记内容（6） 4.转移登记交验凭证（7） 5.报废车处置（9） 6.机动车登记牌证丢失、损毁补发（11） 7.车身广告不得影响安全驾驶（13） 8.机动车定期检验规定（16） 9.驾驶证有效期及实习期内许可限制（22） 10.记分周期最高分值与查询方式（23） 11.记分的清除与累计（24） 12.驾驶证停止使用（25） 13.驾驶证丢失、损毁的补发（27） 14.机动车驾驶人不得驾驶机动车的情况（28） 二、道路通行规定 1.同方向车道运行规则（44） 2.未标限速道路的最高行驶速度（45） 3.特别情况下的限速（46） 4.超车与被超车（47） 5.会车（48） 6.掉头（49） 7.倒车（50） 8.灯控路口通行规则（51） 9.无灯控路口通行规则（52） 10.排队规则（53） 11.机动车载物（54） 12.机动车载人（55） 13.机动车牵引挂车（56） 14.转向灯使用（57） 15.灯光使用（58） 16.远近光及喇叭的警示使用（59） 17.故障车警示（60） 18.故障车牵引（61） 19.驾驶机动车禁止行为（62） 20.道路临时停车规定（63） 21.安全通过浸水路、浸水桥（64） 22.乘坐机动车规定（77） 23.高速公路行驶限速（78） 24.进入、驶离高速公路（79）	（1）配合多媒体进行演示、讲解； （2）要强调让学员重点掌握的内容和要点； （3）每个要点可结合考试题库讲解	

续上表

教学活动	内　容	教学指导
讲课内容（板书设计）	25.高速公路跟车距离（80） 26.高速公路低能见度行驶规定（81） 27.高速公路禁止的行车行为（82） 28.货车车厢及两轮摩托车高速公路行驶不得载人（83） 三、交通事故处理 1.交通事故的协商处理（86） 2.交通事故责任确定原则（91） 3.交通事故肇事人逃逸、故意破坏、伪造现场、毁灭证据的，承担全部责任（92） 4.交通事故赔偿争议调解申请（94） 5.交通事故损害赔偿争议的民事诉讼（96） 6.不当手段取得许可牌、证情况的处置（103） 7.被扣机动车当事人逾期不接受处理的情况处置（107） 8.交通违法当事人的申辩权利（110）	
课堂练习	熟记所学内容的要点，从考试题库中选择两种题型中的部分试题进行练习	教练员可从理论考试题库中选择典型试题组织练习
课后作业	要求学员熟记与教学内容相关的试题库中的试题	

注：（ ）内的数字为该项内容对应的法律条文序号。

其他相关法律、法规、规章　　表7-7

教学项目	第二章　道路交通安全法律、法规和规章	教学学时	2
教学目标	（1）了解违法行为处理程序的有关规定；（2）了解道路交通事故现场的处理方法及事故的简单处理程序；（3）了解机动车驾驶证申领和使用的规定、驾驶员考试标准和要求；（4）了解机动车登记有关规定；（5）了解刑法、民法通则、道路运输条例、机动车交通事故责任强制保险条例的相关规定		
教学内容	（1）《道路交通安全违法行为处理程序规定》；（2）《交通事故处理程序规定》；事故现场处理办法；（3）《机动车驾驶证申领和使用规定》；（4）《机动车登记规定》；（5）刑法、民法通则、道路运输条例、机动车交通事故责任强制保险条例		
重点难点	（1）对相关内容的重点把握和记忆；（2）如何将法律条文用于以后的驾驶实践		
教学方法	讲授、讨论、演示		
教学手段	电脑、投影仪、投影幕、多媒体教学软件		
教学场所	第__教室		
教学过程设计			
教学活动	内　容	教学指导	
导入新课	简述相关法律、法规、规章与《中华人民共和国道路交通安全法》的关系	结合多媒体软件讲解	
讲课内容（板书设计）	第三节　道路交通安全违法行为处理程序规定 一、行政强制措施的现场适用 1.交通警察在执法过程中可依法采取的行政强制措施（10） 2.扣留车辆的必要条件（13） 3.需要对机动车来历证明进行调查核实的扣车时限（15） 4.可以扣留机动车驾驶证的必要条件（16） 5.违法停车被拖车辆查询（19） 6.可以收缴的机动车非法装置（21） 7.应当对车辆驾驶人强制检验体内酒精含量的情况（23） 8.强制检验体内酒精含量可以采取的方式（24） 二、非现场处理程序 1.非现场处罚对象及方式（25） 2.公安机关交通技术监控资料中违法行为的查询（26） 3.非现场处罚交通违法处理机关（29）	（1）配合多媒体进行演示、讲解； （2）要强调让学员重点掌握的内容和要点； （3）每个要点可结合考试题库讲解	

<table>
<tr><th>教学活动</th><th>内　容</th><th>教学指导</th></tr>
<tr><td>讲课内容
（板书设计）</td><td>4.拼装、报废机动车的收缴（32）
三、其他规定
1.累积积分满12分的考试地点（40）
2.超载处置（41）
3.不当获取机动车登记牌证、驾驶许可的处置（42）
第四节 交通事故处理程序规定
一、管辖和受理
1.交通事故管辖（7）
2.交通事故事后请求处理（11）
二、简易程序
1.交通事故处理简易程序（12）
2.交通事故必须现场报警的情况（13）
3.交通事故现场的强制撤离（15）
4.交通事故的民事诉讼（18）
三、调查
1.重大交通事故立即报警（19）
2.交通事故责任（45）
四、损失赔偿调解
1.交通事故协商处理（53）
2.请求公安机关交通管理部门调解交通事故损害赔偿的期限（55）
3.交通事故调解参与人（56）
五、附则
“交通事故逃逸”的含义（74）
第五节 机动车驾驶证申领和使用规定
一、机动车驾驶证的申领
1.机动车驾驶证有效期（10）
2.申请机动车驾驶证的人，应当符合的规定（11）
3.不得申请机动车驾驶证的情形（12）
4.初次申请机动车驾驶证可以申请的准驾车型（13）
5.已持有机动车驾驶证的，可以申请增加准驾车型的条件（14）
6.在造成人员死亡的交通事故中承担主要以上责任的不得增驾的准驾车型（15）
7.初次申请机动车驾驶证或者申请增加准驾车型的，申请人预约考试科目二的期限（33）
8.补考规定（37）
9.考试成绩单签名（38）
10.考试舞弊的处置（45）
二、换证、补证和注销
1.到期换证及凭证（48）
2.转籍换证（49）
3.60岁以上换证（50）
4.变更换证（51）
5.驾驶证遗失补证（54）
6.降低准驾车型（52）
7.驾驶许可注销（52）
三、记分和审验
1.记分周期及分值（55）
2.记分及其考试（58）
第六节 机动车登记规定
一、登记
1.机动车初次登记安全技术检验（6）
2.机动车初次登记要求（7）
3.公安交通管理部门不予办理机动车注册登记的情况（9）</td><td></td></tr>
</table>

续上表

教学活动	内容	教学指导
讲课内容 （板书设计）	4.机动车准予变更的内容（10）（12） 5.机动车变更提交的材料（11） 6.机动车迁出登记（13） 7.机动车转入登记（13） 8.机动车不予办理变更的情形（15） 9.机动车报废注销登记（28） 二、其他规定 1.机动车登记证书的补领与换领（43） 2.机动车号牌、行驶证的补领与换领（44） 3.机动车申请临时行驶车号牌的情形（45） 4.机动车所有人申请检验合格标志（49） 5.机动车委托检验、核发检验合格标志（50） 第七节 机动车交通事故强制保险条例 一、总则 1.机动车交通事故强制保险投保人（2） 2.机动车交通事故强制保险责任对象（3） 二、投保 1. 机动车交通事故强制保险费率与安全联系的浮动性（8） 2.保险标志放置（12） 三、赔偿 1.保险公司不承担赔偿责任的情形（22） 2.强制保险赔偿责任分类限额（23）（8） 3.保险赔偿争议诉讼（30） 四、罚则 1.上道路行驶车辆未投保交强险的处罚（39） 2.上道路行驶车辆未放置保险标志的处罚（40） 第八节 其他相关法律法规 一、刑法相关规定 交通肇事罪（133） 二、民法通则相关规定 1.民事责任归责原则（106） 2.紧急避险（129）	
课堂练习	从考试题库中选择两种题型中的部分试题进行练习	教练员可从理论考试题库中选择典型试题组织练习
课后作业	要求学员熟记与教学内容相关的试题库中的试题	

注：（ ）内的数字为该项内容对应的法规条文序号。

4 道路交通信号及其含义教学教案（表7–8）

道路交通信号及其含义教学教案 表7–8

教学项目	第二章 道路交通信号及其含义	教学学时	2
教学目标	掌握交通信号灯、道路交通标志、道路交通标线、交通警察手势信号的含义及规定		
教学内容	（1）交通信号灯；（2）交通标志；（3）交通标线；（4）交通警察手势信号		
重点难点	信号灯、标志、标线、交通警察手势信号的观察、识别及相互之间在道路上设置时的联系		
教学方法	讲授、讨论、演示		
教学手段	电脑、投影仪、投影幕、多媒体教学软件、挂图		
教学场所	第__教室		
教学过程设计			
教学活动	内容	教学指导	
导入新课	1.道路交通信号的历史渊源 2.我国道路交通信号的特点	结合多媒体软件、挂图讲解	

<table>
<tr><th>教学活动</th><th>内　容</th><th>教学指导</th></tr>
<tr><td>讲课内容
（板书设计）</td><td>第一节　交通信号灯
一、信号灯通行规则
1.红灯信号
2.绿灯信号
3.黄灯信号
二、车道信号灯通行规则
1.绿色箭头灯信号
2.叉形灯信号
三、方向指示信号灯含义
1.方向指示信号灯
2.黄色闪烁信号灯
3.道路与铁路平面交叉道口信号灯
第二节　交通标志
一、交通标志分类
1.警告标志
2.禁令标志
3.指示标志
4.指路标志
二、交通标志的识别及含义
1.45种警告标志
2.40种禁令标志
3.19种指示标志
4.地名标志;
5.交叉口路口预告
6.互通式立交标志
7.停车场标志
8.此路不通标志
9.高速公路入口预告标志
10.高速公路终点预告标志
11.高速公路出口预告标志
12.诱导标志
13.旅游区标志
第三节　交通标线
一、交通标线的含义
1.指示标线
2.禁止标线
3.警告标线
二、交通标线的识别及含义
1.12种标线功能识别
2.路面文字最高限速标记
3.禁止超车线
4.17种指示标线功能识别
5.12种禁止标线功能识别
6.7种警告标线功能识别
第四节　交通警察手势信号
一、直行手势信号的识别及含义
1.直行信号
2.直行辅助信号
二、转弯手势信号的识别及含义
1.左转弯信号
2.左小转弯信号
3.左转弯辅助信号
4.右转弯信号
三、停止手势信号的识别及含义</td><td></td></tr>
</table>

续上表

教学活动	内　容	教学指导
讲课内容（板书设计）	1.停止辅助信号 2.停止信号 四、其他手势信号 1.减速慢行信号 2.前车避让后车信号 3.示意违章车辆靠边停车信号	
课堂练习	熟记所学内容的要点，从考试题库中选择两种题型中的部分试题进行练习	教练员可从理论考试题库中选择典型试题组织练习
课后作业	要求学员熟记与教学内容相关的试题库中的试题	

2 科目二教学教案

1 训练内容

（1）在规定场地内驾驶车辆按各项考试要求进行训练。

（2）对驾驶技能的掌握。

（3）对车辆空间位置的判断能力。

2 基础动作训练教案（表7–9～表7–12）

上、下车及驾驶姿势　　表7–9

教学项目	课题一　上、下车及驾驶姿势	教学学时	0.5
教学目标	掌握正确的上、下车动作及规范的驾驶姿势		
教学内容	（1）上、下车动作；（2）驾驶姿势		
重点难点	上车、下车动作规范		
教学方法	讲解、示范、模拟练习、教练员指导		
教学手段	驾驶模拟器或实车操作		
教学场所	模拟教室或教练场地		
教学过程设计			
教学活动	内　容	教学指导	
教学要点	开门、上车、进驾驶室、驾驶姿势、下车的顺序和操作动作	教练员结合教材在驾驶模拟器或实车进行讲解、示范	
示范动作	1.上车动作 （1）站在驾驶室左侧门前，用左手握住车门把，打开车门，左手移至车门内侧，右手握住转向盘； （2）右脚伸向加速踏板，侧身使臀部、腰部、上身、依次进入驾驶室，自然坐下； （3）收左脚进驾驶室放在离合的踏板左下方的同时，右手顺势移至转向盘右侧； （4）将车门关至离门框10cm时，稍用力将车门关好并确认是否关严。 2.下车动作 （1）观察内后视镜、外左侧后视镜，并转头观察左后侧情况。用左手打开车门1/2处，再次观察车辆左后方，确认安全后，再将门打开； （2）左手扶住驾驶室门窗内框，右手握住转向盘左缘，先迈出左脚直接落地，身体向外、向左转体，收右脚站稳； （3）用左手先将车门关至3/4处，用力将车门关严。 3.正确的驾驶姿势 （1）坐在驾驶座位上，身体应对正转向盘，胸部略挺，腰部、臀部轻靠在靠背上，头部端正，两眼平视前方；	（1）教练员在做示范动作时，学员应随车观察； （2）学员在理解的基础上，按照教练员的示范动作进行模仿练习； （3）教练员随车进行指导，及时纠正学员的错误动作； （4）训练要注意从分解动作到综合练习；先做到标准，再追求速度，逐渐熟练	

续上表

教学活动	内　容	教学指导
示范动作	（2）左、右两膝自然分开，膝盖微弯曲，能够轻松自如地踏加速踏板、离合踏板和制动踏板； （3）两手分虽轻松地握住转向盘两侧边缘，肘部微曲	
指导练习	1.训练要点 （1）练习的初期，先放慢训练速度，让学员进行分步骤练习，体会动作要领，学员完全掌握基本要领后，在进行整体训练； （2）练习的关键是让学员掌握正确的上、下车动作和规范的驾驶姿势。 2.易犯的错误 （1）上车动作不协调，身体在进入驾驶出现顺序错误； （2）下车忘记观察，下车动作出现顺序错误； （3）眼睛不注视前方，看发动机罩	（1）学员练习时，教练员在车旁指导； （2）教练员对学员出现的错误做好记录
训练讲评	对每位学员的练习情况进行讲评，提出下节课练习的内容；填写教练日志	教练员带领学员对车辆进行检查维护

操纵装置的规范操作方法　　表7–10

教学项目	课题二　驾驶操纵装置的操作	教学学时	1
教学目标	熟练掌握驾驶操纵装置的正确操作方法		
教学内容	转向盘、变速器操纵杆、驻车制动器操纵杆、离合器踏板、制动踏板、加速踏板的操作方法		
重点难点	驾驶操纵装置的操作规范		
教学方法	讲解、示范、模拟练习、教练员指导		
教学手段	驾驶模拟器或实车原地操作		
教学场所	模拟教室或教练场地		
教学过程设计			
教学活动	内　容	教学指导	
教学要点	转向盘、变速操纵杆、驻车制动器操纵杆、离合器踏板、制动踏板、加速踏板的操作训练	教练员结合教材在驾驶模拟器或实车进行讲解、示范	
示范动作	1.转向盘的操作 （1）握转向盘为两手分别握在转向盘左、右两侧（左手握在时钟位置的9～10时之间，右手握在时钟位置的2～3时之间），四个手指由外向内握住转向盘，拇指握住转向盘，但不要握得过紧； （2）运用转向盘时，两手动作应互相配合适当用力，根据转向角度之大小，左手为主，右手为辅，适当地推动和拉动； （3）左转向应以右手为主向左推动，左手为辅顺势拉动； （4）右转向以左手为主向右推动，右手为辅顺势拉动。 2.变速器操纵杆的操作 （1）操纵变速器操纵杆时，手掌轻握球头，以手腕和肘关节的力量为主，肩关节当辅，随着推拉方向的变化，掌心贴球头的方向适当变化； （2）换挡时，两眼注视前方，不得低头下看变速器操纵杆，不得强推硬拉变速器操纵杆； （3）注意事项： ①变换挡位应逐级进行，不得无故越级换挡； ②起步前挂不进挡位时，可松踏一次离合器踏板后再挂； ③发现错挂挡位，应立即踏下离合器踏板重挂； ④挂倒挡时，应将车完全停住，解除倒挡锁止装置后挂入。 3.驻车制动器操纵杆的操作 （1）右手四指并拢握住操纵杆，拇指虚按在操纵杆顶的按钮上，将杆柄向后（向上）拉紧，即起制动作用；松放时，先将操纵杆稍向后（向上）拉，然后用大拇指按下杆头的按钮，再将杆向前推送到底，即解除制动；	（1）教练员在做示范动作时，学员应随车观察； （2）学员在理解的基础上，按照教练员的示范动作进行模仿练习； （3）教练员随车进行指导，及时纠正学员的错误动作； （4）训练要注意从分解动作到综合练习；先做到标准，再追求速度，逐渐熟练 知识链 **1.连续转向操作要领** （1）连续向左转动转向盘，应两手交替运用。当右手转至时钟位置的8～9时之间，左手为辅顺势拉动，连续转动转向盘时，右手推为主，左手拉为辅，迅速将左手放开，从右肘上交叉握在时钟2～3时位置，变辅为主继续向左拉动，同时	

续上表

教学活动	内 容	教学指导
示范动作	（2）操纵脚踏式驻车制动器，左脚踏下驻车制动踏板，起制动作用；将踏板踏下后再抬起，解除制动。 4.离合器踏板的操作 （1）用左脚前掌踏离合器踏板，踏下离合器踏板的动作应迅速、一踏到底、使离合器分离彻底； （2）松抬离合器踏板要做到：快—慢—停—慢—快（两快两慢一停顿）； （3）离合器半联动，只能作短时间使用，长时间使用会烧毁离合器机件。 5.制动踏板的操作 （1）右脚踏在制动踏板上，以膝关节的伸屈动作踏下或放松； （2）踏下制动踏板的行程、速度及力度,应根据制动效果的需要而定。 6.加速踏板的操作 （1）右脚跟靠在驾驶室底板上作支点，前脚掌踏在加速踏板上，用踝关节伸屈动作使踏板松抬或踏下； （2）操纵加速踏板要做到“轻踏、缓抬”，切忌忽抬忽踏或连续抖动	将右手顺势反转握住时钟3～4时位置，左、右手循环交替推拉； （2）连续向右转动转向盘时，应两手交替运用，左手推为主、右手拉为辅。当左手转至时钟位置的2～3时之间，右手为辅顺势拉动，迅速将右手放开，从左肘上交叉握在9～10时位置，变辅为主，继续向右拉动，同时将左手顺势反转握住8～9时位置，左、右手循环交替推拉。 **2.松抬离合器踏板的“两快两慢一停顿”** 起步开始松抬离合器踏板（空行程）要快，感觉发动机声响有所下降或车身有轻微抖动时缓慢抬离合器踏板，离合器处于半联动处稍做停顿，然后继续缓慢松抬离合器踏板，汽车平稳起步后快抬离合器踏板（空行程）
指导练习	1.训练要点 （1）练习的初期，先放慢训练速度，让学员进行分步骤练习，学员完全掌握基本操作后，再进行整体训练； （2）练习的关键是让学员熟练掌握操纵装置的正确操作方法。 2.易犯的错误 （1）找不到正确的挡位，操作时低头看挡位； （2）脚的动作呆板，不能感知踏下踏板的程度； （3）手脚配合不当，出现操作错误	（1）学员练习时，教练员在车旁指导； （2）教练员对学员出现的错误做好记录
训练讲评	动作完成基本情况和存在的问题，提出下次训练科目	强调本次训练重点

照明、信号及其他装置的操作 表7-11

教学项目	课题三 照明、信号及 其他操纵装置的操作	教学学时	0.5
教学目标	熟练掌握照明、信号及其他操纵装置的正确操作方法		
教学内容	（1）仪表及报警灯的识别与运用；（2）灯光—信号组合开关、风窗玻璃刮水器开关、点火开关的操作；（3）其他操纵装置的操作		
重点难点	（1）照明、信号及其他操纵装置所处位置；（2）行车中如何正确进行操作		
教学方法	讲解、示范、模拟练习、教练员指导		
教学手段	模拟器或实车原地操作		
教学场所	模拟教室或教练场地		
教学过程设计			
教学活动	内 容	教学指导	
教学要点	1.仪表及报警灯的识别与运用 2.点火开关、灯光—信号组合开关、风窗玻璃刮水器开关及其他操纵装置的操作方法	教练员结合教材在驾驶模拟器或实车进行讲解、示范	
示范动作	1.仪表及指示（报警）灯的识别与运用 （1）电流表与充电指示灯：用以指示蓄电池充电或放电的电流值，监控充电电路工作是否正常。电流表指针指示在中间“0”的位置，指示灯不亮；打开点火开关，电流表指针指向“–”的	（1）教练员进行讲解，学员应随车观察； （2）教练员根据学员的理解程度，必要时重复讲解、示范，	

续上表

教学活动	内 容	教学指导
示范动作	一侧，指示灯亮，表示蓄电池放电；发动机向蓄电池充电时，电流表指针指向“+”的一侧，指示灯熄灭； （2）燃油表与液面报警灯：用以指示油箱内存油量，表上标有“0”、“1/2”、“1”三个读数，分别表示“空”、“一半”、“满”。进口汽车上的燃油表上标有“FUEL”字样，指针指向“F”表示满，指向“E”表示空；当最低燃油液面报警灯亮时，提醒需要加注燃油； （3）机油压力表：用以指示发动机运转时润滑系主油道内机油的压力；机油压力报警灯是发动机机油压力过低的警报装置。接通点火开关，指针摆在“0”位置，报警灯亮；发动机怠速运转时，机油压力不低于80kPa千帕，报警灯熄灭；发动机正常运转时，机油压力应在300～400kPa之间； （4）水温表：用以指示发动机冷却液的温度，单位℃（摄氏度）。打开点火开关，水温表显示温度，温度报警灯瞬间闪烁后或发动机起动后熄灭；标有字母“H”、“C”的水温表，指针指向“H”区表示温度过热，指向“C”区表示温度过低，指向两个字母之间位置表示温度正常；冷却液温度过高或冷却液液面过低时，报警灯亮； （5）车速里程表：一般由速度表、里程表、日里程表组成。速度表指示汽车行驶速度；里程表累计行驶总里程数；日里程表用于纪录一天或某段区间的里程数，按回零位按钮至“0”位后开始计数； （6）发动机转速表：用于指示发动机的转速。电子转速表的指示器可以用模拟或数字形式显示转速数值；转速表上标有红色示警限数，发动机转速不得超过红色示警区； （7）制动报警灯：为驻车制动器及制动系统故障指示灯。驻车制动器操纵杆拉起时，指示灯亮，颜色为红色；松开后，指示灯熄灭。行车途中该灯亮起，表示制动系统出了问题； （8）开门报警灯：车门打开时的指示灯，车上任何一扇车门打开或关闭不严时，指示灯亮，颜色为红色。部分车辆设有左右两侧车门指示灯，分别指示左或右一侧车门打开或关闭不严； （9）安全带报警灯：提示安全带连接—断开指示灯。安全带插头未插入固定扣时，指示灯亮，颜色为红色；插头插入固定扣时，指示灯灭； （10）危险报警灯：也称为故障停车信号灯，一般与转向信号灯、停车信号灯共用，有的车辆单独设置。打开报警信号灯开关，所有的转向信号灯和停车信号灯同时闪烁； （11）倒车信号指示灯及报警器：为倒车时的报警装置。将变速器操纵杆挂入倒挡时，倒车信号灯亮，报警器发出断续的报警声，用以警告车后的行人和车辆驾驶人。 2.点火开关 （1）点火开关大多数安装在转向盘右下方，用于接通或切断起动机、点火和电器线路； （2）点火开关一般设有四个位置，分别标注0或LOCK（插入或拔出点火钥匙位置，在此位置时，转向盘会被锁住）、Ⅰ或ACC（在此位置时，发动机关闭，其他车用电器可正常使用）、Ⅱ或ON（发动机工作位置）、Ⅲ或START（起动机工作位置）。 3.灯光—信号组合开关 （1）是控制转向灯、照明灯光和信号灯光的装置，大多数安装在转向盘左下方转向柱上，用左手操纵，常见的是旋转—提拉式； （2）转动前照灯杆，1挡位置示廓灯、尾灯、牌照灯和仪表灯点亮，2挡位置前照灯和上述所有灯点亮； （3）向外推前照灯杆，开启大灯远光；把前照灯杆拉向内拉1挡，开启近光灯；连续提、放拉杆，可进行远、近光变换；	直至学员完全理解； （3）学员在理解的基础上，按照教练员的示范动作进行模仿练习； （4）教练员随车进行指导，及时纠正学员的错误动作。 知识链 **其他操纵装置** （1）危险报警闪光灯（俗称双闪）开关：按下开关，前后的两侧转向灯会同时闪烁；再按一次开关，关闭报警闪光灯 （2）防雾灯开关：防雾灯开关是控制前后防雾灯的操作机件，打开前雾灯开关，前雾指示灯、前雾灯亮；打开后雾灯开关，后雾指示灯亮、后雾灯亮；部分车辆前、后雾灯只有在示廓灯或边灯、近光灯或远光灯亮； （3）后视镜操纵杆：后视镜操纵杆是操纵室外后视镜和室内后视镜操纵件，车外后视镜手动操纵杆位于车辆前门内侧，可在车内4个方向上调整车外后视镜；室内后视镜调整，可扳动扳钮使后视镜上下转动一个角度，扳回扳钮，后视镜恢复原位； （4）行李舱门手柄（按钮）：行李舱门手柄是打开行李舱的操作件，手柄位于仪表盘左下方或左侧门下方，拉起手柄或按下按钮行李舱打开；关闭行李舱门从车外部操作，抓住行李舱门内衬上的手把往下拉，至3/4行程，然后可在外部把舱门按到底； （5）发动机罩手柄（按钮）：是打开发动机罩的操作件，位于仪表盘下方，拉起手柄或按下按钮发动机舱盖打开；提起发动机罩边缘上的锁舌，即可掀开发动机罩；关闭时，从外部放下发动机罩按落到底就位并卡紧

续上表

教学活动	内　容	教学指导
示范动作	4.风窗玻璃刮水器—转向灯组合开关 （1）风窗玻璃刮水器开关：是控制刮水器的操作装置，大多数安装在转向盘右下方转向柱上，用右手操纵；将开关手柄向下拉或向上推，可选择不同的刮刷挡位；向内按手柄，喷清洗液； （2）转向灯开关：是控制转向信号灯的操纵装置，大多数与刮水器开关设为一体；向上抬杆，开启右转向灯；向下按杆，开启左转向灯	
指导练习	1.训练要点 （1）让学员先清楚各个操纵装置的作用和位置，让学员逐个进行操作； （2）练习的关键是让学员熟练掌握操纵装置的正确操作方法。 2.易犯的错误 （1）操作时低头找开关； （2）动作呆板或用力过大	（1）学员练习时，教练员随车指导； （2）教练员对学员出现的错误做好记录
训练讲评	动作完成基本情况和存在的问题，提出下次训练科目	强调本次训练重点

行车前的车辆检查与调整　　表7-12

教学项目	课题四　行车前的车辆检查与调整	教学学时	1
教学目标	能够严格按照规范步骤做好行车前的车辆检查与调整；熟练掌握发动机的起动与熄火方法		
教学内容	（1）调整座椅、头枕、后视镜；（2）系、松安全带；（3）检查操纵装置；（4）起动发动机与节能；（5）检查仪表；（6）停熄发动机		
重点难点	（1）重点掌握车辆检查的部位和要求；（2）明确行车前检查的项目和步骤；（3）发动机的起动与熄火		
教学方法	讲解、示范、模拟练习、教练员指导		
教学手段	模拟器或实车原地操作		
教学场所	模拟教室或教练场地		
教学过程设计			
教学活动	内　容	教学指导	
教学要点	1.正确调整座椅、头枕、后视镜 2.系、松安全带的方法 3.操纵装置的检查 4.起动发动机的方法 5.停熄发动机的方法	教练员结合教材在驾驶模拟器或实车进行讲解、示范	
示范动作	1.调整座椅、头枕 （1）调节头枕高度：调整到使头枕中心与头平齐，能支撑后脑勺的高度； （2）调整座椅前后位置：右手握住转向盘，左手控制座位调节手柄，前后滑动调整到能将离合器踏板和制动踏板轻松踏到底的位置； （3）调整座椅靠背：用一只手握住转向盘，另一只手抬高调整手柄，利用后背进行调节，以双手能握住转向盘顶部为最合适； （4）调整完座椅后，放下调整手柄，前后移动座椅，将锁止机构锁死。 2.调整后视镜 （1）调整内后视镜：保持正确坐姿，面向正前方，右手握后视镜边缘，调整到只要转动眼睛就可看到车后面全部情况为宜； （2）调整外后视镜：外后视镜调整至能看到的车体占镜子横向的1/4，车外物体占3/4，使地平线位于上下方的中间附近，尽量看到后面更远目标；	（1）教练员在做示范动作时，学员应随车观察； （2）教练员边讲解、边示范；根据学员的理解程度，必要时重复讲解、示范，直至学员完全理解； （3）学员在理解的基础上，按照教练员的示范动作进行模仿练习； （4）教练员随车进行指导，及时纠正学员的错误动作。	

续上表

教学活动	内　容	教学指导
示范动作	3.系、松安全带 （1）系安全带：将安全带慢慢平顺拉出，使安全带位于肩与颈根部之间，通过胸部适当位置，将搭口插头插入插座，当听到“喀”的一声为止； （2）解除安全带时，用左手拿安全带，用右手按下安全带扣纽扣将其摘下，左手慢慢将其放回去。 4.检查操纵装置 起动发动机之前，检查各个踏板是否能够踏到位，踏板下面有没有障碍物，变速器操纵杆是否在空挡（手动挡汽车）或P挡（自动挡汽车），驻车制动器是否处于制动状态。 5.起动发动机 （1）电喷汽油发动机起动时，踏下离合器踏板，旋动点火开关至Ⅲ（START）起动位置后，发动机就能顺利起动。发动机起动后及时松开钥匙； （2）非增压发动机起动后，在原地怠速运转1min之内起步低速行驶1～2km，让发动机、变速器、轴承等一同预热，使车辆得到全面润滑。在冬天气温较低时，低速行驶距离应适当延长至3～4km； （3）增压发动机起动成功后，先保持发动机怠速运转1min以上，使增压器轴承和旋转件得到充分的润滑，但不能使发动机高速空转； （4）每次起动发动机的时间不得超过5s，再次起动应间隔15s；切忌发动机起动后猛踏加速踏板或连续踏抬加速踏板； （5）发动机运转平稳后，放松离合器踏板和加速踏板； （6）保持发动机怠速运转，检查仪表有无异常情况。 6.停熄发动机 （1）将钥匙转动到ACC关闭位置，发动机熄火； （2）转动钥匙到LOCK位置，取下点火钥匙； （3）长时间停车时，应将发动机熄火，否则不仅浪费燃料，还会增加发动机的磨损	知识链 **1.系安全带的注意事项** 三点式腰部安全带应系在髋部，不要系在腰部，肩部安全带不要放在胳膊下面，应斜挂胸前；一副安全带只能一个人使用，严禁双人共用；不要将安全带扭曲使用，不要让安全带压在坚硬的或易碎的物体上，如衣服里的眼镜、钢笔和钥匙等，不要让座椅靠背过于倾斜。 **2.发动机起动常识** （1）发动机起动包括常温起动、冷起动和热起动三种。当大气温度或发动机温度高于5℃时，起动发动机不需要采取辅助措施，这种操作称为常温起动。大气温度或发动机温度低于5℃时，起动发动机称为冷起动。发动机温度在40℃以上起动发动机，称为热起动； （2）柴油发动机常温起动、热起动与汽油发动机一样。冷起动时应首先开启发动机预热系统，在充分预热后再进行起动操作。如果一次起动未能成功，应重新进行预热
指导练习	1.训练要点 （1）让学员清楚调整座椅和头枕的方法和作用； （2）让学员逐个进行操作，正确的起动发动机。 2.易犯的错误 （1）使用起动机时间过长； （2）发动机起动后不放松点火钥匙	（1）学员练习时，教练员随车指导； （2）教练员对学员出现的错误做好记录
训练讲评	动作完成基本情况和存在的问题，提出下次训练科目	强调本次训练的重点

3 基础驾驶训练教案（表7-13～表7-16）

上车准备与起步　　表7-13

教学项目	课题一　上车准备与起步	教学学时	3
教学目标	熟练掌握安全平稳起步操作方法		
教学内容	（1）上车前的检查；（2）上车后的调整；（3）起步前的准备；（4）起步操作		
重点难点	（1）起步前的观察；（2）安全平稳起步		
教学方法	讲解、示范、模拟练习、教练员指导		
教学手段	模拟器或实车原地操作		
教学场所	模拟教室或教练场地		

续上表

教学过程设计		
教学活动	内　容	教学指导
教学要点	1.上车前的检查内容 2.上车后的调整 3.安全起步操作方法	教练员结合教材在驾驶模拟器或实车进行讲解、示范
示范动作	1.上车前的检查内容 （1）检查车辆外观及车周围安全情况； （2）检查车辆安全部位：转向机构、轮胎、车灯。 2.上车后的调整 （1）按规范动作上车后，调整座椅、头枕、后视镜； （2）系好安全带，保持正确的驾驶姿势； （3）确认变速器操纵杆在空挡位置后，起动发动机，检视各仪表工作情况。 3.起步操作方法 （1）通过后视镜和并向左方侧头，观察左、后方情况； （2）挂起步挡，开启左转向灯，鸣喇叭，再次观察左侧情况确认安全； （3）松驻车制动器，适当控制发动机转速，缓抬离合器踏板至半联动点，使车辆平稳起步后，完全抬起离合器踏板； （4）起步注意事项：起步时，抬离合器要做到两快、两慢、一停顿；操纵加速踏板要与离合器踏板配合一致，踏下离合器踏板的同时，须抬起加速踏板，防止发动机高速空转	（1）教练员在做示范动作时，学员应随车观察； （2）教练员边讲解、边示范；根据学员的理解程度，必要时重复讲解、示范，直至学员完全理解； （3）学员在理解的基础上，按照教练员的示范动作进行模仿练习； （4）教练员随车进行指导，及时纠正学员的错误动作
指导练习	1.训练要点 （1）让学员明确起步前准备和观察的重要性； （2）让学员逐个进行操作，体会平稳起步的要领； （3）在学员掌握起步要领后，进行熟练动作训练； （4）做到：动作规范、及时观察、配合一致、平稳起步。 2.易犯的错误 （1）操作顺序颠倒，操作动作生硬； （2）加速踏板、离合器踏板和驻车制动器操纵杆配合不一致； （3）由于操作不当出现发动机熄火、车辆闯动	（1）学员练习时，教练员随车指导； （2）教练员对学员出现的错误做好记录
训练讲评	动作完成的基本情况，存在的问题，下一步训练侧重点	强调本次训练的重点

变速与节能技术　　表7-14

教学项目	课题二　变速与节能技术	教学学时	3
教学目标	正确掌握变速与节能的操作方法		
教学内容	（1）挡位的选择；（2）加速；（3）加挡；（4）减速；（5）减挡		
重点难点	换挡时动作的连贯、迅速、准确和换挡时机的掌握		
教学方法	讲解、示范、模拟练习、教练员指导		
教学手段	模拟器、实车原地操作		
教学场所	模拟教室、教练场地		
教学过程设计			
教学活动	内　容	教学指导	
教学要点	（1）加速、加挡操作方法 （2）减速、减挡操作方法	教练员结合教材在驾驶模拟器或实车进行讲解、示范	
示范动作	1.加速 （1）加速的方式有两种，即急加速及缓加速。两种方式与耗油有着密切关系，急加速比缓加速耗油增加30%以上，且造成机械结合部冲击力增大，加快磨损程度，对安全行车也不利。踏下加速踏板时，可以听发动机的声音，以声音增高较柔和为宜。如果加速踏板踏下过猛，发动机会出现发“闷”的吼声，说明加速过量，应稍抬	（1）教练员在做示范动作时，学员应随车观察； （2）教练员边讲解、边示范；根据学员的理解程度，必要时重复讲解、示范，直至学员完全理解；	

续上表

教学活动	内　容	教学指导
示范动作	踏板，防止发动机短期内出现高负荷，引起车辆加速过快向前冲动； （2）经常在市区行驶车辆，起步加速次数多，不要为了赶时间而急踏加速踏板；在公路上高速行驶的车辆不要经常加速超车。 2. 加挡 （1）加速加挡前，平稳地踏下加速踏板，逐渐提高车速； （2）车速适合换入高一级挡位时，松抬加速踏板，在踏下离合器踏板的同时，将变速器操纵杆换入高一级挡位，并尽快逐级换至最高挡位； （3）换挡动作应连贯、迅速、准确，用力时机恰当，换挡全过程保持没有间歇时，手脚要配合协调。 3. 减速 （1）制动器制动时由制动蹄片与制动鼓（盘）的摩擦或汽车轮胎与路面的摩擦而白白消耗汽车的动能实现汽车减速。驾驶员在减速时，合理使用、正确操作制动器，尽量少用或不用制动，采用以滑行代替制动的方式，充分利用车辆的惯性节约燃油，实现有预见的驾驶车辆； （2）车辆减速时，提前抬起加速踏板，利用发动机牵阻作用提前进行减速，随即将右脚移至制动踏板上，适时地用行车制动减速； （3）制动减速时，右脚迅速从加速踏板上移开，放置制动踏板上，轻踏制动器进行缓慢减速实现平稳驾驶。遇到紧急情况，采用先急后松法进行制动，就是第一脚制动先急速踏下接着缓冲第二脚，然后根据发生情况点的距离慢慢松开制动踏板，换入合适的挡位后，再踏下加速踏板正常行驶。 4. 减挡 （1）减挡时，在右脚抬起加速踏板同时，左脚踏下离合器踏板，随即将变速杆挂入低一级挡位； （2）逐级减挡无法保持发动机足够动力时，可越级减挡； （3）减挡运用要求连贯、准确、迅速，挂挡或脱挡时要注意手腕的爆发力； （4）减挡一定要掌握好车速与挡位的匹配，尤其是转速不易过快。 注意： （1）加、减挡操作的同时，要控制好转向盘，不得使车辆有曲线行驶现象； （2）下长坡不提倡脱挡滑行，脱挡滑行切断了发动机与路面的联系，且不能利用发动机的牵阻作用控制速度，行驶速度将越来越快，需要频繁高强度地制动，会造成制动器温度急剧升高，产生热衰退现象，制动效能降低甚至失灵	（3）学员在理解的基础上，按照教练员的示范动作进行模仿练习； （4）教练员随车进行指导，及时纠正学员的错误动作。 **知识链** **1.变速器挡位** 变速器一般有4～5个前进挡位和1个倒挡。其中：1挡、2挡为低速挡，减速增扭作用显著，但油耗很高；3挡为中速挡，是汽车由低速到高速或由高速到低速的过渡挡位，车速稍快，但油耗也较大，不宜长距离行驶；4挡、5挡为高速挡，由于传动比小或直接传动，车速快，油耗最低，是车辆行驶时应尽量使用的挡位。 **2.电喷发动机断油功能** 电喷发动机有强制怠速断油功能，在挂挡且加速踏板完全放开的情况下，发动机转速高于设定的转速会自动切断燃油供给，当发动机转速低于设定转速才会重新供油。因此，滑行减速时应挂挡，不能采用脱挡滑行减速，脱挡滑行发动机处于怠速状态，消耗了较多的燃油
指导练习	1.训练要点 （1）对每个项目单独进行训练； （2）教练员对每项内容进行示范，讲解要领； （3）让学员逐个进行操作，体会操作要领； （4）在学员掌握操作要领后，进行熟练动作训练； （5）最后做到：动作规范，配合一致。 2.易犯的错误 （1）操作顺序颠倒，动作生硬，不连贯，经常错挡； （2）加速踏板、离合器踏板、制动踏板配合不一致	（1）学员练习时，教练员随车指导； （2）教练员对学员出现的错误做好记录
训练讲评	动作完成的基本情况，存在的问题，下一步训练侧重点	强调本次训练的重点

停车、倒车　　表7-15

教学项目	课题三　停车、倒车	教学学时	3
教学目标	正确掌握停车、倒车操作方法		
教学内容	（1）停车；（2）倒车		
重点难点	（1）换挡时动作的连贯、迅速、准确和换挡时机的掌握；（2）停车、倒车时安全确认及变速时方向的控制		
教学方法	讲解、示范、模拟练习、教练员指导		
教学手段	模拟器、实车原地操作		
教学场所	模拟教室、教练场地		
教学过程设计			
教学活动	内　容	教学指导	
教学要点	1.停车操作方法 2.倒车操作方法	教练员结合教材在驾驶模拟器或实车进行讲解、示范	
示范动作	1.停车 （1）停车前开启右转向灯，松抬加速踏板，观察前方和后方道路交通情况确认安全，逐渐将车驶向道路右侧； （2）车速降至10km/h，踏下离合器板，将车辆平稳而正直地停放在道路右侧预定地点； （3）拉紧驻车制动器操纵杆，将变速器操纵杆移至空挡位置（上坡停车挂1挡，下坡停车挂倒挡）； （4）关闭转向灯，放松离合器踏板、制动踏板，关闭点火开关。 2.倒车 （1）倒车与前进相比，看不见的部分（死角盲区）非常多,操作难度大，在任何时候倒车前都应该认真地进行安全确认； （2）注视车后窗倒车时，左手握转向盘上缘，上身向右后转体，下体向右微斜，右手扶住副座椅靠背上端，两眼通过后窗注视后方目标； （3）注视后视镜倒车时，通过车内外后视镜选择倒车目标，稳住加速踏板，保持车速缓慢平稳； （4）倒车应保持较低速度，可不踏加速板，利用离合器的半联动，控制车速慢慢后倒；需要加速或遇到不平的路面，应轻踏加速踏板，保持随时停车控制的速度；当速度过低时，可适量踏下离合器踏板，避免发动机熄火； （5）倒车过程中要对准找好的参照物，低速行驶，发现偏差，及时调整转向盘进行修正，转向盘的转动方向与倒车方向一致	（1）教练员在做示范动作时，学员应随车观察； （2）教练员边讲解、边示范；根据学员的理解程度，必要时重复讲解、示范，直至学员完全理解； （3）学员在理解的基础上，按照教练员的示范动作进行模仿练习； （4）教练员随车进行指导，及时纠正学员的错误动作。 知识链 **行车制动器使用要领** 应先轻踏制动踏板，再逐渐加重或可适当修正踏板力度，以平顺减速，当车即将停住时稍抬制动踏板，然后轻轻踏下制动踏板，实现平稳停车	
指导练习	1.训练要点 （1）对每个项目单独进行训练； （2）学员逐个进行操作，体会操作要领； （3）学员掌握操作要领后，进行熟练动作训练。 2.易犯的错误 （1）倒车时找不到目标或转反转向盘； （2）由于操作不当出现发动机熄火、车辆闯动	（1）学员练习时，教练员随车指导； （2）教练员对学员出现的错误做好记录	
训练讲评	动作完成的基本情况，存在的问题，下一步训练侧重点	强调本次训练的重点	

行驶位置和路线　　表7-16

教学项目	课题四　行驶位置和路线	教学学时	1
教学目标	选择正确的行驶位置和路线，通过训练提高学员的目测能力		
教学内容	（1）“三点法”选择行驶位置和路线；（2）“中心线法”选择行驶位置和路线		
重点难点	（1）找点法选择行驶位置和路线；（2）学员目测能力的提高		
教学方法	讲解、示范、模拟练习、教练员指导		
教学手段	模拟器、实车原地操作		
教学场所	模拟教室、教练场地		

续上表

教学过程设计		
教学活动	内　　容	教学指导
教学要点	1.“三点法”选择行驶位置和路线的方法 2.“中心线法”选择行驶位置和路线的方法	教练员结合教材在驾驶模拟器或实车进行讲解、示范
示范动作	1.“三点法”选择行驶位置和路线 （1）将汽车停于道路边缘（靠右），学员坐在驾驶室座位上，身体对正转向盘； （2）目光沿发动机罩中心点略左的A点斜视往前下方，与路右缘交于B点； （3）B点就是右前轮行驶的轨迹（如图所示）； （4）由于每人的身高有差别，目光所看到B点的位置也会有变化。  路宽 B A D 2.“中心线”法选择行驶位置和路线 （1）目光从驾驶室沿车头向前（一般为50～150m）与道路中心线平行，且相距中心线0.5m（如图所示）时，汽车基本上在路中间行驶； （2）视线放得越远，发现偏差就越早，修正偏差越及时；发现汽车偏离行驶路线，及时修正 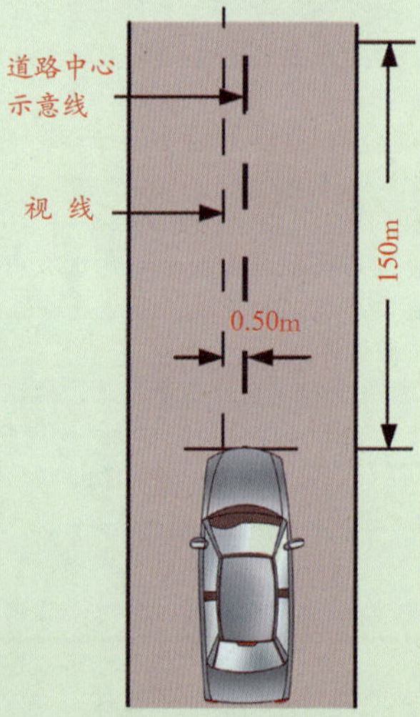 道路中心示意线 视　线 150m 0.50m	（1）教练员在做示范动作时，学员应随车观察； （2）教练员边讲解、边示范；根据学员的理解程度，必要时重复讲解、示范，直至学员完全理解； （3）学员在理解的基础上，按照教练员的示范动作进行模仿练习； （4）教练员随车进行指导，及时纠正学员的错误动作。 知识链 “三点法”具有一定的局限性，仅适用于低速行驶的会车，停车等情况参照 “中心线”法适用于汽车高速行驶时参照
指导练习	1.训练要点 （1）对每个项目单独进行训练； （2）学员逐个进行操作，体会操作要领； （3）学员掌握操作要领后，进行熟练动作训练； （4）训练的关键在于加强学员的目测能力锻炼； （5）车速较快时，要让学员目光注视前方尽量远的地方，以便及时察觉车子是否直线行驶。 2.易犯的错误 （1）找点不准确，每次找点位置都有变化； （2）不能保持直线行驶； （3）行驶路线和位置偏左或偏右	（1）学员练习时，教练员随车指导； （2）教练员对学员出现的错误做好记录
训练讲评	动作完成的基本情况，存在的问题，下一步训练侧重点	强调本次训练的重点

倒入车库 表7-17

教学项目	课题一　倒车入库	教学学时	4
教学目标	正确判断车辆倒车轨迹,在运动中操纵车辆从两侧正确倒入车库		
教学内容	（1）从左侧倒入车库；（2）从右侧倒入车库		
重点难点	（1）倒车时目标的确定；（2）观察目标行驶路线调整		
教学方法	讲解、教练员示范、随车指导		
教学手段	实车场地操作		
教学场所	教练场地		
教学过程设计			
教学活动	内　容	教学指导	
教学要点	1. 倒车入库场地式样和尺寸 2. 操作方法和考试要求 3. 车身练习目标	教练员结合教材在教练场实车进行讲解、示范	
示范动作	1. 倒车入库场地式样和尺寸 详见本书43页。 2. 操作要求 从道路一端控制线外（车身压控制线，下同）倒入车库停车，再前进出库向另一端驶过控制线后倒入车库停车，最后前进驶出车库。或起点终点设于库中，从库中驶出向右车头超过控制线后倒车入库，再驶出向左车头超过控制线后倒车入库。中途不得停车，运行时间不得超过4min。 3.操作方法 （1）将车与边线保持1.20～1.50m间距在起点停正； （2）调整好倒车的驾驶姿势，挂倒挡从起点直线倒车； 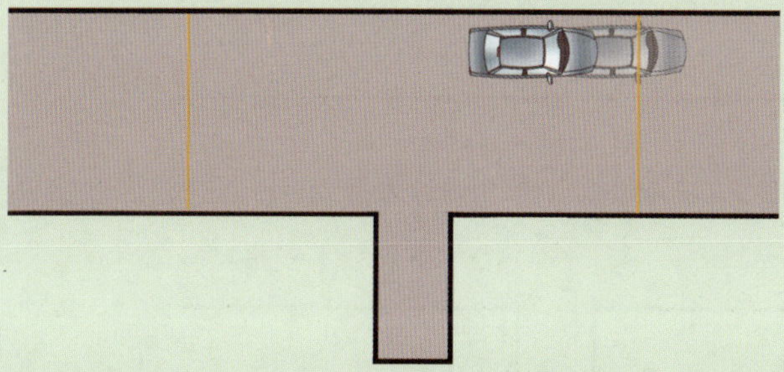 （3）当车头后端与车库右侧边线平行时，将转向盘向右打到底； 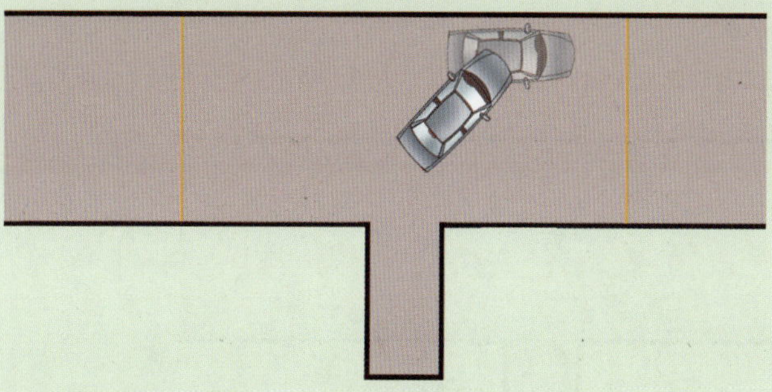 （4）从右后视镜观察车尾与左侧边线的距离，当车左后角进入车库后，将转向盘向左回一圈； （5）从左后视镜或后视窗中看到车身即将摆正时，回正转向盘，保持车身直线倒车进车库；	（1）教练员在做示范动作时，学员应随车观察； （2）教练员边讲解、边示范；根据学员的理解程度，必要时重复讲解、示范，直至学员完全理解； （3）学员在理解的基础上，按照教练员的示范动作进行模仿练习； （4）教练员随车进行指导，及时纠正学员的错误动作	

教学活动	内　容	教学指导
示范动作	（6）当车前端进入车库后，迅速停车； 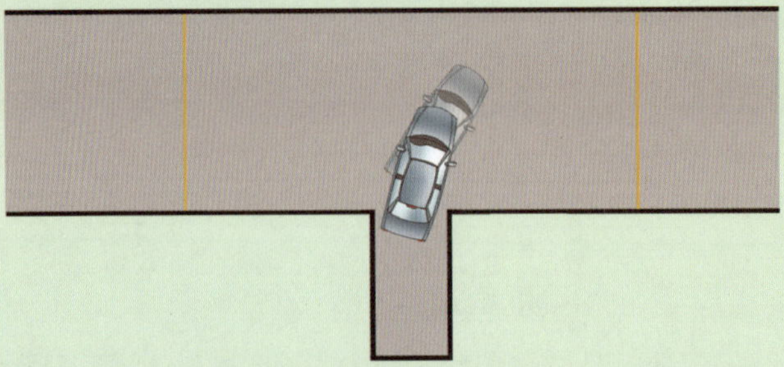 （7）从车库内起步，保持直线行驶，当车中心出库后，迅速向右将转向盘打到底； 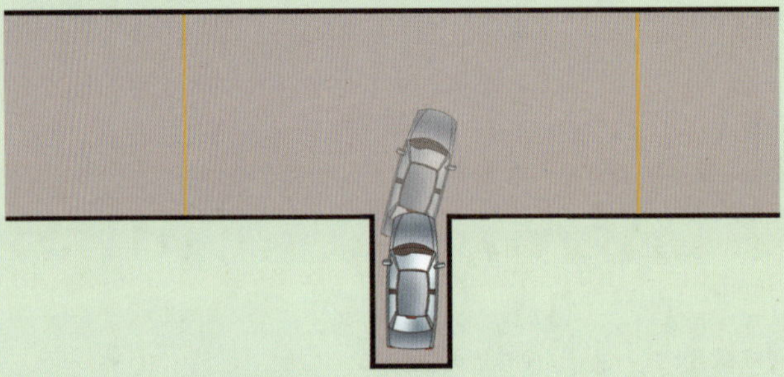 （8）当车身与车库边线平行，车头超过控制线后时，摆正转向盘后停车； 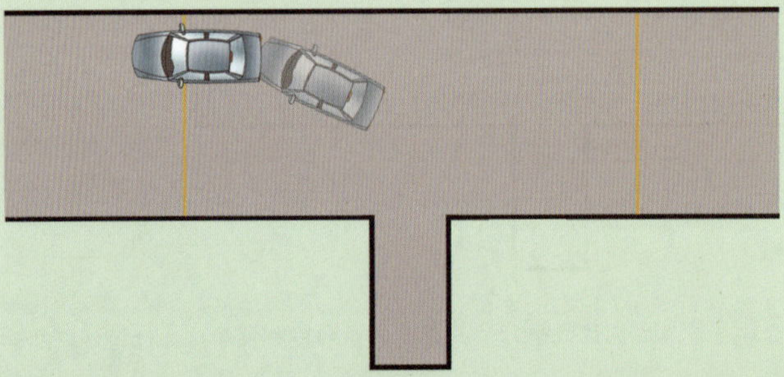 （9）挂倒挡起步后将车与边线保持1.20～1.50m间距行驶； （10）当车后端与车库左侧边线平行时，将转向盘向左打到底； 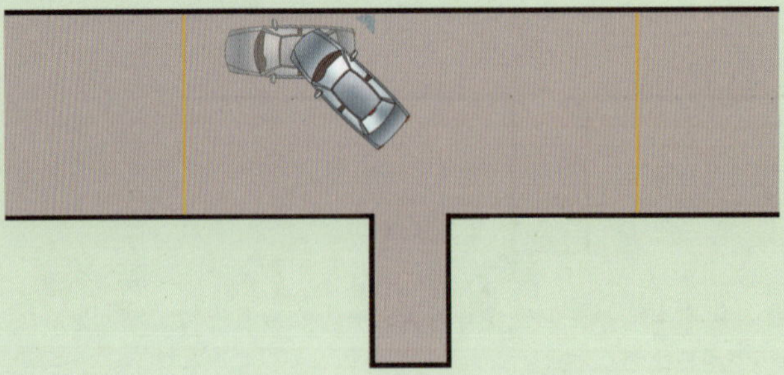	

续上表

教学活动	内　容	教学指导
示范动作	（11）从右后视镜观察与右侧边线的距离，当车右后角进入车库后，将转向盘向右回一圈； （12）从两侧后视镜或后视窗中看到车身即将摆正时，回正转向盘，保持车身直线倒车进车库； （13）当车前端进入车库后，迅速停车	
指导练习	1.训练要点 （1）教练员进行示范，讲解要领； （2）学员逐个进行操作，确认车身目标与位移规律； （3）训练的关键在于加强学员的目测能力和操作要领的训练。 2.易犯的错误 （1）车身与目标找不准确； （2）不能相对固定目标，每次位置都有变化； （3）停车时不回正转向盘或熄火	（1）学员练习时，教练员随车指导； （2）教练员对学员出现的错误做好记录
训练讲评	动作完成的基本情况，存在的问题，下一步训练侧重点	强调本次训练的重点

倒桩场地

表7-18

教学项目	课题一　倒桩场地	教学学时	0.5
教学目标	了解桩考场地的式样、尺寸、操作要求和车身练习目标		
教学内容	（1）桩考场地的式样和尺寸；（2）操作要求；（3）车身练习目标确认		
重点难点	（1）操作要求；（2）练习目标确认		
教学方法	讲解、教练员指导		
教学手段	实车场地操作		
教学场所	教练场地		
教学过程设计			
教学活动	内　容	教学指导	
教学要点	1.桩考场地的式样和尺寸 2.操作方法和考试要求 3.确认车身练习目标	教练员结合教材在教练场地实车进行讲解、示范	

续上表

教学活动	内　容	教学指导
示范动作	1.桩考场地式样和尺寸 详见本书第43页。 2.操作要求 （1）从起点倒入乙库停正； （2）经过二进二退移位到甲库停正； （3）前进穿过乙库至路上； （4）倒入甲库停正； （5）前进返回起点。 3.确认车身练习目标 （1）学员上车后，根据车身训练目确定车上位置观察点； （2）车身训练目标示意图 B E D H C F A G	（1）教练员在做示范动作时，学员应随车观察； （2）教练员边讲解、边示范；根据学员的理解程度，必要时重复讲解、示范，直至学员完全理解 （3）学员在理解的基础上，按照教练员的示范动作进行模仿练习； （4）教练员随车进行指导，及时纠正学员的错误动作。 知识链 训练要求 （1）必须按规定路线、顺序行驶； （2）行驶中，车身任何部位不得碰擦桩杆、出线； （3）车辆移库应到位； （4）发动机熄火不得超过两次
指导练习	1.训练要点 （1）教练员进行示范，讲解要领； （2）学员逐个进行操作，确认车辆训练目标； （3）训练的关键在于加强学员的目测能力。 2.易犯的错误 （1）找车辆训练目标不准确； （2）不能相对固定目标，每次位置都有变化	（1）学员练习时，教练员随车指导； （2）教练员对学员出现的错误做好记录
训练讲评	动作完成的基本情况，存在的问题，下一步训练侧重点	强调本次训练的重点

倒 入 乙 库　　表7-19

教学项目	课题二　倒入乙库	教学学时	1.5
教学目标	培养控制车辆完成从起点倒入乙库和正确判断车身空间位置的能力		
教学内容	从起点倒入乙库		
重点难点	（1）倒车时目标的确定；（2）观察目标行驶路线调整		
教学方法	讲解、教练员指导		
教学手段	实车场地操作		
教学场所	教练场地		
教学过程设计			
教学活动	内　容	教学指导	
教学要点	1.从起点倒入乙库的操作方法 2.车身练习目标和桩杆的对应练习	教练员结合教材在教练场地实车进行讲解、示范	
示范动作	1.从起点起步 （1）将车与边线保持1.20～1.50m间距在起点停正； （2）调整好倒车的驾驶姿势，挂倒挡从起点直线倒车；		

续上表

教学活动	内　　容	教学指导
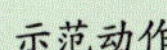 示范动作	（3）通过车后车窗观察桩杆的位置。 2.进入乙库 （1）当眼与A点及杆5（过杆520cm）三点一线时，将转向盘向右打到底； 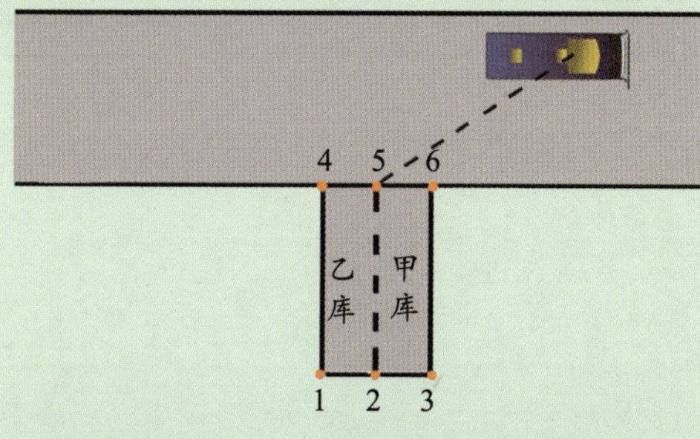 （2）从左后视镜中看到杆4时，将转向盘回转一圈； （3）从左后视镜中看到杆1时，回正转向盘； 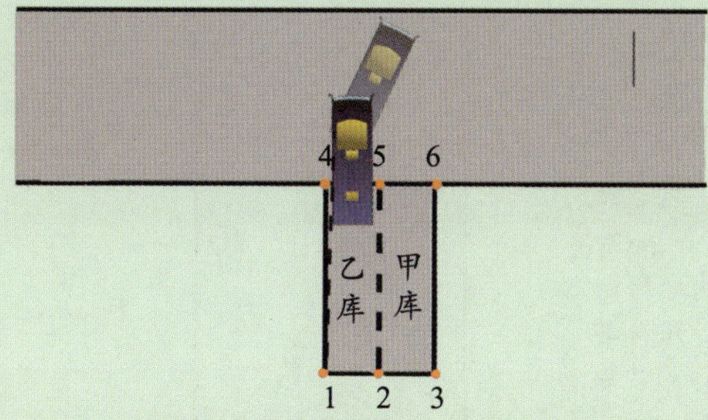 （4）迅速看车后窗的边框与杆1、杆2间的横向距离，当距离相等时，稳住转向盘，保持相等(距离俗称分杆)后倒； （5）若距离不等时，右边距离大，向右推转向盘；左边距离大，向左拉转向盘； （6）眼、车后窗的右下角、杆2三点一线时停车	（1）教练员在做示范动作时，学员应随车观察； （2）教练员边讲解、边示范；根据学员的理解程度，必要时重复讲解、示范，直至学员完全理解； （3）学员在理解的基础上，按照教练员的示范动作进行模仿练习； （4）教练员随车进行指导，及时纠正学员的错误动作

续上表

教学活动	内　容	教学指导
指导练习	1.训练要点 （1）教练员进行示范，讲解要领； （2）学员逐个进行操作，确认车身目标与桩杆的位移规律； （3）训练的关键在于加强学员的目测能力和操作要领的训练。 2.易犯的错误 （1）车身目标与桩杆找不准确； （2）不能相对固定目标，每次位置都有变化	（1）学员练习时，教练员随车指导； （2）教练员对学员出现的错误做好记录
训练讲评	动作完成的基本情况，存在的问题，下一步训练侧重点	强调本次训练的重点

从乙库移入甲库

表7-20

教学项目	课题三　从乙库移入甲库	教学学时	1
教学目标	培养控制车辆完成从乙库移入甲库和正确判断车身空间位置的能力		
教学内容	从乙库移入甲库		
重点难点	（1）移库时转向盘的运用；（2）停车时机的掌握		
教学方法	讲解、教练员指导		
教学手段	实车场地操作		
教学场所	教练场地		
教学过程设计			
教学活动	内　容	教学指导	
教学要点	1.从起点倒入乙库的操作方法 2.车身练习目标和桩杆的对应联系	教练员结合教材在教练场地实车进行讲解、示范	
示范动作	1.移库第一进 车辆起步后迅速向右转动转向盘，当眼、D点(车头右)与杆5三点一线时，向左回转转向盘，车身将直时向右回正转向盘，距杆5约20cm时停车（方向运用右—左—右）。 2.移库第一倒 车辆挂倒挡起步后向右转动转向盘，当眼、E点(车头左角)与杆4三点一线时，向右回转转向盘；转向盘回正方向后，保持车身直线后倒，距杆2约30cm时停车。	（1）教练员在做示范动作时，学员应随车观察； （2）教练员边讲解、边示范；根据学员的理解程度，必要时重复讲解、示范，直至学员完全理解； （3）学员在理解的基础上，按照教练员的示范动作进行模仿练习； （4）教练员随车进行指导，及时纠正学员的错误动作	

续上表

教学活动	内 容	教学指导
示范动作	3.移库第二进 车辆起步后向右转转方向，眼、E点、杆5三点一线时向左回转转向盘，(车头中心对正杆6时，向右回正转向盘)车身将正时回正转向盘，随即停车。 4.移库第二倒 车辆起步后向右转转向盘，当从左后视镜（B点）看到车后中心对正杆3时向左回转向盘，当车身将正时向右回方向，随即停车	
指导练习	1.训练要点 （1）教练员进行示范，讲解要领； （2）学员逐个进行操作，确认车身目标与桩杆的位移规律； （3）训练的关键在于加强学员的目测能力和操作技巧的训练。 2.易犯的错误 （1）车身目标与桩杆找不准确； （2）不能相对固定目标，每次位置都有变化； （3）停车时不回正转向盘或熄火	（1）学员练习时，教练员随车指导； （2）教练员对学员出现的错误做好记录
训练讲评	动作完成的基本情况，存在的问题，下一步训练侧重点	强调本次训练的重点

倒入甲库

表7-21

教学项目	课题四 倒入甲库	教学学时	1
教学目标	培养控制车辆完成穿过乙库至路上后倒入甲库和正确判断车身空间位置的能力		
教学内容	倒入甲库		
重点难点	（1）倒车时目标的确定；（2）观察目标行驶路线调整		
教学方法	讲解、教练员指导		
教学手段	实车场地操作		
教学场所	教练场地		

续上表

教学过程设计		
教学活动	内　　容	教学指导
教学要点	1.穿过乙库至路上 2.倒入甲库 3.出库至起点停车 4.车身目标和桩杆的对应练习	教练员结合教材在教练场地实车进行讲解、示范
示范动作	1.穿过乙库至路上 （1）车辆起步后向左转两圈转向盘，当眼、车头1/2处、杆5三点成一线可看到风窗玻璃加强筋与杆4时，回正转向盘； 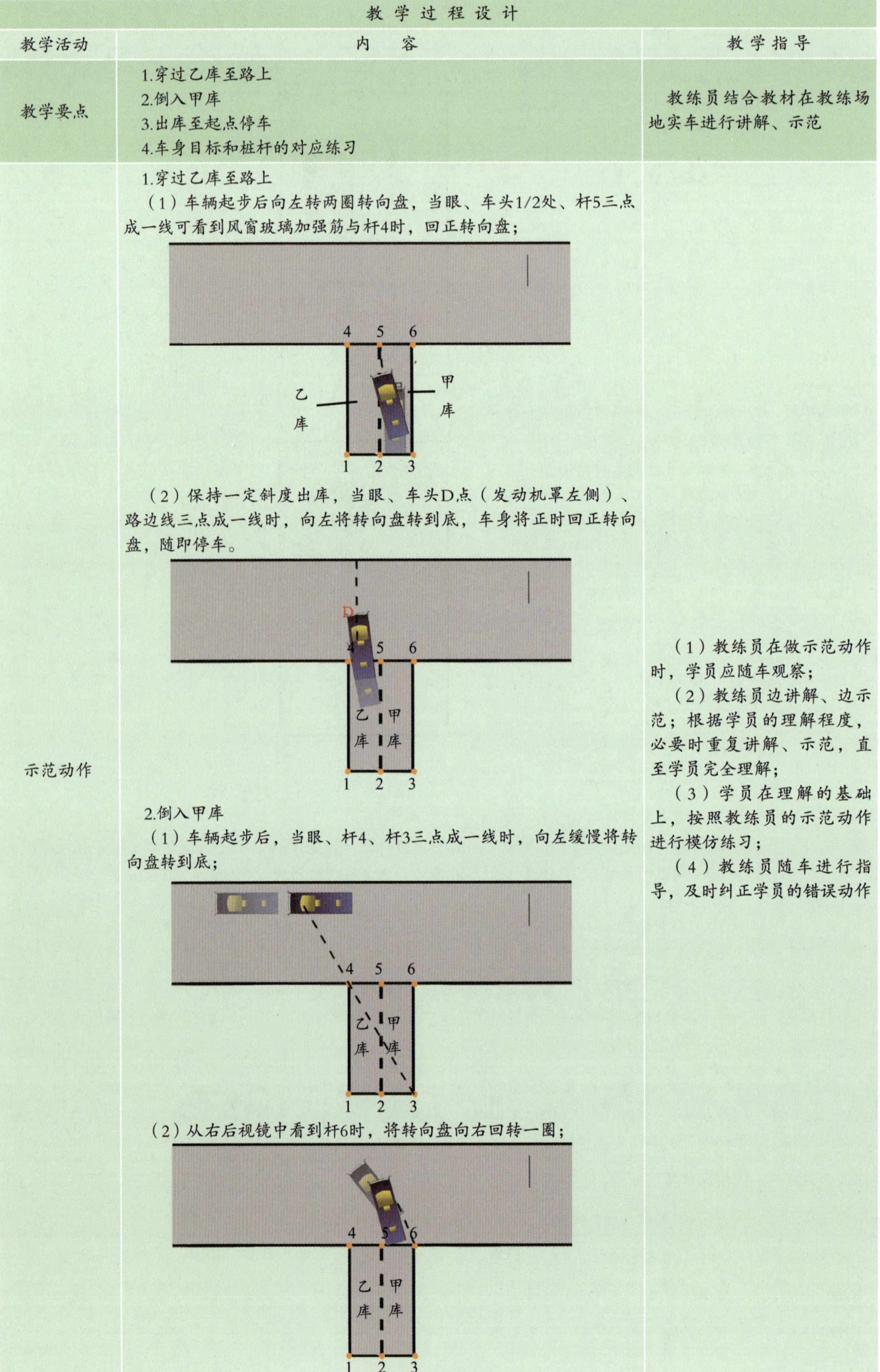 （2）保持一定斜度出库，当眼、车头D点（发动机罩左侧）、路边线三点成一线时，向左将转向盘转到底，车身将正时回正转向盘，随即停车。 2.倒入甲库 （1）车辆起步后，当眼、杆4、杆3三点成一线时，向左缓慢将转向盘转到底； （2）从右后视镜中看到杆6时，将转向盘向右回转一圈；	（1）教练员在做示范动作时，学员应随车观察； （2）教练员边讲解、边示范；根据学员的理解程度，必要时重复讲解、示范，直至学员完全理解； （3）学员在理解的基础上，按照教练员的示范动作进行模仿练习； （4）教练员随车进行指导，及时纠正学员的错误动作

续上表

教学活动	内　容	教学指导
示范动作	（3）从右后视镜中看到杆3（或左门三角窗看到5杆进库）时，向右回正转向盘； 4 5 6 乙库 甲库 1 2 3 （4）车身正直时，眼注视前方，保险杠进入甲库后，随即停车。 3.出库 （1）车辆起步直线前进，注意观察前方道路外边线； （2）车头与路边线重叠时，将转向盘向右转到底； （3）车身目标D点（发动机罩左边）与路边线重叠时，回正转向盘，行驶至起点线停车 4 5 6 乙库 甲库 1 2 3	
指导练习	1.训练要点 （1）教练员进行示范，讲解要领； （2）学员逐个进行操作，确认车身目标与桩杆的位移规律； （3）训练的关键在于加强学员的目测能力和操作要领的训练。 2.易犯的错误 （1）车身目标与桩杆找不准确； （2）不能相对固定目标，每次位置都有变化； （3）停车时不回正转向盘或熄火	（1）学员练习时，教练员随车指导； （2）教练员对学员出现的错误做好记录
训练讲评	动作完成的基本情况，存在的问题，下一步训练侧重点	强调本次训练的重点

场地驾驶训练易犯错误及原因 表7-22

易出现的错误	原　因
碰擦杆	倒车时向右转向过早或转向过多
进库后车身出左右边线	进库后回转向盘的时机不准
移库不入	第二次前进向右进的太少

5 场内道路驾驶训练教案（表7-23～表7-31）

坡道定点停车和起步 表7-23

教学项目	课题一　坡道定点停车和起步	教学学时	2
教学目标	掌握上坡路定点停车和坡道起步的方法，准确判断车辆的位置，正确使用驻车制动、挡位和离合器，在上坡路段能准确停车和平顺起步		
教学内容	（1）坡道定点停车；（2）坡道起步		

续上表

教学项目	课题一　坡道定点停车和起步	教学学时	2
重点难点	（1）在设定目标定点停车的准确性；（2）起步时，制动、挡位和离合器的配合		
教学方法	讲解、教练员指导		
教学手段	实车场地操作		
教学场所	教练场地		
教学过程设计			
教学活动	内　容	教学指导	
教学要点	1.坡道定点停车要领 2.坡道平顺起步的方法	教练员结合教材在教练场地实车进行讲解、示范	
示范动作	1.坡道定点停车场地设置及尺寸 详见本书第44页。 2.操作要求 通过视觉和感觉及时判断坡道的陡坦、长短及路宽等道路情况，采取恰当操作方法，控制车辆平稳停车和起步。做到转向正确，换挡迅速，方向、制动、离合器三者配合准确协调。 3.坡道定点停车 （1）在进入上坡道前，开启右转向灯，向右转动转向盘靠道路右侧行驶； （2）接近右侧边缘线时，向左小幅修正方向，再迅速向右回正，使车右侧与路右侧边缘线保持平行，并距离边线30cm内； （3）慢速靠近停车点，当发动机罩右前角即将与标杆平行时，踏下离合器踏板、制动踏板停车，随即拉紧驻车制动器操纵杆、挂空挡，关转向灯。 4.坡道起步 （1）开启左转向灯，踏下离合器踏板，挂1挡，按喇叭，向上稍拉驻车制动器操纵杆，按下按钮； （2）抬离合器踏板至离合器半联动（发动机声音有变化），踏加速踏板提高发动机转速至1500～2000r/min； （3）放松驻车制动器的同时，缓抬离合器踏板，待车轮完全转动后，逐渐松开离合器踏板	（1）教练员在做示范动作时，学员应随车观察； （2）教练员边讲解、边示范；根据学员的理解程度，必要时重复讲解、示范，直至学员完全理解； （3）学员在理解的基础上，按照教练员的示范动作进行模仿练习； （4）教练员随车进行指导，及时纠正学员的错误动作	

续上表

教学活动	内　容	教学指导
指导练习	1.训练要点 （1）教练员进行示范，讲解要领； （2）学员逐个进行操作，训练设定目标定点停车的准确性； （3）加强学员制动、挡位和离合器的配合训练。 2.易犯的错误 （1）定点停车不到位； （2）驻车制动操纵杆、挡位和离合器踏板配合不当； （3）发动机熄火或车辆后溜	（1）学员练习时，教练员随车指导； （2）教练员对学员出现的错误做好记录
训练讲评	动作完成的基本情况，存在的问题，下一步训练侧重点	强调本次训练的重点

侧方停车　　表7-24

教学项目	课题二　侧方停车	教学学时	2
教学目标	培养将车辆正确停入道路右侧车位（库）中的技能		
教学内容	侧方停车		
重点难点	（1）倒车进库时，车辆尾部右侧进库时与车位线的距离的判断；（2）进库后，向左回转转向盘的时机；（3）利用离合器半联动控制低速平稳行驶能力；（4）车速与转向速度的匹配及观察目测能力		
教学方法	讲解、教练员指导		
教学手段	实车场地操作		
教学场所	教练场地		
教学过程设计			
教学活动	内　容	教学指导	
教学要点	侧方停车的操作要领和方法	教练员结合教材在实车进行讲解、示范	
示范动作	1.侧方停车场地设置及尺寸 详见本书44页。 2.操作要求 驾驶车辆在车轮不轧碰车道边线、库位边线的情况下，通过一进一退的方式，将整车移入右侧位（库）。 3.侧方停车 （1）车辆沿右侧道边缘线，相距15～20cm低速直线行驶，驶过停车位后，观察右侧车窗，当车尾与车库前边线水平时停车，注意车辆要停正； 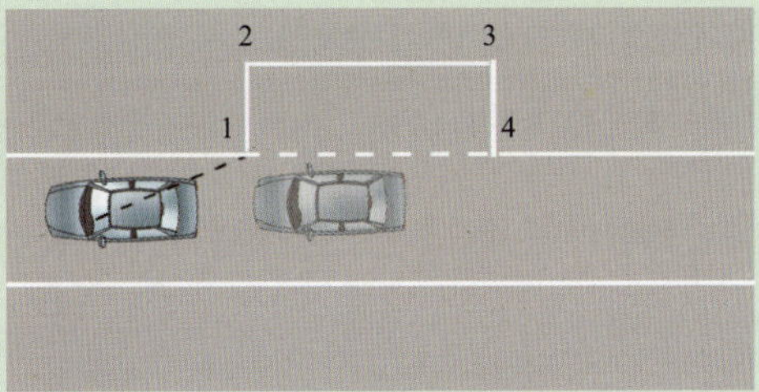 2　3　1　4 （2）挂倒挡，按一下喇叭，起步后倒，利用离合器半联动控制车速；当车尾过车位前边线时，向右将转向盘转半圆； 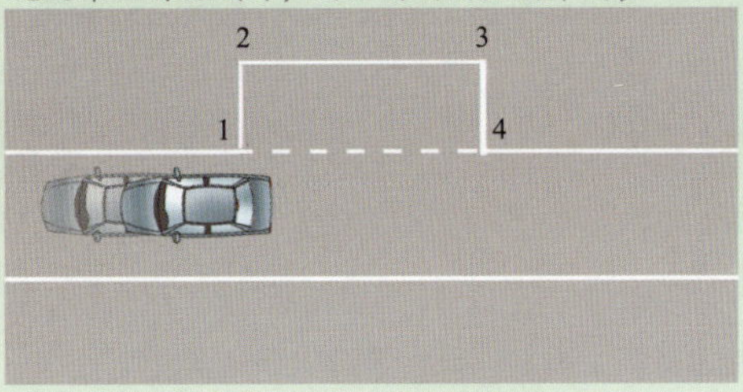 2　3　1　4	（1）教练员在做示范动作时，学员应随车观察； （2）教练员边讲解、边示范；根据学员的理解程度，必要时重复讲解、示范，直至学员完全理解； （3）学员在理解的基础上，按照教练员的示范动作进行模仿练习； （4）教练员随车进行指导，及时纠正学员的错误动作	

续上表

教学活动	内　容	教学指导
示范动作	（3）从左侧后视镜刚看到车道边线时，向左转回正转向盘，当前风窗玻璃右下角对准车位前边线后，将转向盘向左转到底，观察车与车位边线的距离； 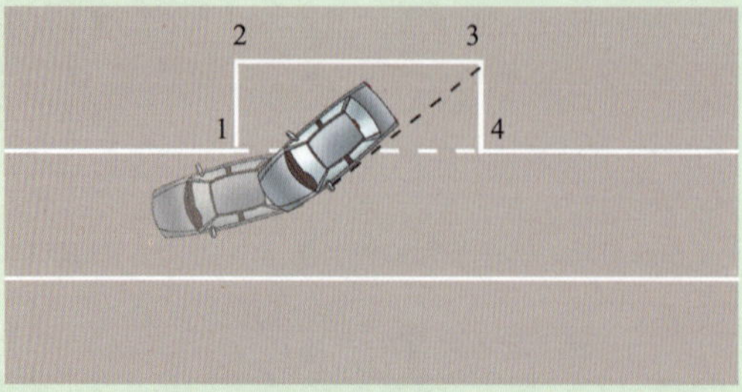 （4）当车头两侧与车位边线平行时，向右回正转向盘，随即停车，拉紧驻车制动器操纵杆，挂空挡； 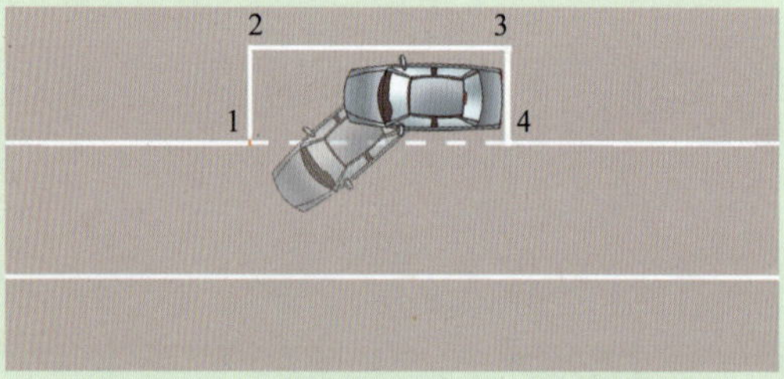 （5）踏离合器踏板，挂1挡，开启左转向灯，按喇叭，起步后向左将转向盘转到底，车沿左侧前进，当车右前角与车位前边线平齐时，将转向盘向右回正，驶出车库	
指导练习	1.训练要点 （1）教练员进行示范，讲解要领； （2）学员逐个进行练习，体验车辆参照位移的规律； （3）把握好转动转向盘和回转向盘的时机。 2.易犯的错误 （1）进库后车身出线； （2）发动机熄火	（1）学员练习时，教练员随车指导； （2）教练员对学员出现的错误做好记录
训练讲评	动作完成的基本情况，存在的问题，下一步训练侧重点	强调本次训练的重点

通过单边桥

表7-25

教学项目	课题三　通过单边桥	教学学时	2
教学目标	培养准确运用转向、正确判断车轮直线行驶轨迹、操纵车辆不平行运行的能力		
教学内容	通过单边桥		
重点难点	（1）转向盘的准确运用，车轮行驶轨迹的掌握；（2）上桥前转向盘的转向时机和转动量的把握		
教学方法	讲解、教练员指导		
教学手段	实车场地操作		
教学场所	教练场地		
教学过程设计			
教学活动	内　容	教学指导	
教学要点	通过单边桥的操作要领和方法	教练员结合教材在实车进行讲解、示范	
示范动作	1.通过单边桥场地及尺寸 详见本书44页、45页。 2.操作要求 驾驶车辆按规定的行驶方向，正确操纵转向，将车左、右侧前后		

教学活动	内　容	教学指导
示范动作	车轮依次平稳、顺畅地驶过甲、乙两桥；三轮汽车用左、右后轮依次平稳、顺畅地驶过甲、乙两桥。 3.通过单边桥 （1）上桥前使用低速挡（小型车用1挡，大、中型车用2挡），左前轮对正左桥，直线行驶上桥（眼、发动机罩左侧翼子板、左桥中心线三点在一直线上），上桥后，握稳转向盘，控制车速； 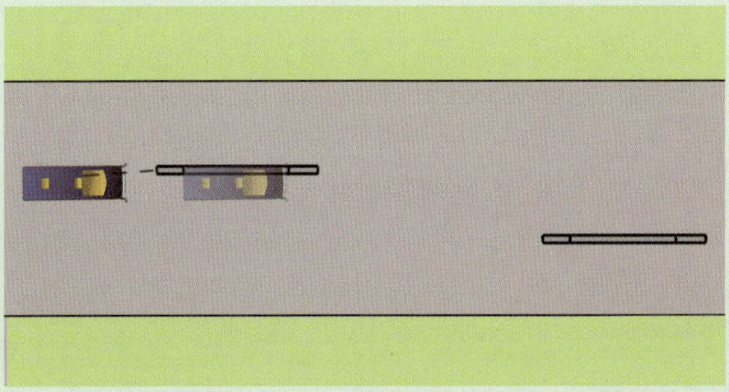 （2）左后轮下桥时，立刻向右转动转向盘1圈，当车头前端发动机罩左1/2处与右桥左边缘线相交时，向左转动转向盘2圈； 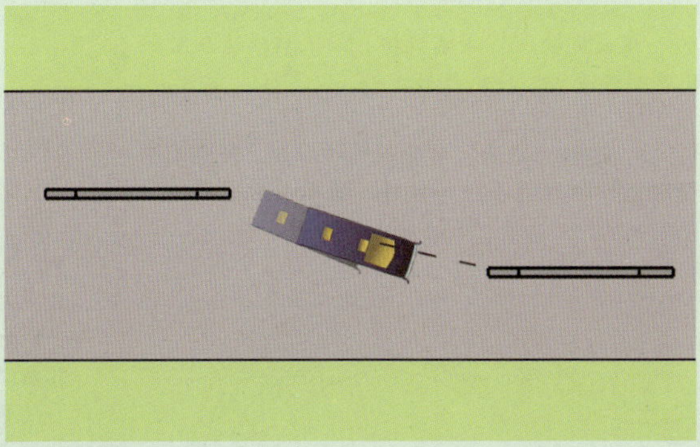 （3）行进至发动机罩1/2处与右桥对齐时，向右回1圈转向盘，右侧车轮对正右桥，握稳转向盘保持不动，待右前轮上桥后，方向稍作调整，通过右桥 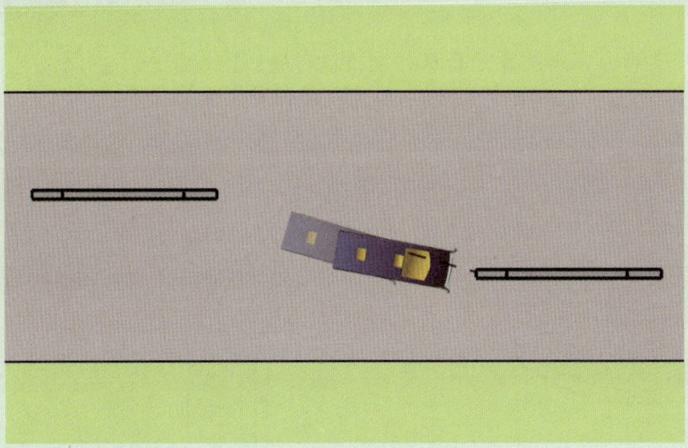	（1）教练员在做示范动作时，学员应随车观察； （2）教练员边讲解、边示范；根据学员的理解程度，必要时重复讲解、示范，直至学员完全理解； （3）学员在理解的基础上，按照教练员的示范动作进行模仿练习； （4）教练员随车进行指导，及时纠正学员的错误动作
指导练习	1.训练要点 （1）教练员进行示范，讲解要领； （2）学员逐个进行练习，体验车辆上下桥的感觉； （3）把握好上下桥转动转向盘和回转转向盘的时机。 2.易犯的错误 （1）前轮上桥后，后轮上不去或上去又掉下桥面； （2）上不去右桥或上右桥后前轮掉下桥面	（1）学员练习时，教练员随车指导； （2）教练员对学员出现的错误做好记录
训练讲评	动作完成的基本情况，存在的问题，下一步训练侧重点	强调本次训练的重点

曲线行驶 表7–26

教学项目	课题四　曲线行驶	教学学时	1
教学目标	培养操纵转向、控制车辆曲线行驶的能力		
教学内容	曲线行驶		
重点难点	（1）转向盘的准确运用，车轮行驶轨迹的判断和控制；（2）掌握操纵转向、控制车辆曲线行驶的技能；（3）了解车辆转弯时前后轮的行驶轨迹（内轮差）；（4）对车身空间位置的判断和转向时机的把握		
教学方法	讲解、教练员指导		
教学手段	实车场地操作		
教学场所	教练场地		
教学过程设计			
教学活动	内　容	教学指导	
教学要点	曲线行驶的操作要领和方法	教练员结合教材在实车进行讲解、示范	
示范动作	1.曲线行驶场地设置及尺寸 详见本书第45页。 2.操作要求 驾驶车辆从弯道的一端前进驶入，减速换挡，以低挡低速从另一端驶出，行驶中不轧弯道边缘线，转向自如。 3.曲线行驶 （1）使用低速挡行驶，进入弯道后，适时调整转向盘，使右侧车轮尽量靠外侧边线行驶，车辆进入第一弯道时，将车头右前角压住右边线行驶； 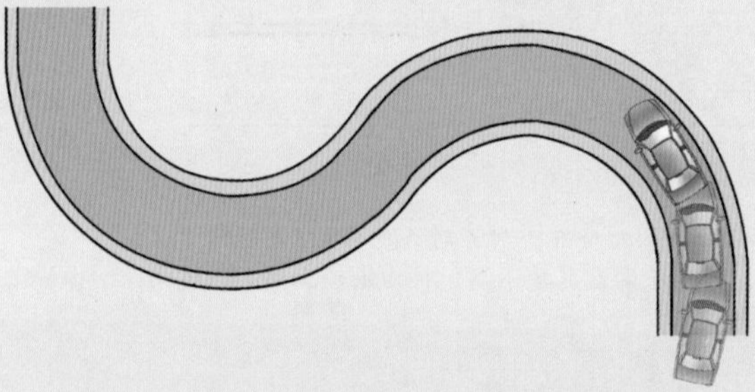 （2）进入第二弯道时，将车头左前角压住左边线行驶；进入下一弯道时，适时调整转向盘，左车轮外侧始终沿弯道边缘线内从出口处驶出 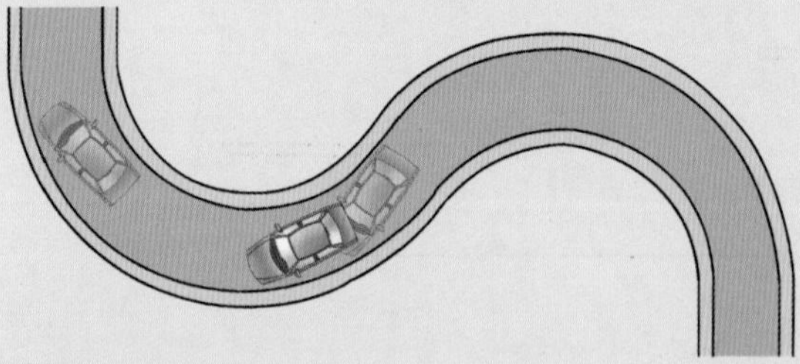	（1）教练员在做示范动作时，学员应随车观察； （2）教练员边讲解、边示范；根据学员的理解程度，必要时重复讲解、示范，直至学员完全理解； （3）学员在理解的基础上，按照教练员的示范动作进行模仿练习； （4）教练员随车进行指导，及时纠正学员的错误动作	
指导练习	1.训练要点 （1）教练员进行示范，讲解要领； （2）学员逐个进行练习，体会车辆转弯时前后轮的行驶轨迹； （3）操纵转向、控制车辆曲线行驶的技能。 2.易犯的错误 （1）对外侧车轮行驶位置判断不准确； （2）后轮轧第二个半弧的内边线	（1）学员练习时，教练员随车指导； （2）教练员对学员出现的错误做好记录	
训练讲评	动作完成的基本情况，存在的问题，下一步训练侧重点	强调本次训练的重点	

直角转弯

表7–27

教学项目	课题五　直角转弯	教学学时	0.5
教学目标	培养驾驶车辆在直角弯路段，正确操纵转向、准确判断车辆内、外轮差的能力		
教学内容	直角转弯		
重点难点	（1）内、外轮差的判断；（2）转向时机的把握		
教学方法	讲解、教练员指导		
教学手段	实车场地操作		
教学场所	教练场地		
教学过程设计			
教学活动	内　容	教学指导	
教学要点	直角转弯的操作要领和方法	教练员结合教材在实车进行讲解、示范	
示范动作	1.直角转弯场地设置及尺寸 详见本书第45页。 2.操作要求 驾驶车辆按规定的线路低速行驶，由左向右或者由右向左直角转弯，一次通过，中途不得停车。 3.直角转弯 （1）低速进入直角弯前，向外侧转动转向盘调整，使车身尽量远离突出点，靠外侧边缘线平行行驶，使外侧车轮距边线30cm； （2）当车辆后视镜与突出点平行时或车前端与边缘线叠合时，向突出点一侧将转向盘迅速转动到底； （3）车身将要摆正时，及时回正转向盘，使车辆尽量保持与边线平行驶出直角弯路	（1）教练员在做示范动作时，学员应随车观察； （2）教练员边讲解、边示范；根据学员的理解程度，必要时重复讲解、示范，直至学员完全理解； （3）学员在理解的基础上，按照教练员的示范动作进行模仿练习； （4）教练员随车进行指导，及时纠正学员的错误动作	
指导练习	1.训练要点 （1）教练员进行示范，讲解要领； （2）学员逐个进行练习，体会车辆转弯时的内、外轮差； （3）转向时机和角度的把握。 2.易犯的错误 （1）触轧右边缘线； （2）触轧突出点	（1）学员练习时，教练员随车指导； （2）教练员对学员出现的错误做好记录	
训练讲评	动作完成的基本情况，存在的问题，下一步训练侧重点	强调本次训练的重点	

限速通过限宽门 表7-28

教学项目	课题六 限速通过限宽门	教学学时	1
教学目标	培养在一定车速下对车身位置的正确判断能力		
教学内容	限速通过限宽门		
重点难点	（1）车速左右转动转向盘的时机及幅度、力度的掌握；（2）通过限宽门的速度控制；3.车身位置的正确判断		
教学方法	讲解、教练员指导		
教学手段	实车场地操作		
教学场所	教练场地		
教学过程设计			
教学活动	内　容	教学指导	
教学要点	限速通过限宽门的操作要领和方法	教练员结合教材在实车进行讲解、示范	
示范动作	1.限速通过限宽门场地设置及尺寸 详见本书第45页。 2.操作要求 车辆以不低于10km/h的速度，从三门之间穿越，不得碰擦悬杆。 3.限速通过限宽门 （1）车辆以1挡或3挡对正1门，车速控制在20km/h以上行驶；驾驶室门刚过1门悬杆时，将转向盘向左转1/4圈；  （2）车右前角对准2门右杆时回转转向盘，驶进2门； （3）前风窗玻璃右下角与2门悬杆对齐时，将转向盘向右转1/2圈；	（1）教练员在做示范动作时，学员应随车观察； （2）教练员边讲解、边示范；根据学员的理解程度，必要时重复讲解、示范，直至学员完全理解； （3）学员在理解的基础上，按照教练员的示范动作进行模仿练习； （4）教练员随车进行指导，及时纠正学员的错误动作	

续上表

教学活动	内　容	教学指导
示范动作	（4）车左前角与3门左悬杆对齐时，回正转向盘，驶出3门 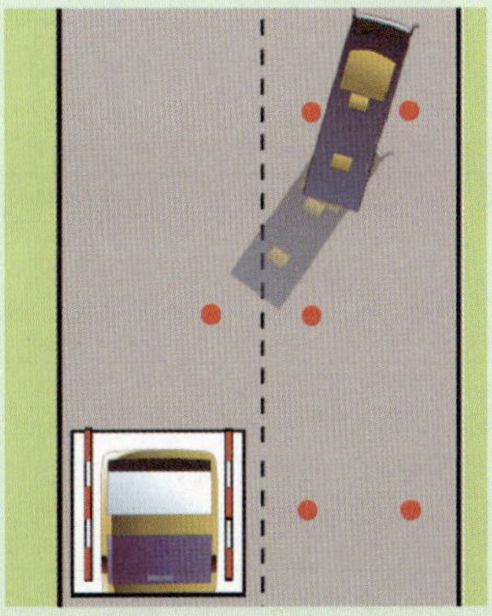	
指导练习	1.训练要点 （1）教练员进行示范，讲解要领； （2）学员逐个进行练习，体会车辆转弯时内、外轮差； （3）转向时机和角度的把握。 2.易犯的错误 （1）碰擦2门右边门杆； （2）碰擦三道门右边的门杆	（1）学员练习时，教练员随车指导； （2）教练员对学员出现的错误做好记录
训练讲评	动作完成的基本情况，存在的问题，下一步训练侧重点	强调本次训练的重点

通 过 连 续 障 碍 表7-29

教学项目	课题七　通过连续障碍	教学学时	2
教学目标	培养驾驶车辆通过连续障碍时，对车轮行驶轨迹和内、外轮差的判断能力		
教学内容	通过连续障碍		
重点难点	（1）掌握转向盘的正确应用以及目测距离的方法；（2）通过连续障碍时车辆内、外轮差的准确判断		
教学方法	讲解、教练员指导		
教学手段	实车场地操作		
教学场所	教练场地		
教学过程设计			
教学活动	内　容	教学指导	
教学要点	通过连续障碍的操作要领和方法	教练员结合教材在实车进行讲解、示范	
示范动作	1.通过连续障碍场地设置及尺寸 详见本书第46页。 2.操作要求 除小型车辆用1挡外，其他车辆用2挡（含）以上挡位，将车骑于圆饼之上通过，车轮不得碰、擦、轧圆饼，并且不得超、轧两侧路边缘线。 3.通过连续障碍 （1）进入圆饼路时，车头左侧1/4处对准圆饼A、圆饼B左边的斜切线进入，使车直线驶过圆饼A、圆饼B； 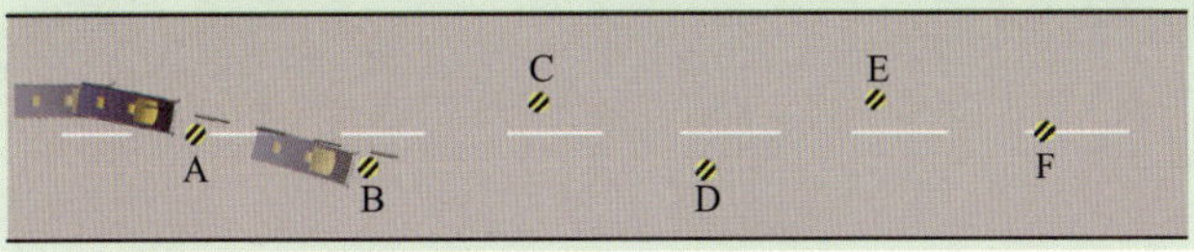 A B C D E F	（1）教练员在做示范动作时，学员应随车观察； （2）教练员边讲解、边示范；根据学员的理解程度，必要时重复讲解、示范，直至学员完全理解； （3）学员在理解的基础上，按照教练员的示范动作进行模仿练习； （4）教练员随车进行指导，及时纠正学员的错误动作	

续上表

教学活动	内　　容	教 学 指 导
示范动作	（2）车风窗玻璃左下角与圆饼C中心点对齐时，迅速将转向盘向左转动到底；当视线看不到圆饼C（或车右前面对准饼AF中线）时，及时向右转动转向盘2圈，回正转向盘，驶过圆饼C； （3）风窗玻璃右下角对准圆饼D中心时，迅速向右将转向盘转到底；当视线看不到圆饼D（或车右前面对准饼AF中线）时，及时向左转动转向盘2圈，向右回正转向盘，驶过圆饼D； （4）车左侧后视镜对准圆饼E中心时，迅速向左将转向盘转到底；视线看不到圆饼E（或车右前面对准饼AF中线）时，向右转动转向盘2圈，向左回正转向盘，驶过圆饼E； （5）风窗玻璃右下角对准圆饼F中心时，迅速向右将转向盘转到底；视线看不到圆饼F时，向右转动转向盘2圈，向右回正转向盘，驶过圆饼F	
指导练习	1.训练要点 （1）教练员进行示范，讲解要领； （2）学员逐个进行练习，体会车辆前后轮驶过圆饼时，转向时机和角度的把握。 2.易犯的错误 车后轮轧饼C、D、E、F	（1）学员练习时，教练员随车指导； （2）教练员对学员出现的错误做好记录
训练讲评	动作完成的基本情况，存在的问题，下一步训练侧重点	强调本次训练的重点

窄 路 掉 头

表7-30

教学项目	课题八　窄路掉头	教学学时	4
教学目标	不超过三进二退掉头后靠右停车		
教学内容	（1）前进；（2）倒车		
重点难点	（1）掉头地点的选择；（2）掉头过程中的停车		
教学方法	讲解、教练员示范、随车指导		
教学手段	实车场地操作		
教学场所	教练场地		

续上表

教学过程设计		
教学活动	内　容	教学指导
教学要点	1.倒车入库场地式样和尺寸 2.操作方法和考试要求 3.车身练习目标	教练员结合教材在教练场实车进行讲解、示范
示范动作	1.窄路掉头场地式样和尺寸 详见本书第46页。 2.操作要求 车辆行驶至掉头路段靠右停车，通过三进二退的方式使车辆掉头。考试时间不超过5min。 3.操作方法 （1）将车靠右侧行驶，开启左转向灯； （2）观察左后视镜，迅速向左将转向盘打到底； （3）当车头距路边线前20cm时，迅速将转向盘回正，迅速停车；  （4）挂倒挡起步，观察右侧后视镜，迅速向右将转向盘打到底； （5）当驾驶室到达路中线时，迅速向左回正转向盘，迅速停车；  （6）起步后，观察左后视镜，迅速向左将转向盘打到底； （7）当车头距路边线前20cm时，迅速将转向盘回正，迅速停车；  （8）挂倒挡起步，观察右侧后视镜，迅速向右将转向盘打到底； 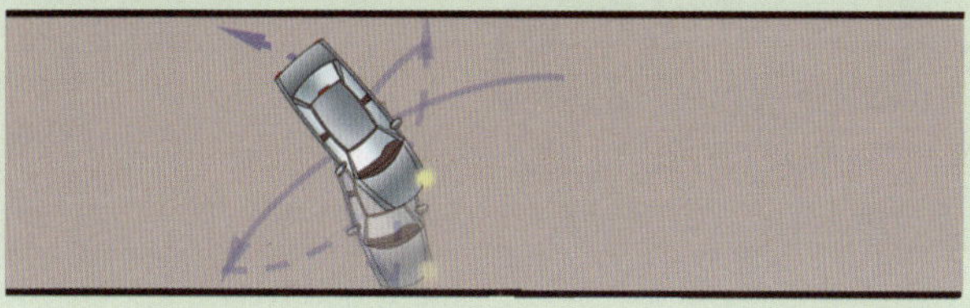 （9）当驾驶室到达路中线时，迅速向左回正转向盘，迅速停车； 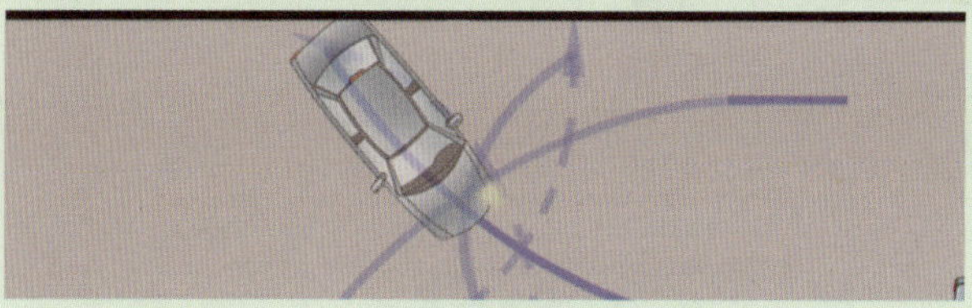 按照上述操作方法，经过三进二退，完成车辆掉头	（1）教练员在做示范动作时，学员应随车观察； （2）教练员边讲解、边示范；根据学员的理解程度，必要时重复讲解、示范，直至学员完全理解； （3）学员在理解的基础上，按照教练员的示范动作进行模仿练习； （4）教练员随车进行指导，及时纠正学员的错误动作

续上表

教学活动	内　　容	教学指导
指导练习	1训练要点 （1）教练员进行示范，讲解要领； （2）学员逐个进行操作，确认车身目标与位移规律； （3）训练的关键在于加强学员的目测能力和操作要领的训练。 2.易犯的错误 （1）车身与目标找不准确； （2）不能相对固定目标，每次位置都有变化； （3）停车时不回正转向盘或熄火	（1）学员练习时，教练员随车指导； （2）教练员对学员出现的错误做好记录
训练讲评	动作完成的基本情况，存在的问题，下一步训练侧重点	强调本次训练的重点

起伏路行驶　　表7–31

教学项目	课题九　起伏路行驶	教学学时	0.5
教学目标	培养驾驶车辆平顺通过起伏路面的能力		
教学内容	起伏路行驶		
重点难点	（1）保持车辆平稳的减速、减挡，加速、加挡；（2）制动器、离合器、挡位三者的协调配合。		
教学方法	讲解、教练员指导		
教学手段	实车场地操作		
教学场所	教练场地		
教学过程设计			
教学活动	内　　容	教学指导	
教学要点	起伏路行驶的操作要领和方法	教练员结合教材在实车进行讲解、示范	
示范动作	1.起伏路行驶场地设置及尺寸 详见本书第46页。 2.操作要求 驾驶车辆行驶至起伏路面前20m内制动减速，使用低速挡或者半联动平稳安全地通过起伏路段。 3.起伏路行驶 （1）车辆进入起伏路段后，距凸、凹路面20m内减速，低速驶近凸、凹路面； （2）前轮驶抵凸路面边沿时，适当加速使前轮缓慢驶凸路顶部，随即放松加速踏板，配合离合器半联动，使前轮自然滑下凸路。用同样的方法使后轮通过；	（1）教练员在做示范动作时，学员应随车观察； （2）教练员边讲解、边示范；根据学员的理解程度，必要时重复讲解、示范，直至学员完全理解； （3）学员在理解的基础上，按照教练员的示范动作进行模仿练习； （4）教练员随车进行指导，及时纠正学员的错误动作	

续上表

教学活动	内　容	教学指导
示范动作	（3）前轮驶抵凹路面边沿时，放松加速踏板、配合离合器半联动或配合制动减速，利用行驶惯性，使前轮滑行到凹路底部，缓慢抬起离合器，适当加速使前轮驶出凹路。用同样的方法使后轮通过	
指导练习	1.训练要点 （1）教练员进行示范，讲解要领； （2）学员逐个进行练习，体会进入凹、凸路面时，使用离合器控制车速； （3）制动器、离合器、挡位三者的密切协调配合。 2.易犯的错误 （1）由于配合不当造成中途停车； （2）制动过急，造成发动机熄火	（1）学员练习时，教练员随车指导； （2）教练员对学员出现的错误做好记录
训练讲评	动作完成的基本情况，存在的问题，下一步训练侧重点	强调本次训练的重点

3 科目三教学教案

1 训练内容

（1）在道路上根据考试项目要求进行训练。

（2）严格遵守交通法律、法规行车。

（3）综合控制机动车。

（4）正确使用灯光、喇叭、安全带等装置。

（5）根据不同的道路情况正确观察、判断，安全驾驶。

（6）安全意识、安全行为和预见性安全驾驶意识的培养。

2 安全起步与节能技术训练教案（表7-32）

安全起步与节能技术训练教案　　表7-32

教学项目	课题一　安全起步与节能技术	教学学时	0.5
教学目标	掌握上车前的注意事项及安全起步的方法		
教学内容	（1）安全起步；（2）起步中的节能技术		
重点难点	（1）上车前检查的内容；（2）起步前的观察		
教学方法	教练员随车讲解、指导		
教学手段	实际道路上驾驶操作		
教学场所	实际道路		
教学过程设计			
教学活动	内　容	教学指导	
教学要点	1.上车前的注意事项 2.安全起步的方法 3.起步中节能驾驶	教练员结合教材在实车进行讲解、示范	

续上表

教学活动	内　　容	教学指导
示范动作	1.上车和起步前的准备 （1）上车前绕车一周检查车辆外观及安全状况； （2）从车外（右）侧转至车头前止步，观察左右侧道路情况； （3）确认安全后，走到车门前，喊“报告！”； （4）打开车门前，注意观察后方交通情况； （5）确认安全后，用左手打开车门，按规范动作上车，关闭车门； （6）系好安全带，调整驾驶座椅、后视镜，检查仪表，确认变速器操纵杆在空挡（或者P挡）位置； （7）当发动机起动后，及时松开起动开关。 2.安全起步方法 （1）注意观察各仪表、报警灯指示情况；气压制动车辆，制动气压应符合标准； （2）起步前开启左转向灯，通过后视镜并向左方侧头，观察左、后方交通情况； （3）放松驻车制动器操纵杆，缓慢松抬离合器踏板，控制好加速踏板，保持一定的发动机转速，使车辆平稳起步； （4）道路交通情况复杂时，适当使用喇叭提醒车辆、行人； （5）随时注意两侧道路情况，再不影响其他车辆和行人正常通行的情况下，逐渐缓慢向左驶入行车道； （6）平路起步时，左脚完全踩下离合器踏板，将变速器操纵杆置于1挡位置。当左脚抬离合器踏板时，右脚轻轻踩下加速踏板；左脚再缓慢抬起离合器踏板，使车辆平稳起步； （7）右手握住驻车制动器操纵杆，右脚轻踩加速踏板，使发动机转速提高到中等程度，这时抬离合器踏板到半联动状态，当听到发动机声音发生变化时缓缓放松驻车制动器操纵杆，同时逐渐踩下加速踏板和慢抬离合器踏板，做到平稳起步	（1）教练员根据学员的理解程度讲解，必要时重复讲解、示范，直至学员完全理解； （2）学员在理解的基础上，按照教练员的要求进行操作； （3）教练员随车进行指导，及时纠正学员的错误动作。 知识链 **起步时的节能方法** （1）汽车起步要做到发动机既不熄火又能省油，关键在于正确掌握抬离合器踏板和踩加速踏板的要领； （2）车辆起步后应该迅速加速将挡位挂到2挡（在车辆移动一个车身距离内），尽量减少用低挡行驶的时间； （3）坡路起步的关键就是操作驻车制动器操纵杆、离合器踏板和加速踏板的动作相互配合得当。如果手脚操作配合不当会使汽车倒退，发动机熄火，增加油耗
指导练习	1.训练要点 （1）教练员进行示范，讲解规范要领； （2）学员逐个按规范和要求，进行上车和起步前的准备、安全起步的实际操作训练。 2易犯的错误 （1）打开车门前不观察后方交通情况； （2）不调整驾驶座椅、后视镜、检查仪表； （3）发动机起动后，不及时松开起动开关； （4）起步前，不通过后视镜并向左方侧头，观察左、后方交通情况	（1）学员练习时，教练员随车指导； （2）教练员对学员出现的错误做好记录
训练讲评	动作完成的基本情况，存在的问题，下一步训练侧重点	强调本次训练的重点
考核标准	详见本书第49、50页	

3 直线行驶与节能技术训练教案（表7–33）

直线行驶与节能技术训练教案　　表7–33

教学项目	课题二　直线行驶与节能驾驶	教学学时	1.5
教学目标	针对道路和交通状况，掌握直线行驶的方法，并保持安全跟车距离		
教学内容	（1）行驶方向的控制；（2）行驶速度的控制；（3）安全距离的控制；（4）直线行驶中的节能驾驶		
重点难点	（1）行驶方向、行驶速度和安全距离的控制；（2）使用离合器控制车辆低速行驶		
教学方法	教练员随车讲解、指导		
教学手段	实际道路上驾驶操作		
教学场所	实际道路		

<table>
<tr><th colspan="3">教学过程设计</th></tr>
<tr><th>教学活动</th><th>内　容</th><th>教学指导</th></tr>
<tr><td>教学要点</td><td>1.控制直线行驶的方法
2.纵、横向安全间距的保持
3.节能驾驶</td><td>教练员结合教材在实车进行讲解、训练</td></tr>
<tr><td>示范动作</td><td>1.行驶方向的控制
（1）两手轻松握稳转向盘，两眼目视前方，余光照顾近处；
（2）转动转向盘时，以左手为主，右手为辅（随动或滑动），控制好转向盘的自由行程；
（3）及时修正转向盘，保持车辆直线行驶，修正转向盘做到少转少回，预转预回 。
2.行驶速度的控制
（1）根据道路情况适时地调整行车速度，注意从后视镜观察后方道路上的情况，在确保正常安全行驶的前提下，一般不超20s观察一次后方交通情况；
（2）通过弯道时，根据弯道路面的宽窄，弯度的大小选择行驶速度，进入弯道前，将车速降低到安全范围内；
（3）遇上坡路段，根据坡度的大小、长短、道路交通情况以及道路上交通标志等控制车速；道路条件允许时，可利用惯性冲坡；驶近视线受阻的坡顶，及时减速靠右行，预防对面来车或下坡时遇到障碍，并做好随时减速或停车准备；
（4）遇下坡路段，视坡度大小、长短，交通情况及限速标志等控制车速；下陡而长的坡道，以发动机制动为主，车轮制动器制动为辅控制车速。
3.安全距离的控制
（1）在道路上行驶，要根据道路交通情况和限速标志合理控制车速；常用的控制车速方法有：利用发动机制动作用控制车速，利用制动器控制车速，利用离合器半联动控制车速（狭路、转弯、拥挤路段）；
（2）跟车行驶，要保持足够的安全距离，注意观察前车的动态，随时做好减速的准备；遇前车制动时，及时采取减速措施；跟车行驶始终与前车保持足以采取紧急制动措施的安全距离；
（3）行车过程中避让障碍物时，应根据障碍的情况确定避让路线，留出足够的安全距离，适量转动转向盘、大半径、长弧线绕过，尽量使车辆保持直线行驶越过障碍，应避免临近障碍时紧急变道或急转向绕行；
（4）路边停车时，应选择允许停车的路段，距停车位置20～30m处，提前开启右转向灯，逐渐靠右侧行驶，同时注意观察右后方交通情况；在确保安全前提下，使车辆缓慢靠边行驶，准确、平稳地行驶至停车位置，停靠在距路缘30cm以内；
（5）行车中发现路面障碍物，需要使用制动减速时，根据车速、距离，适量踩下制动踏板，做到快而稳，使车辆迅速而又平稳地实现减速，避免急减速或紧急制动；同时，要时刻考虑到突然情况的出现，做好随时停车的准备</td><td>（1）教练员根据学员的理解程度讲解，必要时重复讲解、示范，直至学员完全理解；
（2）学员在理解的基础上，按照教练员的要求进行操作；
（3）教练员随车进行指导，及时纠正学员的错误动作。
知识链
直线行驶中的节能驾驶
（1）控制好加速踏板，做到“轻踏、缓抬”，不要猛踏、猛抬或连续地踏、抬加速踏板。每猛踏一次加速踏板，少则耗油5～10ml，多则耗油50～60ml；
（2）车辆急加速时，造成轮胎与地面的强烈摩擦而造成的啸叫噪音是匀速驾驶时的7～10倍，轮胎磨损增加70倍，追尾风险增加4.3倍；
（3）车辆急减速，制动强度一般较大，车辆需要消耗较大的动能才能实现迅速减速或停车，重新加速或起步即浪费时间，又浪费燃料；
（4）车辆上坡时不要把加速踏板踏到底，以踏下1/3～2/3行程为宜，如果感到动力不足应及时减挡，将踏板踏到底不但会增加油耗，还会造成发动机动力不足或坡道停车，甚至熄火。一旦坡道停车后再重新起步，将会多耗费2～3倍的燃油</td></tr>
<tr><td>指导练习</td><td>1.训练要点
（1）教练员进行示范，讲解操作要求；
（2）学员逐个按要求，进行实际操作训练。
2.易犯的错误
（1）方向控制不稳，不能保持车辆直线行驶；
（2）遇前车制动时，不能及时采取减速措施；
（3）每次通过后视镜观察后方交通情况超过20s；
（4）不了解车辆行驶速度；
（5）发现路面障碍物晚，采取减速措施不及时</td><td>（1）学员练习时，教练员随车指导；
（2）教练员对学员出现的错误做好记录</td></tr>
</table>

续上表

教学活动	内　容	教学指导
训练讲评	动作完成的基本情况，存在的问题，下一步训练侧重点	（1）强调本次训练的重点 （2）提出改正意见
考核标准	详见本书第50页	

4 变更车道与节能技术训练教案（表7–34）

变更车道与节能技术训练教案　　表7–34

教学项目	课题三　变更车道与节能技术	教学学时	1
教学目标	掌握变更车道的操作要领和方法		
教学内容	（1）变更车道的方法；（2）超越障碍物或停放车辆变更车道；（3）转弯变更车道；（4）车流量大的路段变更车道；（5）节能与变更车道		
重点难点	（1）变更车道时速度的控制和时机的掌握；（2）变更车道时对道路情况的观察		
教学方法	教练员随车讲解、指导		
教学手段	实际道路上驾驶操作		
教学场所	实际道路		
教学过程设计			
教学活动	内　容	教学指导	
教学要点	1.变更车道的操作要领和方法 2.变更车道时对道路情况的观察	教练员结合教材在实车进行讲解、训练	
示范动作	1.变更车道的方法 （1）变更车道前，通过内外后视镜观察后方道路交通情况，确认安全后提前3s开启转向灯，再次观察道路两侧有无车辆超越，在不妨碍其他车辆正常行驶的情况下逐渐将车辆变更到所需车道后，关闭转向灯； （2）每次变更车道，只能变更到相邻的车道；需要变更到相邻以外的车道，应提前变更到相邻的车道，行驶一段距离后，再变更到另一条车道； （3）在车道与界线为实虚线的路段，实线一侧的车辆严禁越实线变更车道； （4）每变更一次车道，就会隐含着一次风险，禁止随意变更车道。 2.超越障碍物或停放车辆变更车道 （1）借道绕过前方障碍物时，应提前变更车道，临近时突然变道是很危险的； （2）发现有对向来车已接近障碍物时，应及时降低速度靠边行驶或停车，让对向来车优先通行； （3）不得加速提前抢行或鸣喇叭示意对向车辆让道，更不得迅速占用车道，迫使对向来车停车让道。 3.转弯变更车道 （1）在有导向车道的路口转弯前，要提前观察导向标志或路面导向箭头； （2）进入实线区前，按导向箭头根据选择的行驶路线变更车道； （3）右转弯，向右侧变更车道进入右转弯导向车道，左转弯向左变更车道进入左转弯导向车道； （4）变更时避免急转转向盘驶入相邻车道，防止与突然出现的车辆相碰撞。 4.车流量大的路段变更车道 （1）在车流量大的路段尽量不要变更车道，确需变更车道时，应提早打开转向灯，通过后视镜观察变更车道一侧行驶车辆的情况；	（1）教练员根据学员的理解程度讲解，必要时重复讲解、示范，直至学员完全理解； （2）学员在理解的基础上，按照教练员的要求进行操作； （3）教练员随车进行指导，及时纠正学员的错误动作。 知识链 **节能与变更车道** （1）行车中，看远、顾近、照顾两旁。正确预测交通情况即将发生的变化，正确的判断、处理道路上各种情况，做到提前利用滑行变道、避让、减速、停车，避免转向过急、急剧制动和多次停车，可有效地减少燃油消耗； （2）驾驶车辆在正常行驶的车流中频繁变更车道，需要不断地改变速度、急加速、制动，发动机一直处于不稳定工作状态，使大量的汽油变成了没充分燃烧的尾气，而且也增加了油料消耗。尤其是遇到堵车时，乱变道既耽误时间，又浪费燃油	

续上表

教学活动	内　容	教学指导
示范动作	（2）确认尾随车辆减速时，缓慢向变更车道一侧转向，随时注意尾随车辆的动态，做好减速或驶回原车道的准备	
指导练习	1.训练要点 （1）教练员进行示范，讲解操作要求； （2）学员逐个按要求，进行实际操作训练。 2.易犯的错误 （1）变更车道前，不观察内外后视镜； （2）变更车道时，妨碍其他车辆正常行驶	（1）学员练习时，教练员随车指导； （2）教练员对学员出现的错误做好记录
训练讲评	动作完成的基本情况，存在的问题，下一步训练侧重点	1.强调本次训练的重点 2.提出改正意见
考核标准	详见本书第50页	

5 通过路口与节能技术训练教案（表7–35）

通过路口与节能技术训练教案　　表7–35

教学项目	课题四　通过路口与节能技术	教学学时	2
教学目标	能够根据道路交通状况，以安全的速度和方法通过路口		
教学内容	（1）交叉路口直行、转弯；（2）通过复杂交叉路口；（3）通过铁路道口；（4）通过环岛；（5）通过立交桥；（6）通过交叉路口的节能驾驶		
重点难点	（1）通过路口时速度的控制；（2）通过路口时的观察；（3）路口左转弯时路线的选择；（4）路口右转弯时的避让		
教学方法	教练员随车讲解、指导		
教学手段	实际道路上驾驶操作		
教学场所	实际道路		
教 学 过 程 设 计			
教学活动	内　容	教学指导	
教学要点	1.控制直线行驶的方法 2.纵、横向安全间距的保持 3.通过路口的节能驾驶	教练员结合教材在实车进行讲解、训练	
示范动作	1.交叉路口直行 1）有交通信号控制的交叉口直行 （1）提前降低车速，遇红灯或黄灯亮时，应停在停止线以外等待放行信号； （2）绿色信号灯亮或交通警察发出直行手势时，及时观察左、右方交通情况，缓速通过； （3）通过路口时，注意观察是否有正在横穿和想要横穿道路的行人或正在左转弯的车辆，不得高速通过。 2）无交通信号控制的交叉口直行 （1）在距路口50～100m减速，行至路口时应仔细观察左右两侧道路上的情况，做到“一看，二慢，三通过”； （2）通过时应注意避让正在路口通行的各种动态，随时做好停车的准备； （3）不得以有优先通行权，而忽视对面有来车抢先左转弯或左右车道车辆抢行带来的危险。 2.交叉路口转弯 1）转弯通过路口 （1）及时观察侧前方交通情况或通过内外后视镜观察侧、后方交通情况，同时注意观察对面是否有右转弯的车辆侵占行驶路线； （2）有信号灯控制的路口，应在绿灯或绿色箭头灯亮时通行。	（1）教练员根据学员的理解程度讲解，必要时重复讲解、示范，直至学员完全理解； （2）学员在理解的基础上，按照教练员的要求进行操作； （3）教练员随车进行指导，及时纠正学员的错误动作。	

教学活动	内　容	教学指导
示范动作	2）交叉路口右转弯 （1）提前减速进入右转弯车道或靠道路右侧行驶； （2）注意观察后方和右转弯方向道路交通动态，同时注意观察对面是否有左转弯的车辆； （3）确认路口无影响通行的障碍后，沿右侧慢速向右转弯； （4）在有箭头灯控制的路口，应在绿色箭头灯亮时右转弯。 3）交叉路口左转弯 （1）提前减速进入左转弯车道或靠道路左侧行驶等待； （2）有左转待转区的路口，应在直行绿灯亮时进入待专区； （3）绿灯亮或绿色左转箭头灯亮时，靠近交叉路口中心内侧缓速左转弯 。 3.通过复杂交叉路口 （1）低速行驶，按规定避让行人和优先通行的车辆，做好随时停车准备； （2）在视线不好的路口，要谨慎驾驶，预防视线盲区内出现突然情况而措手不及； （3）遇有路口交通阻塞时，即便是绿灯，也应将车辆停在路口外等候，以免被夹在路口内进退两难。 4.通过环岛 1）驶入环岛 （1）在距环岛50～100m处减速慢行，根据环岛的交通情况适时控制速度； （2） 驶近环岛时，注意观察左侧已在环岛内行驶车辆的动态，适时汇入车流，必要时减速或停车让行。 2）驶出环岛 （1）驶出环岛前，开启右转向灯，注意观察右侧车辆、行人的动态； （2）由两条或两条以上车道的环岛内侧驶离环岛前，必须提前开启右转向灯，逐渐变更到外侧车道； （3）缓慢驶出环岛，严禁直接从内侧车道驶出环岛 。 5.通过铁路道口 1）通过有交通信号控制的路口 （1）在道口外减速并及时减挡，按照信号灯的指示低速通行,不得在路口内变换挡位； （2）遇报警器鸣响或红灯亮时，应停车等候，不准抢行通过铁路道口； 2）通过无信号控制或无人看管的铁路道口 （1）在道口外前停车观察，做到一停（在停止线前停车）、二看（观察左右是否有驶来的列车）、三通过（确认安全后，低速通过）； （2）在双轨道口遇一侧列车驶过后，应提防从另一个方向驶来的列车； （3）如果出现有危险情况，应立即停车等待，不能强行通过。 3）跟车通过铁路道口 （1）注意观察前车的动态，确认道口对面有足够停放空间才能通行，不得在道口内停车等候； （2）在铁路道口内出现故障时，应迅速设法将车移出道口；如果短时间移出道口有困难时，应先设法告知列车之后，再尽快设法使车辆离开道口 。 6.通过立交桥 （1）接近立交桥时，应适当减速，注意观察交通标志，以便有充足的时间准确地确认出口的方向； （2）车辆右转，按照交通标志、标线的指示减速行驶，不过桥直接进入右转弯匝道；	知识链 **通过交叉路口的节能驾驶** （1）通过交叉路口时，提前正确估计交通信号的变化，掌握其变化规律，及时地调整车速，提前滑行，尽量在驶到交叉路口时，指挥信号灯绿灯亮，顺利通过路口，避免在交叉路口每次都停车和突然制动，造成油耗增加； （2）在交叉路口，遇红灯亮时，应尽量提前松抬加速踏板，靠滑行前进，等待绿灯亮。如在等候红灯放行时，应注意观察配时信号显示板。跟车等待信号时，应注意观察前车的制动灯，当前车的制动灯灭时表明前车准备起动，相应准备起动，以保证车辆平顺起步； （3）在拥堵的路口，遇到前车频繁的制动减速、停车或者突然加速时，要注意控制自己的情绪，耐心跟车行驶，不得急加速跟进或从两侧绕行穿插，以便减少急加速、急减速和停车的次数

续上表

教学活动	内　容	教学指导
示范动作	（3）车辆左转时，不能直接左转，须驶过跨线桥后，打开右转向灯，经两次右转或一次右转再一次左转后，完成左转弯	
指导练习	1.训练要点 （1）教练员讲解操作要求，学员逐个进行实际操作； （2）通过各种路口和立交桥的安全通过方法。 2.易犯的错误 （1）直行通过路口不观察左右方交通情况； （2）转弯通过路口时，未通过内外后视镜观察侧、后方交通情况； （3）每次通过后视镜观察后方交通情况超过20s； （4）不按规定避让行人和优先通行的车辆	（1）学员练习时，教练员随车指导； （2）教练员对学员出现的错误做好记录
训练讲评	动作完成的基本情况，存在的问题，下一步训练侧重点	1.强调本次训练的重点 2.提出改正意见
考核标准	详见本书第50页	

6 会车训练教案（表7-36）

会车训练教案　　表7-36

教学项目	课题五　会车	教学学时	1
教学目标	能在道路上安全、规范地进行会车		
教学内容	各种路段的会车		
重点难点	（1）会车时车速的控制；（2）横向间距的掌握；（3）会车地点的合理选择		
教学方法	教练员随车讲解、指导		
教学手段	实际道路上驾驶操作		
教学场所	实际道路		
教学过程设计			
教学活动	内　容	教学指导	
教学要点	1.安全会车的操作要领和方法 2.会车地点的选择 3.会车安全间距的掌握	教练员结合教材在实车进行讲解、训练	
示范动作	1.无中心线路段会车 （1）根据双方车型、车速、装载及道路状况和交通情况，选择正确的会车地点，降低车速靠道路右侧进行会车； （2）跟车会车，与前车保持足够的距离，同速行驶，避免跟车太近或遇到情况就停车待会。 2.有中心线路段会车 （1）在各自的行车道内行驶，不得越过中心线； （2）根据双方车型、车速及道路状况和交通情况，选择正确的会车地点和车速进行会车； （3）会车前选择的交会位置不理想时，立即减速，低速会车或停车让行； （4）夜间遇对面来车没有关闭远光灯时，应减速或停车让行，不得高速行驶或开启远光灯对射。 3.有障碍路段会车 （1）注意合理控制车速，及时将车速降到安全速度以下，并尽量避开在障碍物处会车； （2）有障碍物一侧道路的车辆应当减速或停车，让对面车辆先行通过，会车后再超越障碍；	（1）教练员根据学员的理解程度讲解，必要时重复讲解、示范，直至学员完全理解； （2）学员在理解的基础上，按照教练员的要求进行操作； （3）教练员随车进行指导，及时纠正学员的错误动作	

续上表

教学活动	内　　容	教学指导
示范动作	（3）来车速度较慢或距前方障碍物较远，应开启左转向灯，加速超越障碍物后驶回右侧会车； （4）对方车辆已加速强行超越或开启转向灯示意占道行驶时，应立即靠边减速或停车让行；不能认为有优先通过权，而赌气抢行。 4.狭窄路段会车 （1）根据路面的宽度控制车速，同时保持两车间足够的横向安全距离，低速通过； （2）会车有困难时，有让路条件一方应主动让对方先行，如果前方有较宽的路段，先到达道路宽阔处的车辆主动停车让行； （3）会车后，注意从后视镜中观察确认无车辆超越时，再缓缓驶回正常行驶路线； （4）在道路宽度仅能容纳一辆车通过的路段、窄桥会车时，距狭窄处距离近、车速快的一方先行，距离较远、车速慢的一方应主动让行； （5）在狭窄坡道上会车时，下坡车应让上坡车先行；下坡车已行至中途而上坡车还未上坡时，下坡车先行；在狭窄的山路上会车，不靠山体一方的车辆先行	
指导练习	1.训练要点 （1）教练员讲解操作要求，学员逐个进行实际操作； （2）会车地点的选择和会车安全间距的掌握。 2.易犯的错误 （1）与其他车辆、行人未能保持安全距离； （2）横向安全间距判断差； （3）选择会车地点不正确	（1）学员练习时，教练员随车指导； （2）教练员对学员出现的错误做好记录
训练讲评	动作完成的基本情况，存在的问题，下一步训练侧重点	1.强调本次训练的重点 2.提出改正意见
考核标准	详见本书第51页	

7 超车、让车训练教案（表7-37）

超车、让车训练教案　　表7-37

教学项目	课题六　超车、让超车	教学学时	1
教学目标	能在道路上安全、规范地进行超车、让超车		
教学内容	（1）安全超车；（2）安全让超车		
重点难点	（1）超车与让超车前的观察；（2）超车、让超车时机的掌握；（3）超车时车速和间距的控制		
教学方法	教练员随车讲解、指导		
教学手段	实际道路上驾驶操作		
教学场所	实际道路		
教学过程设计			
教学活动	内　　容	教学指导	
教学要点	1.安全超车、让超车的方法 2.超车、让超车时安全间距的保持	教练员结合教材在实车进行讲解、训练	
示范动作	1.超车 （1）超车前，注意前方观察交通情况、交通标志和标线，并通过内外后视镜观察后方和左侧交通情况； （2）确认可以超车后，打开左转向灯，发出超车信号，示意被超车辆；	（1）教练员根据学员的理解程度讲解，必要时重复讲解、示范，直至学员完全理解；	

续上表

教学活动	内　容	教学指导
示范动作	（3）前车让行后，与被超越车辆保持安全距离从左侧超越；超车时机选择合理，不得影响其他车辆正常行驶，不得从右侧超车； （4）超车后，开启右转向灯，在不影响被超车辆正常行驶的前提下，缓转转向盘驶回原车道，随即关闭转向灯。 2.让超车 （1）发现后车发出超车信号时，若道路条件具备让车条件应及时减速，开启右转向灯，靠右行驶让车超越，必要时辅以手势示意让超； （2）前方有障碍物或其他情况不具备让超条件时不要勉强让超；若前方交通条件不允许车辆超越，而后车因视线受阻未能及时发现，要求超车时，不能盲目让超； （3）让超后前方遇有障碍物，但后车正在超车过程中，不能为绕过障碍而向左转向，此时只能减速或停车让超； （4）让超过程中，发现左前方有妨碍超越车辆行驶的情况时，应主动减速，缩短超车的距离和时间，配合后车安全超越； （5）后车超越后，注意观察后视镜，确认后方无其他车辆超车时，开启左转向灯驶回原车道； （6）让超车时要做到，让速让路一让到底；让速，让到即尽量缩短了超车距离，又不影响后方车辆的正常行驶；让路，让到即不危及本车和右边车辆、行人的安全，又可使超越车辆超的顺利；不得故意不让或让路不让速	（2）学员在理解的基础上，按照教练员的要求进行操作； （3）教练员随车进行指导，及时纠正学员的错误动作。 知识链 **超车注意事项** （1）超越低速车时，注意观察被超车是否有意识的让路；在跟进寻机超车时，准确把握超车时机，同时注意被超车前方道路情况，以保证安全超车； （2）超越右侧停放的车辆时，为预防其突然起步或打开车门，应预留出横向安全距离，提前减速行驶,不得长鸣喇叭、加速通过或保持常速行驶
指导练习	1.训练要点 （1）教练员讲解操作要求，学员逐个进行实际操作； （2）安全超车、让超车的方法。 2.易犯的错误 （1）超车前不通过内外后视镜观察交通情况； （2）超车时影响其他车辆正常行驶； （3）超车时不能与被超越车辆保持安全距离； （4）超车后急转向驶回本车道	（1）学员练习时，教练员随车指导； （2）教练员对学员出现的错误做好记录
训练讲评	动作完成的基本情况，存在的问题，下一步训练侧重点	1.强调本次训练的重点 2.提出改正意见
考核标准	详见本书第51页	

8 靠边停车训练教案（表7–38）

靠边停车训练教案　　表7–38

教学项目	课题七　靠边停车与车辆停放		教学学时	3
教学目标	（1）掌握靠边停车的方法，能按要求在路边安全停车；（2）能够选择合理路线和速度，将车倒入预定停车位置			
教学内容	（1）靠边停车；（2）L形倒车入位；（3）S形倒车入位			
重点难点	（1）临时靠边停车位置的选择；（2）L形倒车入位的倒车要领；（3）S形倒车入位的倒车要领			
教学方法	教练员随车讲解、指导			
教学手段	实际道路上驾驶操作			
教学场所	实际道路			
教学过程设计				
教学活动	内　容	教学指导		
教学要点	1.临时靠边停车 2.L形倒车入位的要领 3.S形倒车入位的要领	教练员结合教材在实车进行讲解、训练		

续上表

教学活动	内　容	教学指导
示范动作	1.靠边临时停车 （1）选择平坦、坚实、视线良好且不妨碍交通又无禁止停车标志的路段，选择好停车地点，提前开启右转向灯； （2）通过内外后视镜观察后方和右侧交通情况，确认安全后，方可靠边停车； （3）停车时，车身不得超过道路右侧边缘线或者人行道边缘，车身距离道路右侧边缘线或者人行道边缘不得大于30cm； （4）停车后，拉紧驻车制动器操纵杆，放松行车制动踏板，在打开车门前，将发动机熄火，并侧头观察侧后方和左侧交通情况； （5）与其他车辆临近停车时，靠道路右侧依次停放，并保持适当的纵向间距，不得与其他车辆并排停放； （6）在城市街道上临时停车，按指定的位置停放，不得在道路两侧并列或逆向停放； （7）下车后应关好车门，不得远离车辆，妨碍交通时应迅速离开； （8）夜间或遇风、雨、雪、雾天在路边临时停车的，关闭前照灯，开启危险报警闪光灯。 2.L形倒车入位停车 （1）将车驶过停车位后，距车位内车辆50～60cm左右停车； 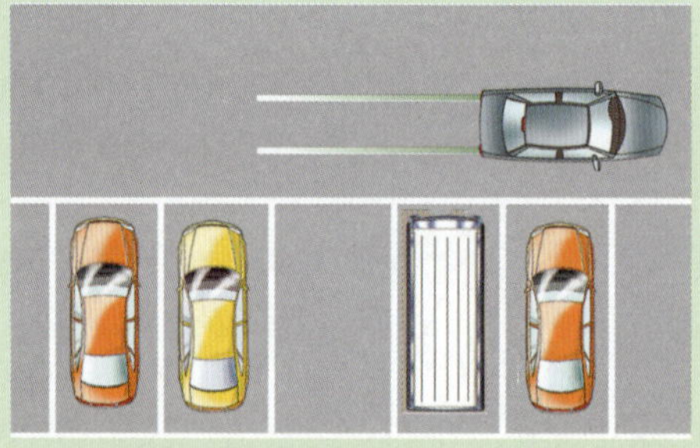 （2）挂倒挡起步后，通过后视镜观察距右侧车位内车辆的距离，缓慢倒车；当车尾部与停放车辆对齐时，迅速向右转动转向盘，随时注意车右后角与右侧车辆的距离； 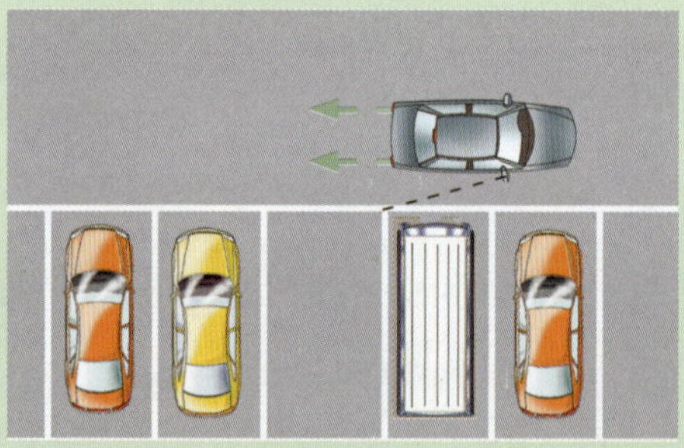 （3）车尾进入停车位后，迅速向左回转转向盘，同时观察车右前侧与车位内车辆距离，兼顾车尾部后倒； 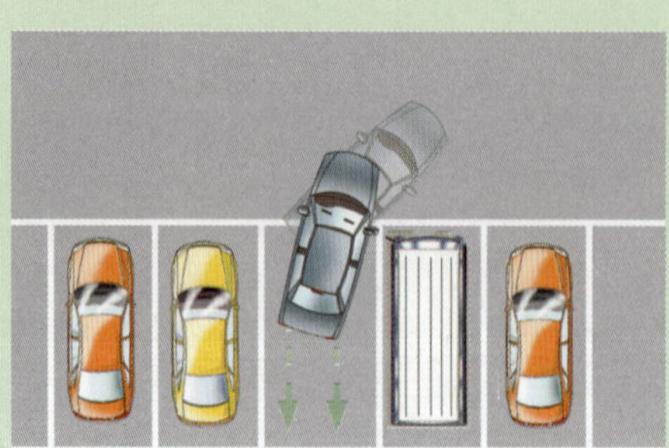	（1）教练员根据学员的理解程度讲解，必要时重复讲解、示范，直至学员完全理解； （2）学员在理解的基础上，按照教练员的要求进行操作； （3）教练员随车进行指导，及时纠正学员的错误动作。 **知识链** **停车的节能措施** （1）停车要根据不同的气象条件，选择停放位置。停车尽量做到一次到位，减少停车时的移车次数。避免停在上坡、积水、结冰或松软的路面； （2）夏季停车时最好还是选择背阴的地方，当在烈日下时，应将油箱一侧避开阳光，尽量将车尾对着日照的方向； （3）冬季停车注意车辆保温，以减轻车辆起步或起动阻力，减少油耗。露天停车要选择有阳光的地方，车头面对阳光； （4）停车时间过长时，如果继续使发动机怠速运转，会造成燃料浪费，车辆怠速运转1min以上的油耗要高于重新起动一次发动机，当车辆停车超过1min时，在不影响车辆正常通行的情况下，最好使发动机熄火； （5）驾驶自动挡车辆因堵车或等人停车超过1min的情况下，最好将挡位挂在N挡位置，这样既能减少油耗又能避免变速器油过热，从而保护变速器。停车时间超过3min，最好挂在P挡上，省油又环保。临时停车时，只要踩住制动就行了，频繁使用N挡反而会缩短自动变速器的寿命； （6）自动挡车进入停车位置后，踩住制动踏板，将变速杆推到N挡，拉紧驻车制动器操纵杆，松开制动踏板后熄火，最后再将变速杆推入P挡

教学活动	内　容	教学指导
示范动作	（4）车身即将摆正时停止向左转向，适量向右调整转向盘使车辆居中直线后倒，待车前端与车位中的车辆对齐时迅速停车。 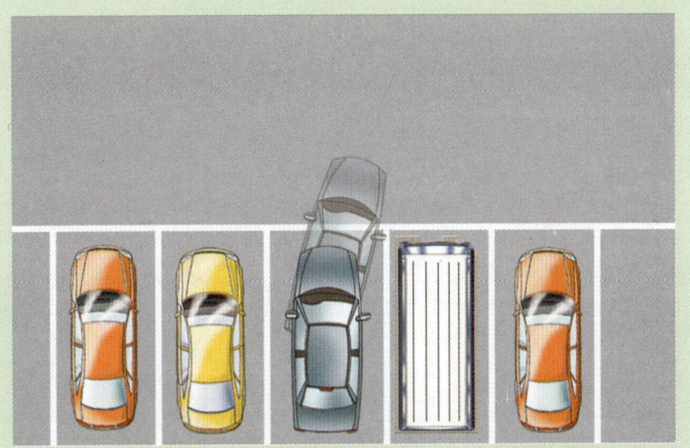 3.S形倒车入位停车 （1）将车驶过停车位后，车身右侧与车位内车辆保持20～30cm左右，与车位内车辆平行停车； 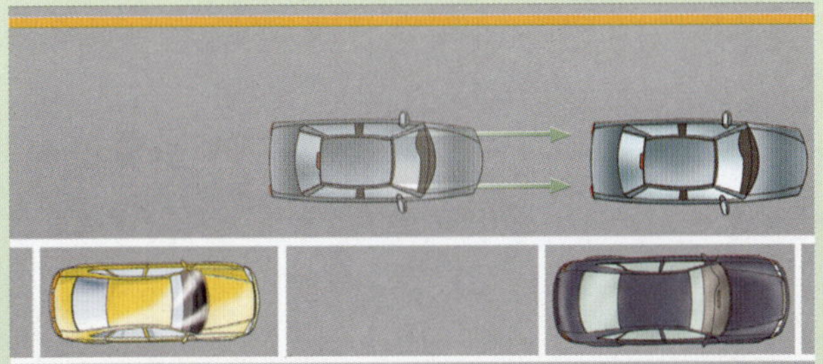 （2）挂倒挡起步，当车尾与车位内右侧车辆左侧平行时，向右转转向盘，通过后视镜观察车尾部与右侧车辆的距离； 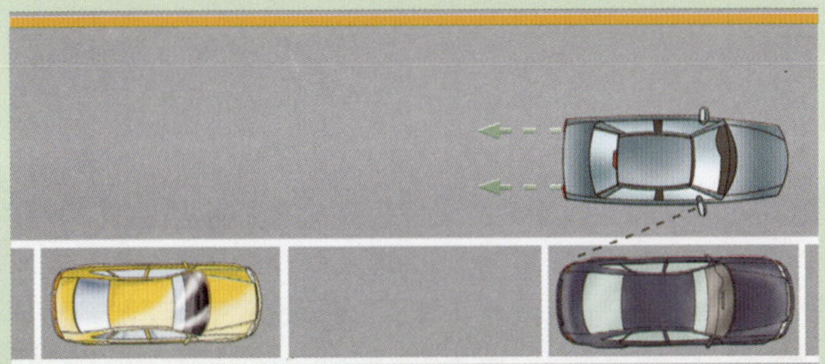 （3）车右后轮中心驶入停车位时，迅速将转向盘向右转至极限，并通过右侧后视镜观察车辆与停车位内车辆的间距； 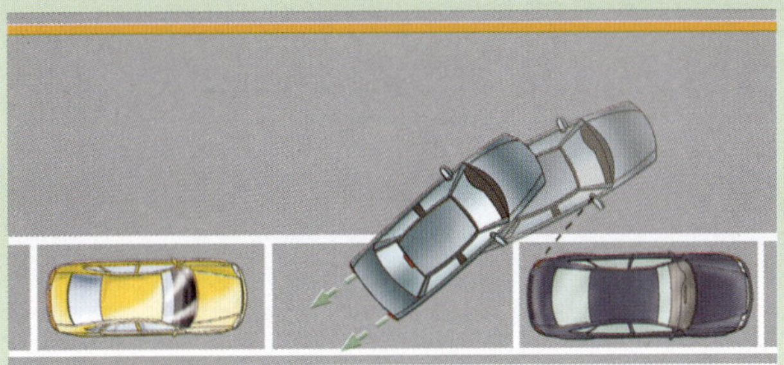	

续上表

教学活动	内　容	教 学 指 导
示范动作	（4）车身2/3进入停车位时，迅速向左回转转向盘至极限，同时兼顾车右前端与车位内车辆的距离； （5）注意观察右侧后视镜，当车身全部进入停车位后，迅速回转转向盘的同时停车	
指导练习	1.训练要点 （1）教练员讲解操作要求，学员逐个进行实际操作； （2）靠路边停车，L形、S形倒车入位的方法。 2.易犯的错误 （1）停车前不通过内、外后视镜观察右侧交通情况； （2）开门前不侧头观察侧后方和左侧交通情况； （3）停车后，车身距离道路右侧边缘线大于30cm； （4）拉紧驻车制动器前放松行车制动踏板	（1）学员练习时，教练员随车指导； （2）教练员对学员出现的错误做好记录
训练讲评	动作完成的基本情况，存在的问题，下一步训练侧重点	1.强调本次训练的重点 2.提出改正意见
考核标准	详见本书第50页	

9 掉头训练教案（表7-39）

掉 头 训 练 教 案　　表7-39

教学项目	课题八　掉头	教学学时	1
教学目标	掌握安全、规范的掉头方法		
教学内容	掉头		
重点难点	（1）掉头地点的选择；（2）掉头过程中的观察和避让		
教学方法	教练员随车讲解、指导		
教学手段	实际道路上驾驶操作		
教学场所	实际道路		
教 学 过 程 设 计			
教学活动	内　容	教 学 指 导	
教学要点	1.掉头地点的选择 2.安全掉头方法	教练员结合教材在实车进行讲解、训练	

续上表

教学活动	内　容	教学指导
示范动作	1.掉头地点的选择 （1）根据道路条件或交通情况，选择不妨碍正常通行的车辆和行人的允许掉头的安全路段进行； （2）掉头地点应尽量选择交通流量小、道路较宽能一次完成掉头的地段和路口； （3）严禁在人行横道线、铁路道口、窄路、弯道、桥梁、隧道、涵洞和有禁止掉头标志的路段掉头。 2.安全掉头方法 （1）在设有隔离设施允许掉头的路段或路口掉头时，提前开启左转向灯，在不应影响其他车辆正常行驶的情况下向左侧变更车道，按交通标志的指向完成掉头； （2）在无隔离设施允许掉头的路段掉头时，仔细观察道路上的交通情况，必要时应停车进行观察，确认车辆前后无车辆或行人通过时，方可打开转向灯进行掉头； （3）掉头时，应严格控制车速，认真观察道路上交通动态，不得妨碍正常行驶的其他车辆和行人通行，确保安全通行； （4）掉头的每一次前进或后倒过程中，都应认真观察车辆后侧及两侧道路的交通情况并确认安全，充分考虑车辆的前端和后端及障碍物的距离，以防发生意外； （5）在坡道上因故必须掉头时，每次停车都应使用行车制动器和驻车制动器控制，以免因车辆溜动而发生事故	（1）教练员根据学员的理解程度讲解，必要时重复讲解、示范，直至学员完全理解； （2）学员在理解的基础上，按照教练员的要求进行操作； （3）教练员随车进行指导，及时纠正学员的错误动作
指导练习	1.训练要点 （1）教练员讲解操作要求，学员逐个进行实际操作； （2）掉头地点的选择和安全掉头的方法。 2.易犯的错误 （1）掉头前不通过内外后视镜观察右侧交通情况； （2）掉头地点选择不当； （3）妨碍正常行驶的其他车辆和行人通行	（1）学员练习时，教练员随车指导； （2）教练员对学员出现的错误做好记录
训练讲评	动作完成的基本情况，存在的问题，下一步训练侧重点	1.强调本次训练的重点 2.提出改正意见
考核标准	详见本书第51页	

⑩ 夜间驾驶训练教案（表7-40）

夜间驾驶训练教案　　表7-40

教学项目	课题九　夜间驾驶	教学学时	2
教学目标	掌握灯光的使用方法和夜间驾驶规律，正确变换灯光和使用信号装置，能够在夜间道路安全行车		
教学内容	夜间驾驶与灯光的使用		
重点难点	（1）正确使用灯光和信号装置；（2）夜间对路面的判断与识别		
教学方法	教练员随车讲解、指导		
教学手段	实际道路上驾驶操作		
教学场所	实际道路		
教学过程设计			
教学活动	内　容	教学指导	
教学要点	1.夜间灯光的正确使用 2.夜间路面的判断与识别	教练员结合教材在实车进行讲解、训练	
示范动作	1.灯光的使用 （1）起步前先开启车近光灯，看清道路及周边情况，确认安全后再起步；		

续上表

教学活动	内　　容	教学指导
示范动作	（2）在有路灯、照明良好的道路上行驶或车速低于30km/h，应使用近光灯； （3）在没有路灯或照明差的道路上行驶，车速高于30km/h，应使用远光灯； （4）停车时，待停稳后再关灯。 2.会车 （1）在没有路灯或照明不良的道路上会车，应距对面来车150m之外，与对方车辆配合变换远近光灯；距对面来车150m时，互闭远光灯，改用近光防炫目灯； （2）在照明条件好的道路上会车时，应提前关闭远光灯，改用近光灯；两车交会车时关闭近光灯，只开小灯或示廓灯，当两车的灯光通过驾驶室后，方可开启近光灯行驶； （3）遇对面来车不关闭远光灯时，应继续变换远、近光灯示意；对方车辆仍不改用近光灯，不要直视对面来车的灯光，应及时减速或停车让路。 3.跟车 （1）夜间同方向近距离跟车行驶，使用近光灯，并保持较大的安全车距； （2）随时注意观察前车信号灯的变化，随时做好减速或停车的准备； （3）夜间行驶速度应控制在遇到紧急情况制动时，车辆能在前照灯的照射范围内安全减速停车。 4.超车 （1）在照明条件好的路段超车时，提前开启左转向指示灯，逐渐向左变更车道，并变换远近灯光提醒被超车辆； （2）确认被超车辆让车后，开启近光灯，加速超越； （3）超越后，在不影响被超车辆行驶的前提下，开启右转向灯逐渐驶回原行驶车道。 5.让超车 （1）夜间行车遇后方车辆变换远近光灯示意超车时，只要前方交通条件允许，应及时减速让路，并关闭远光灯让超； （2）让超过程中，发现前方有妨碍超车的情况时，开启右转向灯，主动减速，必要时可停车让行，缩短超车的距离和时间，配合后车安全超越。 6.通过交叉路口 （1）通过视线较差的交叉路口时，距路口150m以外，进行远近光变换，示意左右来往的车辆和行人，低速通过； （2）路口转弯时，距路口30～100m关闭远光灯，开启转向灯示意，进入路口前应降低车速，不断变换远近光灯，安全通过； （3）通过城市交叉路口时，提前选择行驶车道，距交叉路口100m，关闭近光灯，按交通信号灯的提示通过或等候； （4）遇信号灯解除黄灯闪烁时，减速慢行或停车望，并变换远近光灯提醒来往车辆行人。 7.通过急转弯 （1）通过较急的弯路，距转弯150m处，交替使用远近光灯示意； （2）转弯时应关闭远光灯，开启近光灯低速靠右侧行驶，并随时做好停车准备； （3）通过连续弯道时，持续使用远近灯光示意，将视线注视到弯道尽头，适时调整行驶方向，确保安全。 8.通过坡、拱桥 （1）上坡行驶，提前加速冲坡，交替使用远近光灯示意，提醒对面来车和行人注意； （2）车辆驶近坡顶时，要合理的控制车速，将远光灯换为近光灯，以防对面来车眩目而造成车辆失控；	（1）教练员根据学员的理解程度讲解，必要时重复讲解、示范，直至学员完全理解； （2）学员在理解的基础上，按照教练员的要求进行操作； （3）教练员随车进行指导，及时纠正学员的错误动作。 **知识链** **夜间道路的判断与识别** （1）灯光照射距离由远及近，表明车辆驶进转弯一侧有山体或屏障的弯道、到达起伏坡道的低谷地段、驶近或驶入上坡道； （2）灯光照射距离由近变远，表明车辆即将由弯道进入直线道、由下缓坡驶入下陡坡、由下坡道驶入平路、即将进入下坡道； （3）灯光照射离开路面，表明前方出现急转弯、面临大坑或上坡车已驶到坡顶； （4）灯光照射由路中移到路侧，表明前方出现一般弯道；进入连续弯道，灯光随之从道路的一侧移到另一侧

续上表

教学活动	内 容	教学指导
示范动作	（3）下坡行驶，开启远光灯，以增大视线范围。 9.通过人行横道 （1）通过人行横道前，据路口100m减速慢行，交替使用远近光灯示意； （2）通过人行横道时，降低车速，使用近光灯，注意提防黑暗中的非机动车和行人，谨慎驾驶车辆。 10.发生故障或交通事故 在道路上遇车辆故障或发生交通事故，车辆不能移动时，及时开启危险报警闪光灯，同时开启示廓灯和后位灯	
指导练习	1.训练要点 （1）教练员讲解操作要求，学员逐个进行实际操作； （2）夜间正确使用灯光的方法。 2.易犯的错误 （1）不按规定使用灯光； （2）超车不变换使用远近光灯； （3）会车使用近光灯； （4）跟车行驶使用远光灯	（1）学员练习时，教练员随车指导； （2）教练员对学员出现的错误做好记录
训练讲评	动作完成的基本情况，存在的问题，下一步训练侧重点	1.强调本次训练的重点 2.提出改正意见
考核标准	详见本书第51页	

11 预见性驾驶与节能技术训练教案（表7-41）

预见性驾驶与节能技术训练教案 表7-41

教学项目	课题十 预见性驾驶与节能技术	教学学时	2
教学目标	掌握通过人行横道线、学校区域、公共汽车站、弯道及其他视线不良等交通状况下的预见性驾驶方法		
教学内容	（1）预见性驾驶；（2）预见性节能驾驶		
重点难点	（1）对不同交通状况的险情预测；（2）通过人行横道线、学校区域、公共汽车站的预见性驾驶		
教学方法	教练员随车讲解、指导		
教学手段	实际道路上驾驶操作，特殊环境可通过模拟器上进行教学		
教学场所	实际道路		

教 学 过 程 设 计		
教学活动	内 容	教学指导
教学要点	1.几种情况下的预见性驾驶方法 2.预见性节能驾驶	教练员结合教材在实车、模拟器进行讲解、训练
示范动作	1.通过人行横道 （1）车辆接近人行横道线时，提前减速观察，随时准备停车礼让行人； （2）遇行人或机动车通过人行横道时，及时停车让行，不得抢行或绕行； （3）通过人行横道时，注意观察人行道左右两侧是否有行人、非机动车通行； （4）看到行人站在行人专用的人行横道绿灯附近时，要预见行人可能按了按钮，指示灯将要变化，行人会迅速通过人行横道； （5）看到人行横道前有停止的车辆时，一定要停车，不要盲目通过，前车可能是停车避让行人； （6）不要在人行横道及附近直行超车和变向超车，尤其要提防那些行动缓慢的人，可能还滞留在人行横道上。	（1）教练员根据学员的理解程度讲解，必要时重复讲解、示范，直至学员完全理解； （2）学员在理解的基础上，按照教练员的要求进行操作； （3）教练员随车进行指导，及时纠正学员的错误动作

续上表

教学活动	内　容	教学指导
示范动作	2.通过学校区域 （1）车辆行至学校附近或有注意儿童标志路段时，一定要及时减速，注意观察道路两侧或周围的情况，时刻提防学生横过道路； （2）在上学或放学时段，随时准备避让横过道路的学生和儿童。 3.通过公共汽车站 （1）超越停在公共汽车站的车辆时，应减速慢行，保持较大的安全间距； （2）注意避让超越公共汽车的非机动车或行人，预防车站停车上下乘客从车前或车后出现横穿道路。 4.通过狭窄急弯 （1）在城镇的胡同和里弄行车，经常会遇到直角转弯的路口，必须提前减速、鸣喇叭； （2）行至急弯处，应充分减速，并靠近右侧行驶；预防转弯处有停放的车辆或突然有行人或非机动车突然拐出。 5.在视线不清的路段行驶 （1）在拥堵路段行驶，应减速行驶，并与前车保持安全间距，依次尾随行驶，随时准备处理突然出现的危险情况； （2）雨天行车，应减速行驶，并与车辆与行人保持安全车距，随时做好处理出现危险情况的准备； （3）雪天行车，应低速行驶，未安装防滑链的车辆，不得采取急制动；与对面来车交会时，要随时提防对面来车侧滑，以免发生刷碰事故	知识链 预见性节能驾驶 （1）出车前规划好行驶线路，选择行驶路线要兼顾最优的时间和距离，避开车流高峰、商业集中的街道、车流拥挤的地方、经常容易堵车的线路和学校、医院等人、车较多的地方，减少起步、停车和变更车道的次数，避免不必要的掉头和倒车，可降低燃油消耗； （2）考虑出行线路时，行车距离最近不是唯一的选择依据，要顾及选定的线路是不是有过多的红绿灯尤其重要。避开红绿灯较多的路段，使车辆顺畅地行驶，是节约燃料的最好选择； （3）长途行车，应详细了解沿途道路的情况，尽量选择路线短，道路条件好和穿越城市或村庄少的道路行驶
指导练习	1.训练要点 （1）教练员讲解操作要求，学员逐个进行实际操作； （2）几种情况的预见性驾驶。 2.易犯的错误 （1）通过人行横道线、学校区域和公共汽车站不按规定减速慢行； （2）通过人行横道线、学校区域和公共汽车站不观察左、右方交通情况； （3）遇行人通过人行横道不停车让行	（1）学员练习时，教练员随车指导； （2）教练员对学员出现的错误做好记录
训练讲评	动作完成的基本情况，存在的问题，下一步训练侧重点	1.强调本次训练重点 2.提出改正意见
考核标准	详见本书51页	

12 复杂道路交通环境下模拟驾驶训练教案（表7–42，表7–43）

恶劣气象条件下安全行车　　表7–42

教学项目	课题一　恶劣气象条件下安全行车	教学学时	1
教学目标	掌握雾天、雨天、大风天气、高温和低温气候条件下安全驾驶的要领和方法		
教学内容	恶劣气象条件下安全行车		
重点难点	（1）对不同交通状况的险情预测；（2）通过人行横道线、学校区域、公共汽车站的预见性驾驶		
教学方法	教练员讲解、指导		
教学手段	通过模拟或多媒体进行教学		
教学场所	驾驶模拟器、多媒体教室		

续上表

教学过程设计		
教学活动	内　容	教学指导
教学要点	雾天、雨天、大风天气、高温和低温气候条件下安全驾驶的要领和方法	教练员结合教材、模拟器、多媒体进行讲解、训练
示范动作	1.雾天安全行车 （1）雾天行车，开启防雾灯、示廓灯，严格控制车速，根据能见度选择不同的车速和安全距离行驶； （2）雾天行车，多使用喇叭以引起对方注意；听到对方车辆鸣喇叭时，要及时鸣喇叭回应；发生道路堵塞时，立即停车，并开启紧急信号灯； （3）会车时，选择宽阔的路段和地点会车低速交会；两车交会，关闭防雾灯，适当鸣喇叭提醒对面车辆注意，发现可疑情况，立即停车让行； （4）跟车行驶时，密切注意前车动态，严格控制车速，适当加大与前车的纵向安全距离，以防与前方车辆保持的距离太近； （5）雾天严禁超越正在行驶的车辆，发现前方车辆靠右边行驶，不可盲目绕行，要考虑到此车是否在避让对面来车； （6）超越路边停放的车辆，要在确认其没有起步的意图而对面确无来车后，适时鸣喇叭，从左侧低速绕过； （7）进入浓雾区前，谨慎行驶，将车速控制在能及时停车的范围内，靠右侧行驶，必要时可开启近光灯从左侧低速绕过。 2.雨天安全行车 （1）雨中行车，应严格控制车速，发生车辆横滑或侧滑情况，切不可急转方向或紧急制动，应利用发动机牵阻减速； （2）遇到大暴雨或特大暴雨，能见度很低，刮水器的作用不能满足要求时，不要冒险行驶，应选择安全地点停车，并打开示廓灯，待雨小或雨停时再继续行驶； （3）雨中遇到行人时，提前减速、鸣喇叭，严禁争道强行，不要从行人身边急速绕过，应与其保持一定的安全距离通过。 3.通过泥泞路 （1）泥泞路段上行车，选用适当挡位（一般可用中低速挡），稳住转向盘，稳住加速踏板，匀速一次性缓缓通过； （2）车辆发生侧滑时，要冷静清醒，在松抬加速踏板的同时，将转向盘向后轮侧滑地一方适当缓转修正方向，切忌猛打转向盘或紧急制动。 4.涉水驾驶 （1）车辆涉水前，对涉水路线的深度、水流速度和水底情况进行调查，不可冒险涉水行驶；涉水时，保持车速均匀平稳且有足够动力，尽量不要中途换挡、停车和急转弯，要“一气”通过涉水路段； （2）涉水行进中，要目视远处固定目标，不要看水流，以防因视觉上判断错误而导致行驶方向的偏移； （3）涉水后，擦干被水浸湿的部位，保持低速行驶，并间断轻踩制动踏板，以恢复制动效果。 5.大风天气驾驶 （1）逆风向行驶时，注意风向突然改变或道路出现较大弯度，风阻突然减少，会使车速猛然增大； （2）行车中，应预防行人为躲避车辆行驶扬起的尘土，在车辆临近时突然跑向道路的另一边； （3）大风天夜间行驶时，使用防炫目近光灯，不宜使用远光灯，以免因出现炫目的光幕而影响视线； （4）风沙特别大时，将车停靠在道路上风处，车头背向风沙，并关闭百叶窗，防止细微沙粒被发动机吸入汽缸而加速机件磨损。 6.高温气候条件下驾驶 （1）行车中，随时注意水温的变化，发现水温直线上升或冷却水沸腾时，应立即停车，待温度适当下降后再补充冷却液；	（1）教练员根据学员的理解程度讲解，必要时重复讲解、示范，直至学员完全理解； （2）学员在理解的基础上，按照教练员的要求进行操作； （3）教练员进行指导，及时纠正学员的错误动作。 **知识链** **1.雾天改善视线的方法** （1）雾较大时，可间歇使用刮水器把风窗玻璃上因雾气凝成的小水珠刮干净，以改善视线； （2）驾驶室内的热气在风窗玻璃内侧凝成的小水珠，可用风窗玻璃除霜功能清除或用干毛巾擦干。 **2.驶出泥泞路的方法** 车辆陷入泥泞路段后，先将车稍向后退出，然后改变车轮行进方向，挂入低速挡，利用发动机的冲力驶出；车轮打滑时，立即停车，挖去泥浆或设法支起车轮，铺垫柴草、碎石或在驱动轮上缠绕绳索等，以加大车轮的“抓地力”。 **3.降低轮胎温度的方法** 行车中，随时观察胎温和胎压变化，发现胎温、胎压过高时，应选择阴凉处停息，使胎温自然恢复正常，不可用放气或浇水的方法进行降温

续上表

教学活动	内　容	教学指导
示范动作	（2）夏季午后天气炎热，行车中极易瞌睡；当感到视线逐渐变得模糊、反应变得迟钝时，应停车休息。 7.低温气候条件下驾驶 （1）露天停放的车辆，润滑油黏度大，起步后应低速行驶一段距离，待温度升高时，再逐渐提高车速； （2）风窗玻璃上易形成冰霜时，应及时进行擦拭，不可勉强行驶； （3）临时停车，选择干燥、避风和朝阳处，停留时间较长时，未加防冻液的车辆应间断起动发动机，以防冷却水结冰而冻裂机体、散热器等机件	
指导练习	训练要点 （1）教练员讲解操作要求，学员逐个进行模拟操作； （2）掌握恶劣气象条件下的驾驶要领	学员练习时，教练员在一边指导
训练讲评	动作完成的基本情况，存在的问题，下一步训练侧重点	1.强调本次训练的重点 2.提出改正意见
考核标准	详见本书第47页	

复杂道路交通环境下模拟驾驶训练教案　　表7–43

教学项目	课题二　复杂道路安全行车模拟训练	教学学时	1
教学目标	掌握城市道路、山区道路、冰雪路安全驾驶的要领和方法		
教学内容	复杂道路安全行车		
重点难点	（1）对不同交通状况的险情预测；（2）通过人行横道线、学校区域、公共汽车站的预见性驾驶		
教学方法	教练员讲解、指导		
教学手段	通过模拟器或多媒体进行教学		
教学场所	驾驶模拟器、多媒体教室		
教学过程设计			
教学活动	内　容	教学指导	
教学要点	城市道路、山区道路、冰雪路安全驾驶的要领和方法	教练员结合教材、模拟器、多媒体进行讲解、训练	
示范动作	1.城市道路安全行车 （1）车辆在道路上行驶，实行右侧通行的原则，划有中心分道线的路段，在分道线右侧行驶；没中心分道线的路段，在道路中间通行； （2）道路划设专用车道的，在专用车道内，只准许规定的车辆通行，其他车辆不得进入专用车道内行驶； （3）按照交通信号通行，遇交通警察现场指挥时，按照交通警察的指挥通行； （4）通过狭窄街道，正确判断和估计街道宽度，注意观察交通动态，随时准备避让行人和非机动车； （5）行径学校门口，提前减速，注意观察学生动态，与学生列队通过街道时，主动停车礼让； （6）胡同内行车，尽量在道路中间行驶，随时提防小巷内有车辆或行人横穿； （7）在机关、学校、居民区等处或有标志规定禁止使用喇叭的时间、路段，禁止使用喇叭；在非禁鸣喇叭的时间、路段，一般一次鸣喇叭时间也不得超过0.5s，连续按鸣不得超过三次。 2.山区道路上坡驾驶 （1）上坡行驶前，判断坡道的坡度大小，如果上中途无法换挡时，为了保持车辆有足够的动力爬坡，提前换入中速挡或低速挡，切不可等到车速过低时再进行减挡；	（1）教练员根据学员的理解程度讲解，必要时重复讲解、示范，直至学员完全理解； （2）学员在理解的基础上，按照教练员的要求进行操作； （3）教练员进行指导，及时纠正学员的错误动作。 知识链 **安全跟车行驶** （1）在繁华街道尾随行车，以前方2～3辆车为目标观察前方交通情况，随时准备减速或停车； （2）遇前方停车排队等候或者缓慢行驶时，依次排队，不得占用对面车道，不得从前方车辆两侧穿插或者超越等候的车辆行驶，不得	

续上表

教学活动	内 容	教学指导
示范动作	（2）通过短而陡的坡道，采用加速冲坡的方法，将近坡顶时提前松开加速踏板，利用惯性冲过坡顶；到达坡顶时，适时控制车速，防止对面的视线盲区突然出现车辆而措手不及； （3）行至较长而陡的坡道，提前减挡，保持发动机动力，在接近坡道时，加速冲坡；车速开始降低，发动机声音由轻快变得沉闷时，迅速减入低一级挡位行驶，以保证有足够的动力驶上坡顶； （4）行至上坡道转弯处，提前减速减挡，靠右侧行驶，并注意鸣喇叭；急转弯时，注意提防弯道对面突然出现的车辆，接近弯道时降低车速，靠右侧行驶，给对面来车留出足够的路面； （5）下长而陡的坡道，在下坡前将车速降至即将停住后，换低速挡下坡，防止因车速太快无法控制而发生危险。 3.山区危险路段驾驶 （1）急弯狭道、地势险峻的路段行车，要集中精力，降低车速，注意交通标志，谨慎驾驶；及时准确地观察路面，选择道路中间或靠山一侧安全行驶； （2）危险路段会车，做到“礼让三先”，选择安全地点会车；会车地点在弯道、悬崖或溪崖旁地势比较危险时，停车观察路基情况，在确保安全的前提下缓缓会车；在靠山一侧会车，尽量使车辆靠近峭壁； （3）通过便、险桥前，认真观察便、险桥和桥面状况，必要时停车察看，确认安全；通过时，注意选择行驶路线，提前减速，换入低速挡匀速通过，中途尽量避免停车或紧急制动。 4.冰雪路驾驶 （1）冰雪路行车，有条件的要安装防滑链，用发动机的牵阻控制车速，低速行驶； （2）积雪覆盖的道路，有时沟壑被积雪掩盖，道路的轮廓难以辨别；行车时应根据道路两旁的树木、电杆等参照物判断行驶路线，控制车速，低速行驶； （3）行车中，有车辙的路段应循车辙行驶，转向盘不可急打急回，以防车辆侧滑偏出道路； （4）行车中车辆发生侧滑时，立即缓慢、适当地向后轮侧滑的一方转动转向盘，可连续数次回转转向盘，以便调整车身； （5）在弯路、坡道及河谷等危险地段行驶时，注意选择好行驶路线；路况稍有可疑应立即停车，待察看清楚确认安全后再继续行驶； （6）超、会车时，选择比较安全的地段靠右侧慢行，适当增大两车的横向间距，且与路边保持一定距离，可选择较宽的地段停车让行	在人行横道、网状线区域内停车等候； （3）下坡行驶，应尽量使用发动机的牵阻控制车速，避免过多地使用行车制动；前方有车辆时，要与前车保持充分的安全距离，不得超车； （4）跟车行驶，与前车保持较大的纵向距离，一般为正常道路条件的1.5～3倍；遇前车突然放慢速度，可采用间歇缓踏制动踏板辅以驻车制动器的方法，切忌将行车制动器一脚踏到底或使用驻车制动器过急过猛
指导练习	训练要点 （1）教练员讲解操作要求，学员逐个进行模拟操作； （2）掌握复杂道路条件下的驾驶要领	学员练习时，教练员在一边指导
训练讲评	动作完成的基本情况，存在的问题，下一步训练侧重点	1.强调本次训练的重点 2.提出改正意见
考核标准	详见本书第47页	

13 高速公路模拟驾驶训练教案（表7-44）

高速公路模拟驾驶训练教案　　表7-44

教学项目	课题三　高速公路安全行车模拟训练	教学学时	1
教学目标	掌握高速公路安全驾驶的要领和方法		
教学内容	高速公路模拟驾驶		

续上表

<table>
<tr><td>教学项目</td><td>课题三　高速公路安全行车模拟训练</td><td>教学学时</td><td>1</td></tr>
<tr><td>重点难点</td><td colspan="3">（1）高速公路安全行驶常识；（2）对高速公路的认知</td></tr>
<tr><td>教学方法</td><td colspan="3">教练员讲解、指导</td></tr>
<tr><td>教学手段</td><td colspan="3">通过模拟器或多媒体上进行教学</td></tr>
<tr><td>教学场所</td><td colspan="3">驾驶模拟器、多媒体教室</td></tr>
<tr><td colspan="4">教 学 过 程 设 计</td></tr>
<tr><td>教学活动</td><td>内　容</td><td colspan="2">教 学 指 导</td></tr>
<tr><td>教学要点</td><td>高速公路安全驾驶的要领和方法</td><td colspan="2">教练员结合教材、模拟器、多媒体进行讲解、训练</td></tr>
<tr><td>示范动作</td><td>1.安全驶入高速公路
（1）车辆驶近收费处时，严格遵守限速规定，选择绿灯亮的入口，依次排队通行；
（2）设有电子收费系统（ETC）的收费站，持有电子标签的车辆可以在30km/h内不停车直接经专用收费车道通行；
（3）进入收费入口处，尽量将车身靠近收费亭，停车时使驾驶室门窗对齐收费窗口；
（4）在入口处领到通行卡后，要妥善收存好，以备出口时交卡和通行费；
（5）通过收费处后，注意观察指路标志，选择驶入的匝道；
（6）进入匝道后，尽快地提高车速，但不能超过标志规定的速度；前方有行驶的车辆时，要保持足够的安全间距；
（7）车辆进入加速车道，迅速提高车速，开启左转向灯，尽快将车速提高到60km/h以上，避免在加速车道上减速或停车。
2.行车道安全驾驶
（1）通过后视镜观察后方行车道上的车辆，正确估计车流速度，调整和控制好车速，根据车流情况确定汇入车流的时机，尽快驶入行车道；
（2）进入行车道后，严格遵守分道行驶，各行其道的原则；根据行驶速度选择行驶车道，不得随意穿行越线，不准骑、压分界线；
（3）机动车在高速公路上通行时，应当严格遵守最高时速和最低时速规定。在有限速标志的路段，应及时将车速控制到限速以内；
（4）变更车道时，通过后视镜提前观察进入车道的交通情况，确认后方无来车后，在不影响其他车辆正常行驶的情况下，开启转向灯，缓慢转向，同时注意观察后视镜，加速变道；
（5）遇行驶前方道路上有障碍、因事故前方车道堵塞、道路施工占道及自然灾害造成前方路段损坏需变更车道时，注意观察道路上设置的标志或警示牌，按照标志或警示牌上要求行驶；
（6）行至隧道入口前约50m左右，打开前照灯、示廓灯、尾灯，及时察看车速表，根据隧道口标志上规定的速度调整车速；驶出隧道前，通过车速表确认行车速度；到达出口时握稳转向盘，以防隧道口处的横向风引起车辆偏离行驶路线；驶出隧道后，在亮适应过程中切勿盲目加速，以免因视力瞬时下降不适应而造成危险；
（7）通过立交桥时，距立交桥500m，逐渐降低车速，根据预告标志适时地向右完成车道的变更，平顺的驶入预定车道；距出口50～100m时，开启右转向灯，按照指路标志的要求进入匝道，驶入新的行高速公路行车道。
3.高速公路停车
（1）在高速公路行驶的车辆发生故障必须停车时，控制好车速，看清车前车后的交通情况，开启右转向灯，尽快驶离行车道，停在紧急停车带或右侧路肩内；
（2）停车后，立即开启危险报警闪光灯，在车后方150m以外设置警告标志，夜间需同时开启示宽灯和尾灯；将车上人员迅速转移到右侧应急车道内或者护栏以外；</td><td colspan="2">（1）教练员根据学员的理解程度讲解，必要时重复讲解、示范，直至学员完全理解
（2）学员在理解的基础上，按照教练员的要求进行操作；
（3）教练员进行指导，及时纠正学员的错误动作。
知识链
安全通过跨江大桥
（1）通过跨江大桥前，注意观察标志标线，提前选定行驶路线，严格按标志限定的速度和标线行驶。正常情况下，通过高速公路跨江大桥，车速应不超过100km/h；
（2）行经江面、河口路段时，往往会受到强横向风影响，应握稳转向盘，以防江口处的横向风使车辆偏离行驶路线或翻车；冬季雨雪天后的早晚行车中，遇桥梁、高架、匝道，必须控制车速，防止桥面残有积雪、结冰</td></tr>
</table>

续上表

教学活动	内　容	教学指导
示范动作	（3）前方遇事故时，要做到有序停车，不得占用应急车道。 4.驶离高速公路 （1）行驶到距出口2km预告标志后，左侧车道以上行驶的车辆，逐渐变道至最右侧行车道； （2）距出口500m时，开启右转向灯，适当调整车速，逐渐平顺地从减速车道口的始端驶入减速车道； （3）驶入减速车道后，注意观察车速表，并逐渐减速，使车速在进入匝道前减至40km/h或标志牌规定的速度以内，不得未经减速车道减速，直接从主车道驶入匝道； （4）如果已驶过出口，只能继续向前行驶至立体交叉桥掉头，或者在下一出口驶离；严禁在高速公路紧急制动、停车、倒车、掉头、逆行、穿越中心隔离带供紧急情况使用的缺口	
指导练习	训练要点 （1）教练员讲解操作要求，学员逐个进行模拟操作； （2）掌握高速公路的安全驾驶要领	学员练习时，教练员在一边指导
训练讲评	动作完成的基本情况，存在的问题，下一步训练侧重点	1.强调本次训练的重点 2.提出改正意见
考核标准	详见本书第47页	

4 安全文明驾驶常识理论教学教案

1 教学内容

（1）安全行车、文明驾驶知识。

（2）高速公路、山区道路、桥梁、隧道、夜间、恶劣气象和复杂道路条件下的安全驾驶知识。

（3）出现爆胎、转向失控、制动失灵等紧急情况时的临危处置知识。

（4）发生交通事故后的自救、急救等基本知识，以及常见危险物品知识。

2 安全行车、文明驾驶教学教案（表7-45）

安全行车、文明驾驶教学教案　　表7-45

教学项目	第一章　安全行车、文明驾驶知识	教学学时	4
教学目标	（1）掌握上、下车前的安全确认方法及安全装置的操作要领；（2）掌握驾驶环境对安全行车影响的知识；（3）养成安全礼让、文明驾驶的道德意识；（4）掌握与安全行为密切相关的知识，树立交通安全意识		
教学内容	（1）安全操作要领；（2）驾驶环境对安全行车的影响；（3）文明驾驶；（4）安全驾驶行为		
重点难点	文明驾驶、安全行为及安全意识的培养		
教学方法	讲授、讨论、演示、播放视频		
教学手段	电脑、投影仪、投影幕、多媒体教学软件、视频资料		
教学场所	第__教室		
教学过程设计			
教学活动	内　容	教学指导	
导入新课	播放安全操作或道路交通现状视频	结合多媒体软件、视频进行讲解	
讲课内容（板书设计）	第一节　安全操作要领 一、安全检查 1.上车前的安全确认		

续上表

教学活动	内　　容	教学指导
讲课内容 （板书设计）	2.下车前的安全确认 3.出车前的安全检查 二、安全机构的操作要领 1.转向盘位置的调整 2.行车制动器的安全使用 3.变速器操纵杆安全操作方法 4.自动变速器的安全使用方法 第二节　驾驶环境对安全行车的影响 一、天气条件对安全行车的影响 1.雨天对安全行车的影响 2.雾天对安全行车的影响 3.大风天气对安全行车的影响 二、道路条件对安全行车的影响 1.夜间道路环境对安全行车的影响 2.冰雪道路对安全行车的影响 3.泥泞道路对安全行车的影响 4.水毁路面对安全行车的影响 5.山区道路对安全行车的影响 三、其他交通情况对安全行车的影响 1.行人对安全行车的影响 2.违章超车对安全行车的影响 第三节　文明驾驶 一、遵纪守法，助人为乐 1.遵纪守法的驾驶行为 2.助人为乐的道德意识 二、谨慎驾驶，文明行车 1.谨慎驾驶的原则 2.文明行车的习惯 3.常见的驾驶陋习 第四节　安全驾驶行为 一、变更车道时的安全驾驶 1.绕过前方障碍物时安全变更车道 2.行车中安全变更车道 3.在交叉路口安全变更车道 二、交会时的安全驾驶 1.汇入车流时的安全行车与礼让 2.会车时的安全行车与礼让 3.超车时的安全行车与礼让 4.让超车时的安全行车与礼让 5.超越障碍物时的安全行车 三、起步、停车时的安全驾驶 1.起步时的安全驾驶与礼让 2.临时停车时的安全驾驶与礼让 3.雨天临时停车时的安全驾驶与礼让 4.雾天临时停车时的安全驾驶与礼让 5.夜间临时停车时的安全驾驶与礼让 6.雪天临时停车时的安全驾驶与礼让 7.安全停放车辆的驾驶与礼让 四、倒车、掉头时的安全驾驶 1.倒车时的安全驾驶与礼让 2.掉头时的安全驾驶与礼让 五、通过弯道时安全驾驶 1.弯道的安全行驶 2.山区弯道的安全行驶	（1）结合案例，配合多媒体、进行演示、讲解； （2）掌握上、下车方法及安全装置的操作要领； （3）重点掌握与安全行为密切相关的知识，树立交通安全意识； （4）每个要点可结合考试题库讲解

续上表

教学活动	内 容	教学指导
讲课内容 （板书设计）	六、通过路口的安全驾驶 1.通过交叉路口时的安全驾驶 2.通过铁路道口时的安全驾驶 3.通过环岛时的安全驾驶 七、行车中对行人的安全行车与礼让 1.行车中对异常行人的安全行车与礼让 2.遇儿童时的安全行车与礼让 3.遇老年人时的安全行车与礼让 4.遇残疾人时的安全行车与礼让 5.遇缺乏交通经验行人时的安全行车与礼让 6.保护乘车人的安全行车 7.遇赶牲畜人时的安全行车与礼让 8.通过人行横道线时的安全行车与礼让 9.雨天遇行人的安全行车与礼让 八、行车中遇非机动车时的安全驾驶 1.遇自行车时的安全行车与礼让 2.遇人力车时的安全行车与礼让 3.遇畜力车（牲畜）时的安全行车与礼让 九、通过学校、小区、车站的安全驾驶 1.通过学校的安全行车与礼让 2.通过小区的安全行车与礼让 3.通过公共汽车站点的安全行车与礼让 十、遇异常行驶车辆的安全行车与礼让 1.遇特种车辆的安全行车与礼让 2.遇其他异常行驶机动车的安全行车与礼让	
课堂练习	从考试题库中选择两种题型中的部分试题进行练习	教练员可从理论考试题库中选择典型试题组织练习
课后作业	要求学员熟记与教学内容相关的试题库中的试题	

3 典型道路及恶劣气象条件下的安全驾驶知识教学教案（表7–46）

典型道路及恶劣气象条件下的安全驾驶知识教学教案　　表7–46

教学项目	第二章　典型道路及恶劣气象条件下的安全驾驶知识	教学学时	6
教学目标	（1）了解高速公路、山区道路的基本特点、行车方法和注意事项；（2）了解通过桥梁、隧道的行车方法和注意事项；（3）了解夜间行车的特点、一般规律及道路的识别与判断，正确使用照明和信号装置；（4）了解雨天、雾天、冰雪路面、泥泞路、翻浆路、涉水、施工路段等恶劣条件的特点和驾驶方法		
教学内容	（1）高速公路驾驶；（2）山区道路驾驶；（3）通过桥梁、隧道的安全驾驶；（4）夜间安全驾驶；（5）恶劣气象和复杂道路条件下的安全驾驶		
重点难点	典型道路及恶劣气象条件下的安全行车知识		
教学方法	讲授、讨论、演示、播放视频		
教学手段	电脑、投影仪、投影幕、多媒体教学软件、视频资料		
教学场所	第__教室		
教学过程设计			
教学活动	内 容	教学指导	
导入新课	例举1～2个高速公路或山区道路的典型交通事故案例	结合多媒体软件、视频讲解	
讲课内容 （板书设计）	第一节 高速公路安全驾驶知识 一、安全驶入高速公路 1.驶入高速公路收费口的安全驾驶		

续上表

教学活动	内　　容	教学指导
讲课内容 （板书设计）	2.高速公路匝道上的安全驾驶 3.高速公路加速车道上的安全驾驶 4.驶入高速公路行车道的安全驾驶 二、高速公路安全行车 1.高速公路行车道的选择 2.高速公路行车道的速度控制 3.高速公路行车中的安全距离 4.高速公路安全距离确认路段的正确使用 5.高速公路变更车道时的安全驾驶 6.驶离高速公路行车道的安全驾驶 三、安全驶离高速公路 1.高速公路减速车道上的安全驾驶 2.驶离高速公路的安全驾驶 第二节　山区道路安全驾驶知识 一、山区特殊路段的安全驾驶 1.山路坡道的安全驾驶 2.山路弯道的安全驾驶 3.山区险路的安全驾驶 二、山区道路安全驾驶 1.山路跟车时的安全驾驶 2.山路超车时的安全驾驶 3.山路会车时的安全驾驶 第三节　通过桥梁、隧道的安全驾驶知识 一、通过桥梁的安全驾驶 1.通过立交桥的安全驾驶 2.通过桥梁的安全驾驶 3.通过危险和陌生桥梁的安全驾驶 二、通过隧道的安全驾驶 1.通过单向行驶隧道的安全驾驶 2.通过双向行驶隧道的安全驾驶 第四节　夜间安全驾驶知识 一、夜间灯光的正确使用 二、夜间道路交通情况的观察 三、夜间路面的识别与判断 四、夜间行驶速度的控制 五、夜间超车时的安全驾驶 六、夜间会车时的安全驾驶 第五节　恶劣气象和复杂道路条件下的安全驾驶知识 一、雨、雾天气的安全驾驶 二、冰雪道路的安全驾驶 三、泥泞道路的安全驾驶 四、涉水时的安全驾驶 五、施工路段的安全驾驶	（1）结合案例，配合多媒体、进行演示、讲解； （2）了解典型道路及恶劣气象条件下的安全驾驶知识； （3）重点掌握与安全行为密切相关的知识，树立交通安全意识； （4）每个要点可结合考试题库讲解
课堂练习	熟记所学内容的要点，从考试题库中选择两种题型中的部分试题进行练习	教练员可从理论考试题库中选择典型试题组织练习
课后作业	要求学员熟记与教学内容相关的试题库中的试题	

4 紧急情况的应急处置知识教学教案（表7–47）

紧急情况的应急处置知识教学教案 表7–47

教学项目	第三章 紧急情况的应急处置知识	教学学时	4
教学目标	（1）了解爆胎、侧滑、转向失控、制动失灵和车辆发生碰撞、倾翻、落水等紧急情况的应急措施；（2）了解火灾紧急情况的应急措施及消防知识；（3）了解高速公路行车中的紧急避险方法；（4）了解紧急情况的处置原则		
教学内容	（1）行驶中出现突然情况的应急处置；（2）车辆发生事故时的应急处置及消防知识；（3）高速公路上的紧急避险；（4）紧急情况的处置原则		
重点难点	行车中遇到各种紧急情况的应急处理知识		
教学方法	讲授、讨论、演示、播放视频		
教学手段	电脑、投影仪、投影幕、多媒体教学软件、视频资料		
教学场所	第__教室		
教学过程设计			
教学活动	内　容	教学指导	
导入新课	例举1～2个典型紧急情况处置案例	结合多媒体软件或视频讲解	
讲课内容（板书设计）	第一节 行驶中出现突然情况的应急处置 一、轮胎爆胎时的应急处置 1.轮胎漏气时的应急处置 2.突然爆胎时的应急处置 二、转向突然不灵、失控时的应急处置 1.转向突然不灵时的应急处置 2.转向突然失控时的应急处置 三、制动突然失灵时的应急处置 1. ABS（防抱死制动系统）知识 2.制动突然失灵时的应急处置 3.下坡路制动突然失灵时的应急处置 四、发动机突然熄火应急处置 第二节 车辆发生事故时的应急处置 一、车辆侧滑时的应急处置 1.滑湿路面侧滑时的应急处置 2.泥泞路面侧滑时的应急处置 二、车辆碰撞时的应急处置 1.车辆刚碰时的应急处置 2.车辆正面碰撞时的应急处置 3.车辆侧面碰撞时的应急处置 三、车辆倾翻时的应急处置 1.车辆缓慢倾翻时的应急处置 2.车辆连续倾翻时的应急处置 四、车辆发生行车火灾时的应急处置 1.发动机着火时的应急处置 2.燃油着火时的应急处置 3.救火的正确方法 五、车辆落水后的应急处置 1.车辆落水后的自救 2.车辆落水后的逃生 第三节 高速公路紧急避险 一、高速公路紧急避险的原则 二、高速公路发生“水滑”时的应急处置 三、高速公路行驶急需停车时的处置 四、高速公路雾天碰撞时的处置 五、高速公路意外碰撞护栏时的处置	（1）配合多媒体进行演示、讲解； （2）要强调让学员重点掌握的内容和要点； （3）每个要点可结合考试题库讲解	

续上表

教学活动	内　　容	教学指导
讲课内容（板书设计）	六、遇横风时的应急处置 第四节　紧急情况处置的原则 一、预防乘车人受伤害的措施 二、遇险时对乘车人的保护 三、遇险后保护乘车人的应急措施	
课堂练习	从考试题库中选择两种题型中的部分试题进行练习	教练员可从理论考试题库中选择典型试题组织练习
课后作业	要求学员熟悉与教学内容相关的试题库中的试题	
考核标准	详见本书第48页	

5 伤员自救、急救及常见危险品知识教学教案（表7-48）

伤员自救、急救及常见危险物品知识教学教案　　表7-48

教学科目	第七章　伤员自救、急救及常见危险物品知识	教学学时	4
教学目标	（1）掌握正确的自救、急救方法；（2）了解常见危险物品常识		
教学内容	（1）伤员自救、急救的基本知识；（2）常见危险物品		
重点难点	伤员急救知识		
教学方法	讲授、讨论、演示、播放视频		
教学手段	电脑、投影仪、投影幕、多媒体教学软件、救护教具		
教学场所	第__教室		
教学过程设计			
教学活动	内　　容	教学指导	
导入新课	例举由于在事故现场对伤员没有及时进行救护而造成伤员死亡或伤残的案例	结合多媒体软件讲解和用救护教具现场示范演示	
讲课内容（板书设计）	第一节　伤员自救、急救知识 一、伤员急救的基本要求 二、伤员的自救与急救 1.昏迷不醒伤员的急救 2.呼吸中断伤员的急救 3.失血伤员的急救 4.休克伤员的急救 5.烧伤伤员的急救 6.中毒伤员的急救 7.头部损伤伤员急救 8.骨折伤员处置 三、常用伤员急救方法 1.人工呼吸法 2.胸外心脏按压法 3.双人心肺复苏抢救法 4.单人心肺复苏抢救法 5.指压止血法 6.包扎止血法 7.绷带包扎法 8.三角巾包扎法 9.骨折固定法 第二节　常见危险化学品知识 一、常见危险化学品的特性 二、危险化学品运输中特殊情况的处理	（1）配合多媒体、挂图进行演示、讲解； （2）要强调让学员重点掌握信号灯、标志、标线、交通警察手势信号的形状、图示； （3）每个要点可结合考试题库讲解	
课堂练习	从考试题库中选择两种题型中的部分试题进行练习	教练员可从理论考试题库中选择典型试题组织练习	
课后作业	要求学员熟记与教学内容相关的试题库中的试题		

第二节 规范化教学指导

规范化教学是驾驶员培训教学中一个重要的环节，教练员应严格按照规范化教学的要求实施教学，以确保教学质量。教授规范的驾驶操作方法和运用规范教学手势与口令，是规范化教学的基本要求。

一 教学原则

1 循序渐进

教练员对训练没有任何计划，想教什么就教什么，想怎么教就怎么教，会导致学员出现“吃不饱”或者“消化不良”的问题，不利于学员掌握驾驶技能。

新颁布的《教学与考试大纲》将教学大纲和教学计划融为一体，并与学员技能形成的阶段性特征相吻合，把驾驶培训分为三个教学阶段，各阶段之间彼此联系；同时，遵循了学员认识活动的规律，使学员的技能形成实现由低级向高级、由简单向复杂的过渡。教练员应按照《教学与考试大纲》的要求，针对学员的实际情况，有计划、有步骤地进行训练。这样有利于教练员发现学员训练中存在的问题，及时纠正；有利于教练员阶段性地检查和了解学员训练的效果，决定是否可以进行新的训练项目；有利于学员系统学习，全面掌握驾驶技能。

2 理论联系实际

驾驶活动是一项比较复杂的活动，必须以掌握相关的理论知识为前提，尤其对于综合性的、复杂的驾驶操作，更要熟练掌握必要的专业理论知识。

教练员没有一定理论知识作支撑，仅凭感性认识和经验进行驾驶技能教学，很难保证教学效果。一方面，学员很难对驾驶技能有深刻的认识；另一方面，学员难以应付交通中出现的各种复杂情况及突发事件，尤其是遇到自己没有处理过的情况，更难以用学过的知识技能去组织和调节自己的驾驶行为。所以，教练员必须刻苦钻研业务，运用丰富的专业知识，在指导学员“怎么做”的同时，解释“为什么要这样做”。

3 标准规范实教

学员主要通过模仿练习来学习和掌握驾驶操作技能，如果没有教练员的指导而盲目尝试，就不会有好的学习效果。教练员在教学中，首先通过简练的讲解，使学员理解正确的练习方法，同时通过整体动作示范和分解动作示范，使学员获得练习方法和实际动作的清晰知觉表象。学员有了模仿的样本，就可以通过自己的练习，达到事半功倍的效果。教练员的讲解和示范必须规范、正确和严谨，否则会适得其反。

4 合理安排训练次数和时间

教练员根据教学内容的难易程度和学员对技能的掌握情况，科学合理地安排训练的次数和时间是保证学员掌握驾驶技能的基本前提。

在对某一项目的实际训练过程中，教练员通常采用两种训练方法：集中训练法和分散训

练法。集中训练是让学员在一定时间内连续练习完整套动作，中间不穿插其他训练内容；分散训练则是让学员分成多次练习，每次之间有一定的时间间隔。一般来说，分散训练与集中训练有效结合，比过度的集中训练更能提高训练的效率和效果。

训练的次数和时间太少，难以达到训练的目标和要求。训练的次数和时间过长，学员容易产生疲劳和消极情绪，学习的兴趣减退。在初始训练阶段可进行较频繁的练习，每次练习的时间不宜过长，各次练习之间的时间间隔也可以相对短一些，以强化学员对动作的记忆。随着学员对技能的逐渐掌握，每次练习的时间和每次练习的间隔时间均可适当延长。

5 严把质量

驾驶教学过程中，如果没有明确训练的目标和要求，只是盲目地机械重复，学员的驾驶技能水平很难提高，让学员明确每一阶段、每一个教学项目甚至每一个动作的训练目标和要求，学员就会形成训练的内在动力，自觉练习，对提升驾驶技能培训质量有明显的积极作用。

在初始训练阶段，教练员必须严格要求学员练好基本功，以保证学员动作的准确性为目的，适当放慢训练的进度；当学员准确掌握动作之后，再要求其动作的熟练程度。随着训练的进行，教练员根据学员的掌握情况，有节奏地调节训练的进度，以便进一步训练学员组合基本动作为完整操作和提高动作间的协调能力，以适应复杂交通情况的需求。

6 教学相长

从心理学的角度分析，学员对初次训练的印象最为深刻，如果在该阶段的错误动作没有得到及时纠正，就会形成一种错误的习惯，日后更难以改正。在训练的初期，学员基本不具备察觉自身动作错误或不规范的能力，因此，需要教练员及时帮助诊断，发现错误及时纠正，以便学员从一开始就能够养成良好的习惯。

训练的结果对于技能的掌握具有反馈作用。在每次训练结束后，教练员对学员的训练情况进行讲评，填写好教学日志，并让学员签字确认，这样能使学员及时知道自己训练的情况，检查自己哪些方面有进步、哪些方面还存在不足，对自己做出正确的评估，帮助学员保留规范的、符合要求的动作，舍弃多余的、不符合要求的动作，及时巩固正确的动作、纠正错误的动作，从而提高训练的效率和质量。

二 教学安全保护规范

教学安全保护是指教练员指导学员驾驶训练遇到危险情况时，教练员通过适时提示学员完成或亲自完成一系列操纵动作，保障教学安全的行为。指导学员训练时，教练员担负着保障教学安全的重要责任。安全保护过多不利于学员独立练习，影响训练效果，但如果安全保护不及时，会影响汽车行驶安全，因此，适时、恰当地实施安全保护对保证教学工作圆满顺利地完成至关重要。

1 教学安全保护方式

根据教练员采取措施的不同，教学安全保护主要包括两种形式：

（1）教练员通过口令或手势指导学员修正操作错误或者应对险情，这种安全保护方式通常在学员已具备基本的车辆操控能力和道路交通情况比较简单的情形下使用。

（2）教练员直接干预汽车的操控，确保汽车行驶安全。这种安全保护方式通常是在学员出现严重操作错误和处置突发紧急情况时使用。

教练员直接干预过多，会使学员感到不知所措，甚至手忙脚乱，影响其技能的发挥和提高。而适时使用口令或手势提示，可使学员内心感觉自己仍然是驾驶的主体，需要靠自己的及时调整来应对情况，有利于学员快速提高驾驶技术。

2 教学安全保护要领

（1）保持正确的教学姿势。教练员正确的驾驶姿势：端坐于副驾驶座位中间的位置，上身保持正直，系好安全带；两眼目视前方，适时通过后视镜观察周边的交通情况，用余光注视学员的动作；右手握于车门扶手，左手放于变速器操纵杆后方（即学员与教练员之间的座位上）；右脚放在副制动踏板下方，做好随时应付紧急情况的准备。

（2）对辅助安全装置的操作方法。在驾驶训练中，教练员主要通过操控转向盘、副制动踏板来控制教练车。由于教练员的位置偏于正常驾驶位置，操纵装置的操作方法不同于自己驾驶时的操作方法，如表7-49所示。

教练车辅助安全操纵装置的操作方法　　表7-49

操纵装置	操作方法	实施安全保护的时机
转向盘	（1）由左手操纵，以推拉转向盘的方式为主； （2）推拉时，握于转向盘上方； （3）扶握转向盘时，握于转向盘右侧中间	（1）训练初期，以扶握转向盘协助学员保持行驶方向为主； （2）训练中期，应尽量利用语言或手势指导学员操控转向盘，体会控制行驶方向的方法； （3）遇到紧急情况时，可通过减速、推拉转向盘，协助学员控制行驶方向
副制动踏板	（1）由右脚操纵，以强制踩踏、松抬制动踏板的方式为主； （2）强制制动时，用右脚前脚掌下踏；强制放松时，用脚面上撬制动踏板	（1）遇有紧急情况时，教练员可根据情况强制踩踏制动踏板加强制动，同时，应注意扶握转向盘，控制行驶方向； （2）如果学员制动力过大，教练员可用脚面上撬制动踏板，减小制动

3 安全教学注意事项

（1）在驾驶训练前，教练员应当告知学员必要的训练安全注意事项。教学中，要求学员将车速和跟车距离控制在自己有把握的安全保护范围内，并且保持汽车沿着正确的行驶路线前进。如果汽车行驶方向、速度和跟车距离控制不当，且超过教练员实施安全保护所能控制的范围，应果断地采取有效措施，以防意外。

（2）训练初期，学员因技术生疏、操纵失误，容易出现转向错误、错把加速踏板当制动踏板等现象，教练员应针对实际情况采取相应的预防措施；在训练后期，尤其是进步快的学员容易出现麻痹、骄傲心理，训练车速快，教练员也容易高估学员独立驾驶的能力，因此需要始终保持谦虚、谨慎和细致的教学态度。

（3）教练员平时应多加练习，比如在教练员位置上反复演练紧急制动和推拉、扶握转向盘的动作，做到熟练准确、运用自如，提高动作的敏捷程度和安全保护效果。

三 教学口令与手势

教练员在驾驶训练过程中，主要靠规范的手势和简明的口令指导学员。使用规范、统一的手势和口令（表7-50），有助于学员正确理解教练员的意图，提高教学质量。

教学口令与手势规范方法 表7-50

项目	手势与口令	图示
起步	左手五指并拢，曲臂向前平伸，手指向下，掌心向后，向前缓缓挥动1～2次，同时发出“起步！”口令； 用于学员检查仪表完毕向教练员汇报并请示起步时，教练员确认学员操作无误后，发出“起步！”口令和手势	
加速	左手五指并拢，曲臂向前平伸，掌心向下，向前方急挥2～3次，同时发出“加速！”口令； 用于必须加速的路段，教练员根据道路和交通情况，认为确需加速而学员无加速意识时，发出“加速！”口令和手势	
慢行	左手五指并拢，手臂向前平伸，掌心向下，上下缓缓浮动数次，同时发出“慢！”口令； 用于前方视线不清，情况不明，确需减速慢行，而学员无减速意识时，教练员发出“慢！”口令和手势	
靠右行	左手五指并拢，曲臂向前竖伸，掌心向右，向右摆动数次，同时发出“向右！”口令； 用于前方道路情况需向右行驶或变更车道，而学员无向右行的意识，需提醒其向右行驶时，教练员发出“向右！”口令和手势	

续上表

项目	手势与口令	图示
靠左行	左手翻手曲臂向前竖伸，五指并拢，拇指向下，掌心向左，向左摆动数次，同时发出“向左！”口令； 用于前方道路情况或变更车道需向左行驶，而学员无向左行的意识，需提醒其向左行驶时，教练员发出“向左！”口令和手势	
向左转弯	左手曲臂向前，用食指指向左侧，由小臂带动手指沿着向左方向进行圆弧划动，指示车辆向左转弯，同时发出“左转弯！”口令； 用于在各种路口教练员指示学员向左转弯	
向右转弯	左手曲臂向前，用食指指向右侧，由小臂带动手指沿着向右方向进行圆弧划动，指示车辆向右转弯，同时发出“右转弯！”口令； 用于在各种路口教练员指示学员向右转弯	
按喇叭	左手曲臂向前，手心向右握拳，拇指跷起，拇指上下按动2～3次，同时发出“喇叭！”口令； 用于教练员提醒学员鸣喇叭	
注意	用左手食指指向障碍物，以示警告，同时发出“注意！”口令； 用于教练员提醒学员注意前方障碍，做好随时采取相应措施的准备	
打开转向灯	左手五指尖向上并拢，一张一捏2～3次，同时发出“转向灯！”口令； 用于教练员提醒学员在变更车道和转弯前打开转向灯	
关闭转向灯	左手五指尖向下并拢，一张一捏2～3次，同时发出“转向灯！”口令； 用于教练员提醒学员在变更车道和转弯后关闭转向灯	
减速向右停车	左手五指并拢，曲臂向前平伸，掌心向下，上下摆动2～3次以示减速；然后立即将手臂竖伸，手掌向右摆动1次，再变掌心向下摆动1次，并停顿片刻，以示停车；同时发出“减速停车！”口令； 用于教练员指示学员向右侧减速停车	

续上表

项目	手势与口令	图示
选择地点停车	用左手食指，指向右侧固定目标，以示定点停车位置；然后立即变掌心向右摆动1次，再变掌心向下摆动1次，并停顿片刻，以示停车；同时发出“在××位置停车！”口令； 用于教练员指示学员在指定位置定点停车（客车应以中门为参照）	
靠边停车	左手五指并拢，曲臂向前竖伸，先将掌心向右摆动2～3次，以示靠边；然后立即变掌心向下摆动，并停顿片刻，以示停车；同时发出“靠边停车！”口令； 用于教练员指示学员靠边停车	
停车	左手五指并拢，曲臂向前平伸，掌心向下，上下快速浮动数次；同时发出“快停！”口令； 用于前方出现紧急情况时，教练员提醒学员立即采取紧急停车措施	

第八章 安全与节能驾驶知识

车辆在行驶过程中，遇到各种交通风险，如果驾驶人安全意识淡薄，无法预先辨识各种危险情境并采取应对措施，就会成为引发道路交通事故的主要原因。教练员应重视培养学员的安全意识，让学员了解安全驾驶的影响因素、交通风险与安全驾驶方法、应急驾驶知识、事故现场处理与节能驾驶知识。

第一节 学员交通安全意识的培养

交通安全意识是安全驾驶技能的重要组成部分，是事故预防中最主要的因素。教练员在教学过程中，需要始终贯穿对学员的安全意识教育。

一 交通安全意识的内涵

交通安全意识就是驾驶员在交通活动中的安全行为规范意识，它体现在对人的生命的尊重，对道路交通安全法律法规的遵守。

交通安全意识可以分为本能安全意识、交通守法意识和交通秩序意识三类，其特点如表8-1所示。

交通安全意识的类型、特点及建立和强化方法　　表8-1

意识类型	特　点	建立和强化的方法
本能安全意识	人类生存的基本意识，包括防灾、免灾、保护、求生、自救等意识。这种意识一旦建立就不会消失或被放弃，但可能会因环境的变化而淡漠、忽略	自觉悟、评价、教育、刺激等
交通守法意识	社会生活的基本行为意识。这种意识具有强加性，根据环境不同可能会被放弃或忽略，依赖于知识、常识基础	教育、宣传、处罚、激励等
交通秩序意识	行为协作意识。这种意识最容易受到干扰和被放弃，依赖于人格和人性的高级行为意识	教育、激励、人格提升等

交通安全意识与个人的社会责任感、驾驶道德、对道路交通法规的遵守以及道路安全知识的掌握与运用程度有关。其中，社会责任感是决定驾驶员安全意识的重要因素。

二 交通安全意识的培养方法

1 交通安全意识的培养途径

交通安全意识教育是驾驶培训的重中之重，教练员在教学过程中要抓住安全意识教育的主线，将其贯穿在驾驶培训的各个环节。交通安全意识的培养途径主要包括以下三个方面：

1 增强学员的社会责任感

交通事故带给受害人及其亲人的身心伤痛无法估量和弥补，带给社会的危害也无可挽回。在培训过程中，教练员应始终向学员灌输“珍视生命、安全驾驶”的行车理念，告诫学员从上车的那一刻开始，就承担了维护自己和他人生命、保障交通安全的社会重任，任何具有侵略性、冒险性的驾驶行为以及瞬间的操作失误，都可能造成无可挽回的损失。教练员要教导学员对生命充分关爱和尊重，始终把安全放在第一位，谨慎驾驶，文明行车，共同构建一个安全和谐的交通环境。

教练员要帮助学员发现自身存在的问题，结合具体的事故案例，使学员认识到不规范驾驶行为所带来的严重后果，培养学员的责任意识。

2 进行安全知识教育

学员掌握必要的交通安全知识是养成良好的安全意识的前提。教练员应按照《机动车驾驶培训教学与考试大纲》的要求对学员进行安全知识教学：①让学员掌握交通安全法律法规知识，才能够培养学员的遵纪守法意识；②让学员掌握交通风险知识，才能够让学员提前预测和防范交通风险；③让学员熟悉安全心理常识，才能够让学员有效进行自我心理调节；④让学员通晓车辆结构知识，才能够让学员正确实施安全检视，对车辆进行维护。最终，使学员做到知法、守法，做到提前预防、仔细观察和预见性驾驶，自觉维护交通安全。

3 培养学员良好的驾驶习惯

学员良好驾驶习惯的培养是安全意识教育的重要体现。良好的驾驶习惯，需要经过较长时期潜移默化的培养。在驾驶教学的各个环节，教练员都要注重让学员养成正确的驾驶习惯，如培养学员系安全带的习惯，培养学员通过后视镜观察周边交通情况的习惯等。

2 交通安全意识的培养要点

在驾驶培训的不同阶段，学员培训的内容与要求不同，相应的学员安全意识的培养要求也不同，不同阶段学员安全意识培养的要点如表8-2所示。

各阶段学员安全意识培养要点　　表8-2

序号	安全意识类型	第一阶段	第二阶段	第三阶段
1	认识到只有符合条件后，才能上道路行驶	培养	巩固	巩固
2	认识到做好车辆安全检查，是行车安全的前提	培养	巩固	巩固
3	认识到系好安全带、遵守交通信号、遵守道路交通通行规则，是行车安全的重要保障	培养	巩固	巩固
4	认识到文明礼让行车对于行车安全非常重要	培养	巩固	巩固
5	行车前系好安全带、做好车辆安全检查	—	培养	巩固

续上表

序号	安全意识类型	第一阶段	第二阶段	第三阶段
6	规范化驾驶操作	—	培养	巩固
7	做好上下车前、起步、变更车道、转弯、倒车等情况下的观察	—	培养	巩固
8	遵守交通信号、道路交通通行规则	—	培养	巩固
9	能够合理控制转向、速度，保持安全距离	—	培养	巩固
10	能够正确使用车辆灯光、喇叭	—	培养	巩固
11	能够正确选择行车路线，保持正确的行驶位置	—	—	培养
12	车辆发生故障或事故，能够正确做好现场安全处置	—	—	培养
13	能够文明、礼让行车	—	—	培养

第二节 驾驶员因素对安全驾驶的影响

驾驶员的生理和心理状态与安全行车有着密切的关系。驾驶车辆时，驾驶员需要始终保持充沛的精力并集中注意力，而外界因素会使驾驶员的情绪、操控车辆的能力等发生变化，进而影响行车安全。教练员向学员传授交通安全生理与心理的知识，让学员了解影响安全驾驶的因素，做好自我认识和调节，对于保障行车安全非常必要。

一 情绪对安全行车的影响

情绪是人们对待客观事物的一种态度。当客观事物能满足人的需要，与人的主观愿望相吻合时，则表现出满意、愉快、高兴或欢喜情绪；反之，则表现出厌恶、愤怒、恐惧或悲哀情绪。无论是积极亢奋的情绪，还是消极低沉的情绪，都会影响安全驾驶，如表8-3所示。

情绪的类型及其行为特征 表8-3

情绪类型	行为特征
过分高兴和骄傲情绪	易于分散注意力，凝神呆视，对交通情况的判断能力降低，或者过高估计自己的能力而开“英雄”车
过分悲观和失望情绪	对环境视觉和感觉能力弱化，工作精力减弱，操作失误增加
烦恼情绪	性格内向的学员会沉思、忧郁，注意力分散，对交通环境的感知能力减弱，反应迟钝
	性格外向的学员暴躁不安，情绪因受外界刺激而产生巨大波动，产生报复心理，甚至开“斗气车”

驾驶员应保持良好的驾驶心理状态，对不良心理及时进行调节，确保行车安全。行车前和行车中，教练员应对情绪容易波动提醒、自尊心过强、意志薄弱、不善于自我缓解压力的学员及时进行心理调节。如：受到批评时，听听轻松、舒缓的音乐，想想自己愉快的事情；遇其他车辆强行加塞时，换位思考，保持宽容和礼让。

二 精神压力对安全行车的影响

精神压力是指由于外部的影响而引起的紧张情绪状况。精神压力来自生活的方方面面，如：在工作中，精神压力可来自同事关系、工作任务多、工作难度大等；在家庭生活中，精神压力可来自家庭关系不和或疾病；在开车过程中，也会因外在的因素产生精神压力。

医学研究表明，人体器官为了抵御和化解外界环境压力因素的影响，会形成一系列的条件反射，即出现精神压力。精神压力会引起学员情绪不稳定和注意力下降，导致操纵失误增多，甚至会有冒险行车的倾向，如果长时间得不到缓解，还会降低人体的免疫力，影响身心健康。因此，教练员应提醒学员，及时找到释放压力的方法，避免影响行车安全。

三 疲劳驾驶的危害和预防

疲劳驾驶是指驾驶员在休息不好或长时间连续驾车后，产生心理机能和生理机能的失调，觉醒水平低，而在客观上出现驾驶安全性下降的现象。在我国，疲劳驾驶已经成为道路交通事故高发的重要原因之一。

1 疲劳对安全驾驶的影响

疲劳对安全驾驶的影响主要表现为：注意力不集中、判断力下降、反应迟钝和操作失误增加；严重时，驾驶员无法意识到自己已经处于危险的微睡状态，失去对车辆的控制能力。

2 疲劳驾驶的表征

根据疲劳的程度不同，可将疲劳分为轻度疲劳、中度疲劳和重度疲劳三类（表8-4）。轻度疲劳时，驾驶员会出现操作紊乱，以及判断事物能力下降。中度疲劳时，驾驶员工作能力的各项指标急剧下降，驾驶动作出现经常性差错，极易导致事故发生。重度疲劳时，驾驶员出现经常性的意识短暂丧失和对外界刺激没有反应的现象，是事故的高发期。

疲劳驾驶的状态判断方法 表8-4

序号	驾驶员状态	疲劳程度	出现这种状态，打“√”
1	是否不停地打哈欠	轻度疲劳	□
2	是否经常性的在座椅上滑动	轻度疲劳	□
3	眼睛是否开始感到灼痛	中度疲劳	□
4	是否调整转向盘的次数减少，且调整时的幅度很大	中度疲劳	□
5	是否有无故采取制动操作	中度疲劳	□
6	是否对保持固定车速感到困难	中度疲劳	□
7	是否无故偏离车道	中度疲劳	□
8	眼睛是否不自主地闭上或者经常转换视线的方向	重度疲劳	□
9	是否思维随意且不连续，不能回忆起最近几公里的驾驶情形	重度疲劳	□
10	是否不自觉地睡着几秒钟或更长时间，然后突然醒来	重度疲劳	□

3 疲劳驾驶产生的原因

引起疲劳驾驶的原因较多，主要与驾驶工作的复杂性、驾驶员的生活环境与生活习惯、

驾驶环境（车内环境、行驶条件）、个体素质（年龄、性别、性格、身体条件和经验）等因素相关，如表8-5所示。

疲劳驾驶产生的原因及影响 表8-5

疲劳驾驶形成原因	典　型　事　例	影响程度
驾驶时间安排不合理	（1）长时间连续行车，中途不按规定休息； （2）经常在午后、深夜和凌晨等时段行车，与生理规律不相符	很大
睡眠质量差	（1）习惯性熬夜，睡眠时间很少； （2）起居环境不良，睡眠效果差	很大
驾驶环境差	（1）车内通风、温度不良，噪音过大； （2）长时间在路面条件差、环境复杂的条件下行驶； （3）长时间在单调环境行驶	很大
生活环境与生活习惯	（1）家庭关系不和睦，精神负担重； （2）饮食不规律，不按时用餐或饮食过饱	较大
驾驶经验不足	驾驶经验不足、操作生疏、路况不熟悉，精神负担重	较大
身体条件不适应	（1）患有阻塞性睡眠窒息、高血压和高血脂等生理疾病或处于生理特殊时期； （2）急躁、情绪低落	较大

四 注意力不集中对安全行车的影响

引起驾驶员注意力不集中的原因主要有主观意识、生理状态、情绪和兴趣取向等，如表8-6所示。注意力不集中的情况时，驾驶员不能全面地观察、正确地判断和处理面临的交通状况，教练员应提醒学员及时进行调整或者停车。

影响驾驶员注意力的原因和解决办法 表8-6

注意力不集中的原因	解　决　办　法
精神非常紧张或情绪不稳定	（1）在开车前放松心情，降低精神紧张的程度； （2）不能使情绪得到稳定时，最好不要上路行驶
与同伴热烈地交谈	（1）开车期间不要过多交谈，说话的同时不要放松对道路交通情况的观察； （2）如果交通状况混乱，应禁止交谈； （3）在开车期间，不要与同伴进行热烈的交谈或发生激烈的争吵
音响声过大	（1）将音量调小，以便及时了解外界的交通动态（特种车辆警笛和普通车辆喇叭声）； （2）不要让吵闹的音乐或收音机中有趣的节目分散注意力； （3）在开车期间不要经常“摆弄”收音机
使用手机	（1）驾驶车辆时禁止使用手机； （2）特殊情况，应将车停到安全地点后再使用手机
车上有小孩哭闹	待妥当处理后，再继续行车

五 饮酒对安全行车的影响

人饮酒后血液酒精浓度会升高，麻痹神经，影响驾驶员的反应能力和操控能力。酒后驾车的主要原因是驾驶员缺乏安全意识，盲目轻信自己的能力，没有意识到饮酒会影响判断和操作，对驾驶安全构成潜在的危险，如表8-7所示。

饮酒对安全行车的影响　表8-7

影响因素	具体影响
辨识力	（1）视野变窄、视觉和听觉能力减退； （2）不能正确地估计行车车速和安全间距
反应能力	（1）反应变慢； （2）变得犹豫不决
预见性驾驶能力	（1）难以提前对交通情况做出正确的分析和判断，并采取相应的措施； （2）严重醉酒时，对交通情况的分析和判断能力完全丧失
自我判断能力	变得胆大、轻率和冒险

六 药物对安全行车的影响

驾驶员在感冒、发烧等不适情况下开车，注意力和反应速度都会大大降低，会导致动作不协调，动作准确性下降，增加交通事故发生的概率。服用镇定、止痛类药物或者吸食、注射毒品后，驾驶员的反应也会变得迟钝，注意力分散，容易发生交通事故，如表8-8所示。

影响安全行车的药物及其作用　表8-8

药物类型	积极的作用	负面作用	药物举例
镇静剂	在不减弱人的思维能力的情况下消除人的恐惧感、不安感和紧张情绪	（1）使人肌肉活力下降，表现出消极的情绪； （2）引起头晕目眩、乏力等症状； （3）使机体出现动作协调失控、反应迟钝等	安定片、安达可辛等
兴奋剂	（1）疲劳感降低、睡意消失； （2）智力和活动的积极性提高，思维活动改善； （3）动作速度加快	会使驾驶员的某些抑制心理减退，丧失警觉性，过高地估计自己的能力	咖啡因等
致幻剂	局部麻醉，消除疼痛	（1）产生幻觉，出现类似精神分裂症的症状； （2）体力和智力下降，短时间内丧失驾驶能力	普西比辛等

第三节 道路交通风险对安全驾驶的影响

由于人、车、环境等因素的影响，车辆在行驶过程中会遇到各种交通风险，容易引发道路交通事故。驾驶培训中，教练员要注重交通风险知识的教学，让学员掌握辨识各种危险情境并采取应对措施的方法和技能，使学员牢记谨慎驾驶的三条黄金原则：集中注意力、仔细观察、提前预防。

一 交通参与者的风险因素对安全驾驶的影响

交通参与者主要指行人、机动车驾驶员、非机动车驾驶员等。参与道路交通的方式

不同，对道路交通安全构成的危险也不相同，可能受到的伤害也有差异。学员只有了解道路交通中存在的各种风险因素，才能在实际驾驶中采取预见性驾驶行为，规避交通风险。

1 行人

与机动车相比，行人因缺乏保护在交通事故中容易受到重创或致死，是道路交通中的弱势群体（表8-9），驾驶员需要给予更多的关注和礼让。

行人的风险因素与安全驾驶方法 表8-9

行人类型	行为特征及其交通风险	安全驾驶方法
儿童	（1）天性好动，注意力通常集中于自己感兴趣的事物，玩耍时不会顾及周边的交通情况，容易出现自发、突然的行为； （2）身材矮小，容易落入驾驶盲区； （3）遇到突发事件会惊慌失措，错误应对	观察到注意儿童标志，或前方确有儿童时，提醒学员提前减速，保持足够的安全距离，观察其动态，必要时停车让行，不要鸣喇叭警示
青少年	（1）喜欢与同伴并排行走或戴耳机听音乐，忽视周边的交通情况； （2）喜欢冒险，有时还会为了向同伴显示“勇敢”，出现违反交通规则的行为	观察到前方青少年会妨碍正常通行时，提醒学员提前减速，保持足够的安全距离，适当鸣喇叭警示
老年人	（1）听力相对较差，反应迟钝，行动迟缓，应变能力差，往往会滞留在道路中央； （2）有些老年人会不顾周边的交通危险，专注于自己认可的行为方式	观察到前方老年人会妨碍正常通行时，提醒学员提前减速，保持足够的安全距离，观察其动态，必要时停车让行，不要鸣喇叭催促
残障人士	不能及时察觉和规避交通危险	当观察到前方有残障人士时，提醒学员及时减速，保持足够的安全距离，不要鸣喇叭，防止惊扰到对方，必要时要停车让行

2 机动车

不同类型机动车（表8-10），由于结构、技术性能不同，其交通特点和潜在风险也不同。

机动车的风险因素与安全驾驶方法 表8-10

机动车类型	行为特征及其交通风险	安全驾驶方法
大型车辆	（1）惯性大、制动距离长； （2）外廓尺寸大，转弯时占用的空间较大； （3）近距离跟随大型车辆行驶时，后车驾驶员的视野容易被遮挡	观察到大型车辆时，提醒学员控制好速度，保持足够的安全间距，特别要留意观察盲区内的交通情况，不要盲目强行超车
小型汽车	（1）车体小、加速性能好、速度快、操纵灵活，留给其他驾驶员的反应时间比较短； （2）出租汽车遇到路侧乘客招手时，会突然靠右侧停车，与其他车辆产生交通冲突	（1）观察到小型汽车时，提醒学员观察其动态，控制车速，与小型汽车保持足够的安全距离； （2）跟随出租汽车行驶时，提醒学员与其保持足够的安全距离
摩托车	（1）体积较小、操纵灵活，常常在拥挤的车道中穿插； （2）由于缺少安全防护设置，发生事故时，摩托车驾驶员受到的伤害往往比较严重	观察到摩托车时，提醒学员注意降低车速，观察摩托车的行驶动态，保持足够的安全间距
特种车辆	救护车、消防车等特种车辆在执行任务时不受行驶速度、行驶路线、行驶方向和指挥等信号的限制，享有优先通行权，容易抢行	观察到特种车辆或者听到特种车辆发出的报警音后，提醒学员及时判断车辆可能的方位，及时让行

3 非机动车

非机动车主要是自行车、人力车和畜力车等（表8-11），体积小、方便灵活，但稳定性和防护性较差。

非机动车的风险因素与安全驾驶方法　表8-11

非机动车类型	行为特征及其交通风险	安全驾驶方法
自行车	（1）青少年成群骑自行车时，喜欢冒险，速度比较快，不会顾及周边的交通情况； （2）老年人骑自行车时，速度比较慢，对突发事件的反应慢； （3）当非机动车道的路况不好时，骑车人常常会占用机动车道行驶； （4）当前方有障碍物时，骑车人会突然改变行驶路线绕行； （5）雨雪等天气，骑车人匆忙赶路，不注意遵守交通规则	（1）观察到自行车时，提醒学员注意观察其动态，减速慢行，保持安全间距； （2）在雨雪天，要求学员照顾路边的骑车人，随时准备停车或避让，防止自行车突然失控侧倒； （3）当车辆右转弯时，提醒学员注意通过后视镜观察路上骑车人的动态，防止转弯时刮碰骑车人
人力车	（1）主要依靠人力驱动行走，制动装置简单，下陡坡时速度较难控制，在遇到突发事件时往往不能及时停车避让； （2）上坡时为了省力，往往曲线行驶； （3）负重人力车转向避让时，易出现车体横甩的现象	（1）观察到人力车时，提醒学员提前减速、观察其动态； （2）超越和交会时，要求学员与人力车保持足够的侧向安全间距
畜力车	（1）牲畜往往走到道路中间或左侧，不会避让机动车； （2）牲畜遇到意外刺激，容易发生惊车	观察到畜力车时，提醒学员提前减速、观察其动态，在靠近畜力车时，不要鸣喇叭或急加速，防止牲畜受惊而发生意外

二 道路环境的风险因素对安全驾驶的影响

道路环境主要是道路设置、路面条件、交通安全设施、周边状况等，如表8-12所示。由于道路环境特点不同，车辆行驶时所面临的风险也会不同。

道路环境的风险因素与安全驾驶方法　表8-12

道路环境类型	交通特征及其交通风险	安全驾驶方法
交叉路口	（1）在没有交通信号灯控制的交叉路口，车辆、行人和骑车人等各种交通参与者同时从不同的方向在此处交汇，容易形成交通冲突； （2）车辆行至交叉路口时，驾驶员视线易被路口周边的车辆与物体遮挡，难以全面观察路口内的交通情况； （3）车辆进出主辅路时，驾驶员视线会受灌木丛、树木等的阻挡，且会与其他车辆形成交通冲突	（1）临近交叉路口时，提醒学员提前降低车速，选择正确的行车道，注意观察交通信号、路口内车辆和行人的动态，礼让行车； （2）车辆转弯时，提醒学员提前打开转向灯，注意观察后视镜，必要时通过侧头观察周围其他车辆或行人动态，随时准备避让或停车
铁道交叉路口	（1）道路宽度比较窄，各种交通参与者相互混杂，秩序混乱； （2）路面不平坦，车辆通过时容易颠簸或被卡住	通过铁道交叉路口前，提醒学员停车瞭望，确认安全后，与前方车辆保持安全距离，选择低速挡位，平稳缓慢通过铁道交叉路口，避免在路口内停车
城市公交站点	（1）站台内人员密集，常会有行人从停靠的公交车前方穿行，有机动车和自行车从其左侧超越；	（1）通过公交车站时，提醒学员减速慢行，与站内公交车保持足够的安全间距；

续上表

道路环境类型	交通特征及其交通风险	安全驾驶方法
城市公交站点	（2）进站车辆较多时，容易截头停车，起步后往往会连续变更多条车道； （3）乘车人为追赶公交车不顾周边的交通情况	（2）要求学员密切观察站内车辆和人员的动态，做好随时停车的准备，防止车辆前方有行人突然冲入道路
人行横道	（1）在人行横道的通行信号由绿灯变为红灯时，常会出现行人违反交通法规，突然横穿人行横道的现象； （2）儿童、行动不方便的老人和残疾人在通过人行横道时，会滞留在人行横道上或突然转身返回	观察到人行横道标志、标线时，提醒学员降低车速行驶，注意观察、判断行人和非机动车的动态，随时做好停车准备，防止有人滞留或突然横穿马路
学校附近	（1）在上学和放学高峰期间，学校附近的人员和车辆密集，容易出现交通混乱； （2）同学之间经常嬉戏、打闹，年龄较小的儿童甚至相互追赶、奔跑，冲上道路	观察到注意儿童标志时，提醒学员注意保持低速行驶，密切观察周围行人和车辆的动态，尤其要密切注意儿童的动向，防止儿童突然冲入道路，做好随时停车的准备
隧道	（1）车辆进入较长隧道时，隧道内的光线骤然变暗，驾驶员会有一个暗适应的过程； （2）车辆在双向行驶的隧道内行车时，对向来车未变换使用远光灯，会使驾驶员造成眩目； （3）在隧道出口处，车辆可能会受强烈横风的影响	（1）进入隧道前，提醒学员注意观察交通标志，提前减速慢行，开启近光灯，缩短“暗适应”时间； （2）在隧道内行驶时，要求学员按照交通信号的指示选择正确的车道行驶； （3）到达出口时，提醒学员握稳转向盘，防止由于横风的影响造成车辆偏移
桥梁、涵洞	（1）高架桥的桥体有最大承重能力要求，通行车辆超过桥体总质量限值或轴重限值时，会造成桥体垮塌； （2）立交桥或桥涵有限高要求，车辆超高会撞跨桥体或造成车辆被卡； （3）在跨度较大的高架桥或跨海大桥上行驶时，会遇到强烈的横风影响； （4）大暴雨后，城市地下疏水系统工作状况不良时，易导致桥涵路面积水； （5）漫水桥桥面情况、水深、流速等不明，车辆通过时受到水的上浮力影响	（1）提醒学员观察和辨识桥体总质量限值标志、轴重限值标志、限高和限宽标志； （2）在立交桥上遇到交通拥堵时，提醒学员与前车保持足够的距离，停车时拉紧驻车制动器操纵杆； （3）在跨度较大的高架桥行驶时，要求学员控制好车速和握稳转向盘，并与侧面的车辆保持足够的横向间距； （4）遇桥涵路面积水时，要求学员先探明积水深度确认安全后再通行，不要冒险涉水行驶
转弯路段	（1）转弯时，车辆会受到离心力的影响。车速过快，容易发生侧滑、侧翻； （2）在转弯路段，驾驶员的视线往往被山体和其他障碍物阻隔，难以及时发现前方的交通情况	（1）观察到急转弯、连续转弯等标志时，提醒学员道路右侧行驶，提前降低车速； （2）提醒学员鸣喇叭提醒弯道对面的车辆和行人注意，掌握好转向盘转动和回正时机
上坡路段	（1）在上坡路段，由于车辆重力的作用，车辆会有下溜的趋势，需要更大的驱动力； （2）接近坡顶时，驾驶员的视线会受到限制，看不清对面来车的动向	（1）上坡时，提醒学员保持道路右侧行驶，选择合适挡位，避免因驱动力不足中途熄火，同时与前车保持足够的安全距离； （2）接近坡顶时，提醒学员控制车速，并鸣喇叭提醒对向车辆注意
下坡路段	（1）车辆下坡由于重力的作用，速度越来越快，制动距离比平坦路面要长； （2）长时间连续制动容易出现制动热衰退，易造成制动失效	（1）下长坡时，提醒学员提前换低挡，利用发动机牵阻作用降低车速，防止长时间制动导致制动器热衰退； （2）要求学员禁止使用空挡滑行
施工路段	行车道减少、路面不平整，影响机动车的正常通行，还会出现车辆突然变更车道或强行加塞	观察到施工路段标志时，提醒学员减速，观察周边的交通情况，提前变更车道，并注意礼让

续上表

道路环境类型	交通特征及其交通风险	安全驾驶方法
城市主干路和高速公路	（1）路况较好，行车舒适感强，驾驶员常常会不自觉地过度提高行车速度，尤其在雨雪天高速路上车流较少时，容易超速行驶，车辆行驶稳定性下降； （2）长时间高速行驶，驾驶员对速度的感知能力下降，易超速行驶； （3）在路侧临时停车，且不采取安全处置措施，不易被后方来车辨识，造成追尾事故； （4）高速情况下，突然遇到行人、动物或行车道内有障碍物，处置不当易发生事故	（1）从加速车道准备驶入行车道时，提醒学员观察周边的交通情况，充分加速至与行车道内车流速度相适应后，再向左平缓变更车道驶入行车道； （2）提醒学员选择正确的行车道，严格控制行驶车速，间断性地查看车速表确认车速，借助路边标志牌确认当前的安全距离； （3）提醒学员不得在行车道内停车； （4）当发现前方突然出现行人、动物等障碍物时，要求学员立即减速，不得在高速状态下猛转转向盘躲避
山区临崖路段	（1）道路依山而建，等级较低，路面狭窄，坡度较陡，多急弯； （2）部分临崖路段的路面狭窄，会车操作不当易发生坠车； （3）雨季或者久旱暴雨后，容易出现山体滑坡、落石、泥石流等，路基松软，靠近路侧行驶易造成路基塌陷	（1）要求学员保持低速行驶，增大跟车距离，不要盲目超车； （2）要求学员不要太靠近道路右侧行驶，尤其在雨季或者久旱暴雨后，防止路基松塌造成危险； （3）观察到注意落石标志时，提醒学员尽快通过，不要在此区域停车
城乡接合区域路段	（1）乡村道路的等级相对较低、路窄、照明条件差，缺乏养护，夏季容易形成扬尘，雨天容易出现泥泞坑洼、路基松软； （2）交叉路口常常无信号灯控制，且行人、非机动车、摩托车、农用车、大型货车等形成混合交通； （3）群众的安全意识普遍较差，易出现抢行或突然横穿道路的情形； （4）农村赶集时，往往会出现摊位占道、人员拥挤和交通拥堵； （5）占道晒粮，影响机动车正常通行； （6）道路交通标志和标线、夜间照明等交通安全设施不完善	（1）要求学员尽量靠近道路中心线行驶，避免塌陷； （2）窄路会车时，要求学员提前选择路基坚实路段会车； （3）路面扬尘影响驾驶视线时，提醒学员保持低速和合适的车距，必要时开启车灯和鸣喇叭示意； （4）遇到摩托车、农用车时，保持适当的车速和安全间距，会车时主动减速让行或停车让行； （5）遇到摊位占道、人员拥挤和交通拥堵时，提醒学员低速慢行或耐心停车等待

三 特殊气象条件的风险因素对安全驾驶的影响

特殊气象条件是指夜间、雨天、雾天、雪天、高温天气等（表8-13），由于能见度和路面条件均比较差，给车辆行驶带来一定的安全隐患。

特殊气象条件的风险因素与安全驾驶方法 表8-13

天气条件	交通特征及其交通风险	安全驾驶方法
夜间	（1）驾驶员的视野仅限于车灯能够照射到的地方，视野变窄，对速度和距离的判断能力变差； （2）会车时，对向来车未变换使用远光灯，易造成驾驶员炫目； （3）近距离跟车行驶时，后车未变换使用远光灯，易使前车驾驶员造成炫目； （4）在午夜以后或者夜间长时间行车后，驾驶员易出现疲劳驾驶	（1）提醒学员低速慢行，增大行车安全距离，预防突发事件； （2）遇对面来车有强光照射时，提醒学员减速，将视线转移到右侧路面，不要直视； （3）当后侧跟随车辆的灯光产生眩目时，提醒学员调整内后视镜的位置； （4）近距离跟车或者与其他车辆距离150m时，提醒学员变换使用近光灯
雨天	（1）雨天行车时，风窗玻璃挂满水珠，车窗上容易出现水雾，影响驾驶员视线； （2）雨天路面湿滑，轮胎附着能力下降，高速行驶时易出现“水滑”现象；	（1）提醒学员正确使用刮水器，开启通风装置和车窗加热装置来消除水雾，改善驾驶员视线；

续上表

天气条件	交通特征及其交通风险	安全驾驶方法
雨天	（3）穿雨衣或打雨伞的人，可能听不清汽车靠近的声音或喇叭声，视线只盯着路面，忽略了对周边情况的观察； （4）骑自行车的人为了避开积水，可能会突然改变方向，甚至占用机动车行车道； （5）雨天气温低于0℃时，路面易结薄冰	（2）要求学员注意观察交通情况，控制行驶速度，适当增大安全距离，改变行驶方向、制动或加速时动作要轻缓，避免车辆发生侧滑； （3）提醒选择道路中间坚实的路面，避免太靠近路侧行驶
雾天	（1）雾天驾驶员视线受阻，观察周边交通情况比较困难，行车方位的辨识较为困难； （2）汽车使用远光灯、后雾灯时，使其他驾驶员产生炫目	（1）要求学员保持较低车速，开启近光灯、示廓灯、前后位灯和危险报警闪光灯等，开启车窗，通过声音辨别周边的情况； （2）提醒学员借助鸣喇叭以引起其他车辆和行人的注意
雪天	（1）轮胎与路面的附着能力较差，车辆急转方向、急加速和急减速操作时，易发生侧滑； （2）行车道积雪易融化，行人和骑自行车人会占用机动车行车道； （3）路面被积雪覆盖，难以辨识行车道，难以选择行车路线和位置； （4）雪后初晴，迎着阳光行驶，易引起驾驶员炫目	（1）要求学员保持低速行驶，适当增大安全距离，利用发动机阻力降低车速，不得猛打转向盘和紧急制动； （2）提醒学员注意观察占道的行人和骑自行车人等的动态，提前让出空间，避免盲目超越； （3）提醒学员沿着前面的车辙行驶（车辙结冰时注意防侧滑），根据道路两旁的树木、电线杆等参照物判断行驶路线
高温天气	（1）重载车辆行驶过程中，冷却液温度容易超过正常工作温度； （2）入睡晚或长时间使用空调，驾驶员会觉得浑身无力，产生驾驶疲劳； （3）轮胎温度升高，胎压随之增大，易发生爆胎现象； （4）汽车的电路、油路等易出现线路软化、短路和漏油等情况，引起车辆自燃； （5）清晨和傍晚外出散步和纳凉的人群较多	（1）提醒学员保持室内通风，适时休息，及时足量饮水； （2）发动机温度过热时，要求学员尽快停车降温检查，等到降温后再用棉纱或手套垫着打开散热器盖，防止冷却液沸腾烫伤； （3）清晨和傍晚通过村镇道路、公园路段时，要减速慢行，注意道路两侧的人群

第四节 应急驾驶与特殊情况的处置

车辆行驶过程中，可能会发生轮胎爆裂、转向失控、制动失效、车辆侧滑等紧急情况，此时能否有效地规避危险和逃生，将取决于驾驶员应急措施是否及时、恰当和有效。驾驶员只有具备良好的心理素质，掌握一定的应急处置方法，在遇到险情时才能临危不慌，遵循紧急情况处置原则，冷静地采取行之有效的方法减轻损失。因此，教练员应让学员掌握一些典型紧急情况下的应急驾驶方法，以避免或减少交通事故的发生。

一 应急驾驶的基本原则

1 保持冷静

紧急情况的出现一般都比较突然，此时，驾驶员必须保持沉着冷静，利用极短的时间准确做出分析判断，并迅速果断地采取正确的避险措施，可以使危险引发的损失降到最低。驾

驶员千万不可惊慌失措或存有侥幸心理，以免酿成更加严重的后果。

2 及时减速

紧急情况发生时，驾驶员规避和减轻交通事故危害和损失的最有效措施，就是制动减速、停车和控制方向，同时通过开启危险报警闪光灯、鸣喇叭或挥手示意等向其他交通参与者及时传递危险信号。

3 先人后物

人的生命是最宝贵的。在危急情况下，驾驶员要遵循“生命至上、避重就轻”的原则，尽量避免损失更重或危害更大的情形，宁可财产遭受损失，也要确保人员的生命安全。

4 先人后己

在遇紧急情况危及人员生命时，驾驶员应显示出良好的道德和高尚的风范，尽可能把生的希望留给更多的人。

二 紧急情况的应急驾驶方法

1 轮胎爆裂的应急驾驶方法

由于轮胎爆裂（简称爆胎）而导致的交通事故时有发生，而且已经成为安全行车的一大隐患。引起爆胎的原因主要有车辆超载、轮胎气压不足或者过高、锐利物刺伤轮胎、轮胎过度磨损等。

前轮胎爆裂时，车辆会立刻向爆胎车轮一侧跑偏，直接影响驾驶员对转向盘的控制，危险较大。后轮胎（安装单胎）爆裂时，车尾会摇摆不定，但车辆行驶方向一般不会失控。

当驾驶员意识到爆胎时，要保持镇定：双手应紧握转向盘，切忌慌乱中向相反方向急转转向盘；松抬加速踏板，极力控制车辆直线行驶，若已有转向，也不要过度矫正；应在控制住方向的情况下，轻踏制动踏板和抢挂抵挡（禁止紧急制动）使车辆缓慢减速；待车速充分降低后，平稳地踩踏制动踏板靠边停车。

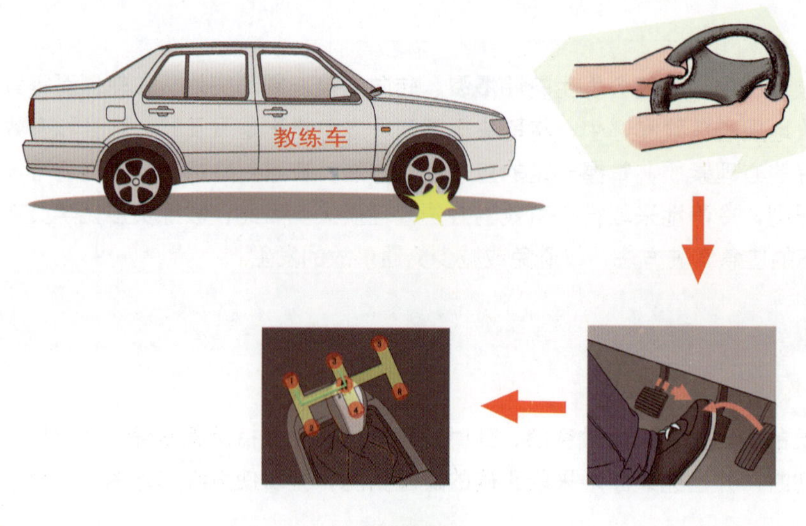

2 转向失控的应急驾驶方法

转向失控意味着车辆行驶的方向不受驾驶员控制，这将会给安全行车带来严重的危害。转向失控很大程度上是由转向系自身的机械故障引起的，如转向传动部件松动、转向油泵密封不严等。

行驶中转向突然失控时，最有效的控制方法是平稳地制动。如果行驶速度很快，车辆转向失控、行驶方向偏离，事故已经无法避免时,应果断地连续踩踏和放松制动踏板，尽快减速缩短停车距离，减轻冲撞的力度。切忌紧急制动，否则容易翻车。

3 制动失效的应急驾驶方法

制动失效引发的事故往往非常严重，造成的人员伤亡和财产损失也比较大。引起车辆制动失效的原因主要有气压或液压制动管路故障、制动片热衰退等。

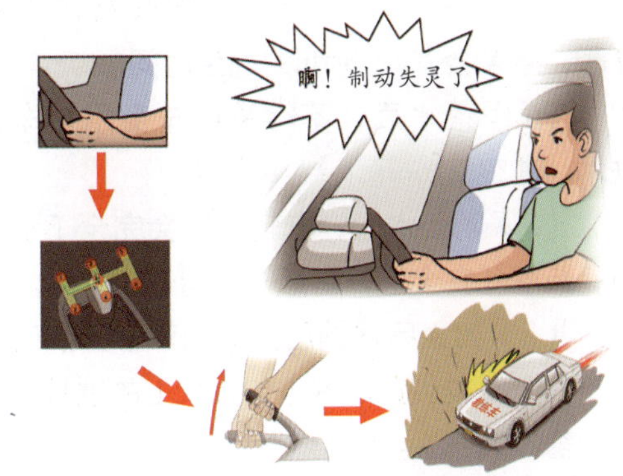

行驶中制动突然失效，驾驶员要沉着镇静，首先要控制好方向，然后迅速利用抢挂低速挡或实施驻车制动进行减速。为发挥最大制动作用，使用驻车制动时不可将驻车制动器操纵杆一次性拉紧。

下坡时制动突然失效，应立即寻找并冲入紧急避险车道。若没有可利用的地形和时机，应迅速逐级或越一级减挡，利用发动机或驻车制动器减速，并驶到路边或应急车道，切不可急打转向盘或一次拉紧驻车制动器操纵杆。同时，还可利用坡道和天然屏障物帮助停车。在不得已的情况下，可用前保险杠侧面撞击山坡，迫使车辆停住。停车后，拉紧驻车制动器操纵杆，以防车辆溜动发生二次险情。

4 车辆侧滑的应急驾驶方法

车辆在泥泞、湿滑的路面上快速行驶或急加速，车辆转弯时速度较快或猛转方向，车速超过60km/h时紧急制动，都容易导致侧滑，甚至方向失控而倾翻、坠车或与其他车辆、行人发生碰撞等事故。单车发生侧滑时，通常是旋转的方式；半挂汽车列车在侧滑时，牵引车与挂车之间会形成折叠的形状。

车辆发生侧滑时，应立即松抬制动踏板，同时向侧滑的一方转动转向盘，并及时回转转向盘进行调整，修正方向后再继续行驶。切忌紧急制动或猛转方向，否则导致行驶方向失控。

三 事故后的脱困方法

1 车辆起火后的脱困方法

车辆行驶中，发动机温度过高、电路老化短路、油路连接处松动、轮胎摩擦过热、碰撞后燃油泄漏或者载运危险物品等诸多因素均会诱发火灾。车辆发生火灾时，如果能够选择正确有效的自救方式迅速逃离现场，就可以化被动为主动，赢得更多的逃生机会。

（1）防止灾情扩大。发现车辆冒烟或出现火苗时，应设法将车辆停在远离城镇、加油站、高压电线、树木及易燃易爆物品的空旷地带。在高速公路上发生火灾时，应尽可能远离收费站、服务区等公共场所。

（2）迅速关闭发动机及电源总开关。使用灭火器救火时，人要站在上风处，灭火器要对准火源，也可用沙土、篷布、工作服等物品灭火。救火时注意：①要脱去化纤服装，避免伤害暴露的皮肤；②不要张嘴呼吸或高声呐喊，以免烟火灼伤上呼吸道；③不要打开发动机罩。

2 车辆落水后的脱困方法

行驶中车辆意外落水，驾驶员应保持冷静，通常会有3～5min的逃生时间。

（1）落水后，不得关闭车窗阻挡车内进水、进空气。

（2）刚落水时，车辆还不会完全下沉，应尽快解开安全带，在第一时间开启车门。

（3）如果因水的压力车门难于开启时，使用安全锤或尖锐器械（如头枕上的铁杆）砸碎车窗玻璃逃生。

（4）逃生时，应注意抓稳门框或窗框，防止被涌入的水流冲回车内。

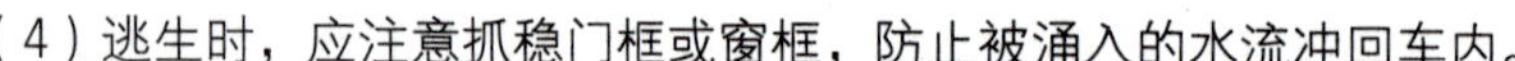

四 事故现场的应急处理

车辆发生交通事故，经常会给驾驶人、乘车人和行人造成伤害，正确的处置方法和抢救措施，既可以减缓伤势扩大、避免不必要的死亡，又利于事故迅速解决、恢复交通畅通。因此，教练员应让学员掌握事故现场的应急处置和报告程序、伤员救护方法等知识。

发生交通事故时，驾驶员要保持冷静，按照“立即报警、抢救伤员、注意现场保护、避免继发事故”的原则，采取事故现场的应急救助。

1 立即停车

发生交通事故时，驾驶员应立即停车，关闭发动机并切断电源，拉紧驻车制动器操纵杆，开启危险报警闪光灯，正确摆放警告标志。

2 报警

遇有人员伤亡事故或运载物品泄漏、起火等情况时，驾驶员应立即拨打122、120或119等报警及救援电话，说明事故情况、事故危害，并在现场采取警示措施，积极配合有关部门进行处置。

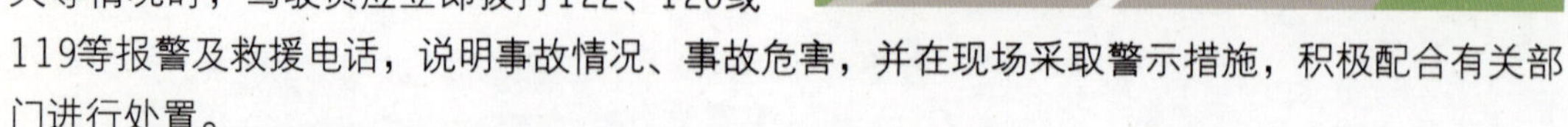

报警时，需要说明的有关信息主要包括：

（1）报警人的姓名、联系方式；

（2）发生道路交通事故的具体时间、地点；

（3）人员伤亡情况；

（4）车辆类型、车辆牌号，是否载有危险物品、危险物品的种类等；

（5）涉嫌交通肇事逃逸的，还应当说明肇事车辆的车型、颜色、特征及其逃逸方向、逃逸驾驶员的体貌特征等有关情况。

3 预防次生事故

事故车装有易燃、易爆、剧毒、放射性物质等危险物品，车辆起火以及易燃气体和液体泄漏时，驾驶员应立即设法疏散人群，隔离现场，尽可能采取降温、灭火等措施进行应急处置，必要时设法将危险车辆驶离现场。

4 自救与互救

事故现场有人员伤亡的，驾驶员应立即抢救受伤人员，及时将轻微伤员和其他人员疏散到安全地带。因抢救受伤人员变动现场的，应当标记伤员的原始位置。

在高速公路上发生事故时，驾驶员应将人员疏散到来车方向150m以外的高速公路护栏外安全区域，切不可向下游疏散人员或让人员滞留在高速公路行车道上。

5 保护现场

对于重大交通事故，驾驶员在警察赶到现场前可先采取必要的措施对事故现场进行保护，记录事故现场的情况：

（1）应立即用白灰、沙石、树枝、绳索等将现场周围封锁，禁止车辆和行人进入。需要标划现场的交通事故，驾驶员在标定机动车停车位置时，可用石笔或粉笔在车辆的每个车轮外延中心垂直于地面上标划“T”形线。如果是多车轮的车辆，只需标划前后四个车轮即可。

（2）驾驶员可使用照相机或者手机，从车辆前方、侧面和后方的不同角度，对事故相关车辆的位置、受损部位及受损程度等进行拍摄记录。

（3）遇有雨天、雪天或刮风等恶劣天气时，可能会对现场重要痕迹、物证造成破坏，驾驶员可用塑料布、席子等将现场的尸体、血迹、制动印痕和其他散落物等遮盖起来。

五 伤员急救常识

驾驶员掌握正确的伤员救护知识，对于赢得宝贵的抢救时间，获得较好的伤员救治效果，减少事故伤残率、死亡率，具有十分重要的意义。

1 伤员救护原则

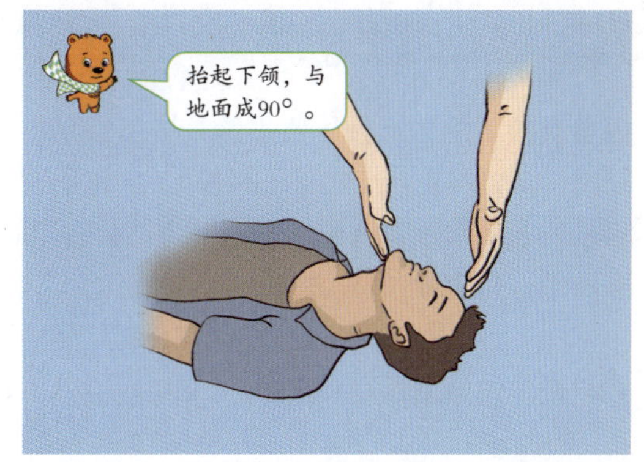

① 正确判断伤情

在事故现场发现伤员时，应先对伤员的处境和伤情进行全面检查和判断，如：是否有异物插入伤员的体内，伤员是否出现昏迷、呼吸中断等症状，伤员是否出血、骨折，是否有重物压在伤员的身上等。对于意识清醒的伤员，应询问哪里疼痛和不适，初步判断受伤部位和伤情，以便选择正确的急救方法；对于意识不

清醒的伤员，应保持其呼吸道开放畅通，视情采取心肺复苏抢救措施。

2 科学施救，避免造成二次伤害

从车体中移出伤员时，动作要轻柔，尽可能移开压在伤员身上的物品，不要强行拉拽伤员肢体；不要随意拔出插入伤员体内的异物；正确搬运伤员，避免因搬运不当加重伤员伤势。

3 选择安全的场所实施救护

尽量将伤员移至广场和空地等开阔区域，方便救护车接近和夜间有照明的安全地方，不能在弯道、坡道或交叉路口等危险区域实施抢救。应尽可能用救护车运送伤员，使伤员平卧，减少运送途中的二次损伤。

4 先救命，后治伤

在专业救护人员到达事故现场前，应先抢救昏迷、休克、呼吸中断等重伤员，再对一般伤员进行伤口包扎、固定等处理。

2 常用伤员急救方法

交通事故造成的损伤往往以外伤、颅脑损伤和骨折伤居多，而且具有伤势严重、伤情隐蔽和伤情发展迅速的特点。在事故现场，救护者应根据伤员的具体伤情和现场条件，采取正确的救护方法。

1 对昏迷不醒伤员的抢救

（1）判断意识。轻推呼喊伤员，如果无反应，表明意识丧失，应立即将伤员改为侧卧位，救援者位于伤员一侧，并请求其他救援者帮助。

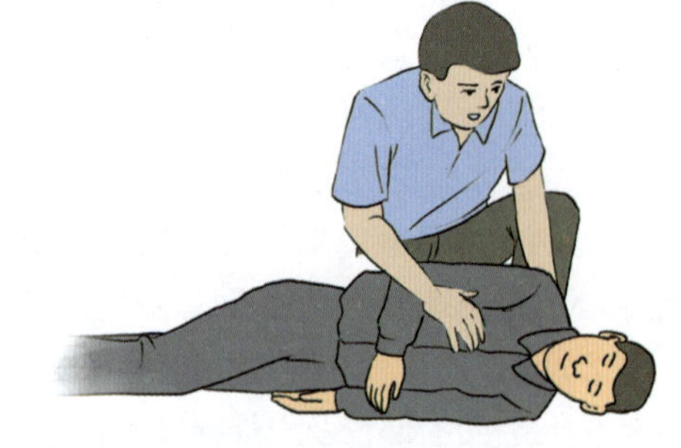

（2）保持呼吸道畅通。抬起伤员下颌，清理口中、鼻腔和呼吸道可能存在的异物，保持其呼吸道的开放畅通，贴近伤员5s，判断有无呼吸。如果没有呼吸，应立即进行口对口人工呼吸：捏紧伤员鼻翼，包严嘴唇，用力连续吹气两次，每次2s；如果吹气后胸部起伏，说明呼吸道通畅；如果无胸部起伏，说明呼吸道没有开放，需要重新清理口腔、鼻腔和呼吸道内异物。

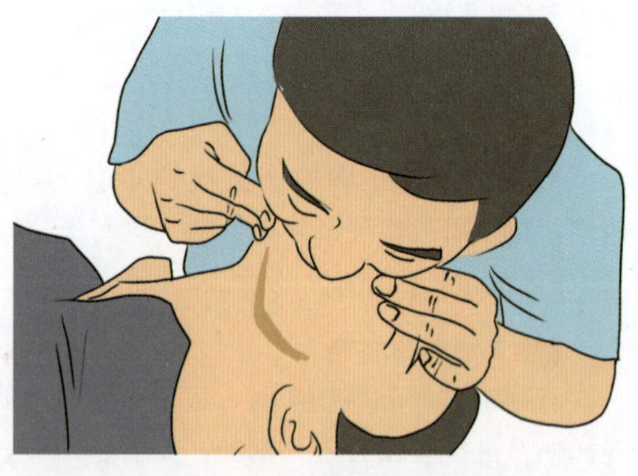

（3）实施胸外心脏按压。触摸伤员颈动脉，如果没有搏动，说明心脏停跳，应立即进行胸外心脏按压：双手交叉重叠，用手掌根垂直向下施力，按压位于胸骨中下部1/3处部位，双臂伸直，每次下压胸部4～5cm后自然放松，但手掌不离开胸部，频率为每分钟100次，以每15次按压后加做2次口对口吹气作为一遍操作；连续做4遍或进行3～4min操作后，重新评估呼吸、循环系统的状况。

（4）心肺复苏的中止。如果伤员心跳恢复，则停止操作，继续监测呼吸、脉搏，等待专业救援；如果仍旧没有恢复，则继续实施心肺复苏，每隔3～4min停止操作，监测呼吸、循环

系统状况一次。在专业救援人员到达之前不要轻易放弃，也可以两人轮换对伤员进行心肺复苏，但是中断时间不要超过5s，直到呼吸、循环系统功能恢复。

2 对意识清醒伤员的救护

对于意识清醒的伤员，应询问哪里疼痛和不适，初步判断受伤部位，以便选择正确的搬运方法，将伤员搬离受损车辆或行车道，实施紧急救护。

搬运伤员时要根据伤情和种类分别采取搀扶、背运和多人搬运等措施。对疑有脊柱、骨盆骨折不宜站立行走者，宜多人水平搬运或担架搬运；对有下肢骨折、内脏损伤者，宜担架搬运。

具体的搬运方法有：

（1）单人腋下平躺拖行法。救援者弯腰下蹲，双手从伤员腋后插入腋下，钩住伤员腋窝，水平拖行。

（2）单人抱持法。救援者位于伤员一侧，一手托住伤员的双腿，另一只手紧抱伤员腰部或肩部。

（3）多人平抬法。这种方法主要针对怀疑有颈椎损伤和脊柱损伤的伤员：一人抱伤员双肩和头部（对于颈椎损伤的要托住头颈），一人托住伤员腰臀部，第三人托住双下肢，水平搬运伤员。

3 对失血伤员的急救

抢救失血的伤员，先要是利用外部压力，使伤口流血止住，然后用绷带进行包扎。在没有绷带的情况下，可用毛巾、手帕、床单、长筒尼龙袜子等代替。伤员失血过多休克时，需要采取保暖措施，防止能量损耗。

伤员动脉出血时，用拇指压住伤口的近心端动脉，阻断动脉血流动，达到止血的目的。颈总动脉压迫止血法，常用于伤员颈部动脉大出血而采用其他止血方法无效时使用。

伤员上肢或小腿出血，且没有骨折和关节损伤时，可采用在腋窝或肘窝加垫屈肢固

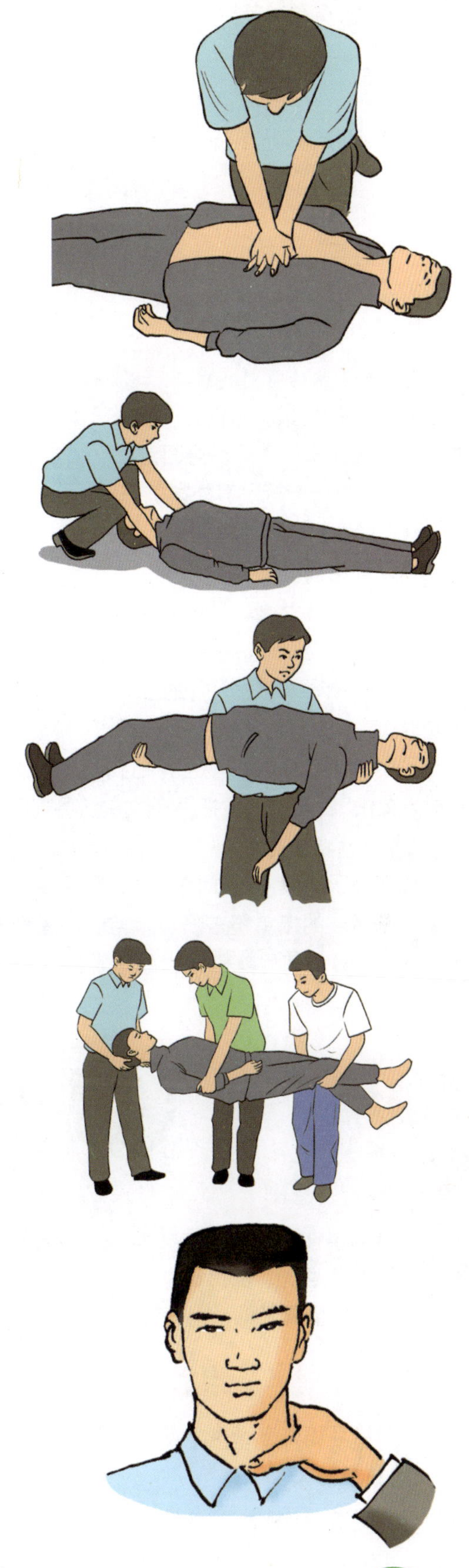

定的止血法。

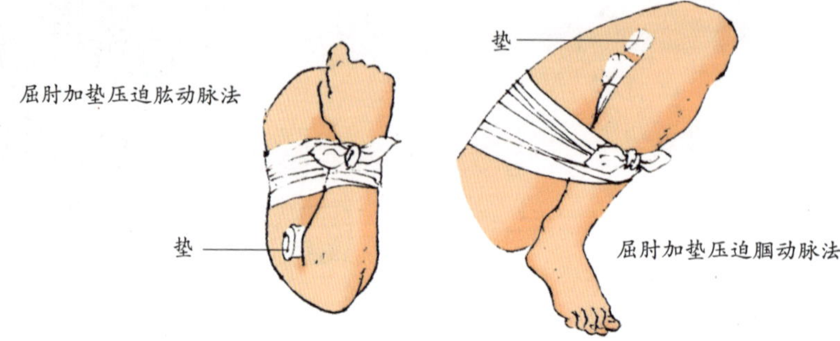

4 对骨折伤员的处理

抢救骨折伤员，为防止骨折伤员休克，不要移动骨折的部位。骨折处出血时，应先止血并消毒、包扎伤口，然后再固定。

（1）对于骨折没有外露的伤员，用夹板或木棍、树枝等固定时要超过受伤处上下关节。

（2）对于四肢骨折且有外露的伤员，不要还纳，可用敷料包扎。

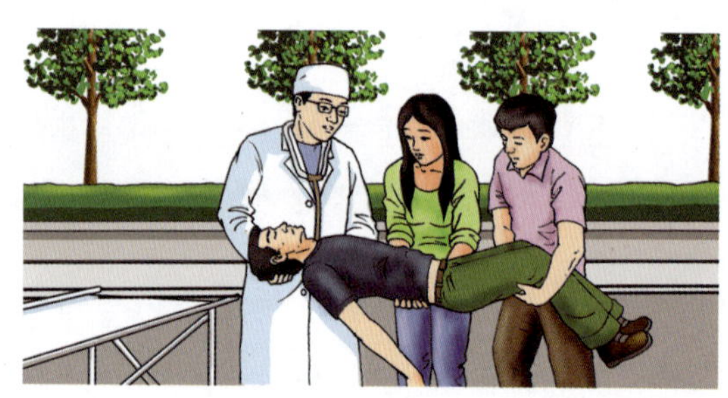

（3）对于大腿、小腿和脊椎骨折的伤员，一般就地固定，不要随便移动伤员。

（4）抢救脊柱骨折的伤员，可用三角巾固定。移动脊柱骨折的伤员，切勿扶其走动，要用硬担架运送。把伤员抬上担架时，要由3名救护人员把手托放在伤员身下，一起将其抬上担架。

5 对烧伤者的急救

迅速扑灭伤员衣服上的明火，脱掉烧着的衣服，用冷水对燃烧部位进行喷洒；用消过毒的绷带或清洁的床单覆盖伤口，但脸部受伤不能用水清洗或覆盖；伤员口渴时，可喝少量的淡盐水。不可以使用扑粉、油膏等敷在灼伤处，反复检查伤员的呼吸和脉搏。

第五节 节能与环保驾驶

随着汽车保有量的持续增加，汽车的能源消耗、尾气排放和噪声污染等给人类和环境带来了严重的危害。驾驶员树立节能与环保意识，提高节能与环保驾驶技能水平，是实现社会可持续发展的重要保障，也是驾驶员的社会责任。

一 车辆的污染

汽车给环境带来噪声、废气、衍生形成的光化学烟雾和车辆废弃物等多方面污染。

1 排放污染

汽油发动机排放的主要污染物有一氧化碳（CO）、碳氢化合物（HC）和氮氧化

合物（NO_X）。其中，HC和NO_X在阳光照射下，在大气中形成光化学烟雾，对人的眼睛和呼吸系统产生极大的危害；NO_X还可以在大气中可产生酸雨效应，破坏土壤和水体，危害人类健康。

柴油发动机排放的主要污染物是NO_X和微粒粉尘，微粒粉尘会危害人的眼睛和呼吸道。

汽车完全燃烧所产生的二氧化碳（CO_2）气体，则会产生温室效应，加剧地球变暖。汽车主要污染物及其危害如表8-14所示。

汽车主要污染物及其危害 表8-14

污染物	对人体的危害
CO	使血液输氧能力降低，可引起头晕、头痛等症状，严重时会使心血管工作困难，甚至死亡
HC	可引起头晕、头痛、失眠等症状，还可导致白血病、癌症等
NO_X	使血液输氧能力降低，会损害心脏、肝脏、肾脏等器官；是产生酸雨、光化学烟雾的主要原因
微粒粉尘	有致癌作用

2 噪声污染

道路交通噪声是城市环境噪声的主要组成部分，占到城市噪声的75%左右。交通噪声主要来自于行驶的机动车，其中以汽车噪声的影响最大，汽车噪声一般是60~90dB的中强度噪声。由于汽车产生的噪声污染，我国城市道路交通噪声平均等效声级达71.5dB，80%左右的交通干线两侧环境噪声均超过国家安全标准。

汽车噪声主要来自于发动机噪声、排气噪声、轮胎噪声、喇叭声、车体振动和传动系噪声等。高于70dB的噪声会令人心情烦躁、疲倦等，引发头晕、失眠等病症。汽车噪声不仅会影响周边环境，还会使驾驶员工作效率下降、反应时间延长，增加交通事故发生的概率。

二 车辆燃料、轮胎的合理选用

车辆燃料的质量对车辆节能、环保以及车辆的使用寿命有较大的影响，因此，合理选用车辆燃料举足轻重。合理选用轮胎，可以延长轮胎的使用寿命，增加行车的安全，减小车辆行驶时的滚动阻力，从而间接地减少燃油的消耗，达到节能、环保的目的。

1 车用燃料的合理选用

1 汽油牌号的选用

汽油牌号按照辛烷值（抗爆震能力）的高低来表示，目前汽油牌号有90号、93号和97号等几种类型（汽油品质由国Ⅳ标准上升为国Ⅴ标准后，牌号分别调整为89号、92号、95号）。选择的牌号过低会使车辆发动机产生爆震，影响动力性和增加燃油的消耗，严重时还会使发动机损坏。

驾驶员可根据车辆使用说明书推荐的汽油牌号来选择汽油。选择的牌号过高，能提高车辆排放的质量，但并不能提高燃烧的效能，反而会额外增加汽油使用的费用。

2 柴油牌号的选用

柴油的牌号按照其冷凝点的高低来表示。柴油牌号有0号、-10号、-20号、-35号、-50号等几种类型。牌号低的柴油低温流动性好，发动机在低温情况下易起动，从而减少起动时的燃油消耗。

驾驶员主要依据车辆行驶地区的最低气温来选择柴油的牌号，一般以低于当地最低气温4～6℃为宜，如表8-15所示。

柴油牌号适用地区与季节　　表8-15

牌　号	当地最低温度	使用地区季节
0号	4℃以上	全国各地4～9月，长江以南冬季
-10号	-5℃以上	长城以南冬季，长江以南严冬季节
-20号	-14℃以上	长城以北冬季，长城以南黄河以北严冬季节
-35号	-29℃以上	东北和西北地区严冬季节
-50号	-44℃以上	最北地区严冬季节

无论是添加汽油还是柴油，在燃油表显示剩余燃油不足1/4的时再添加，且每次加至燃油表刻度的2/3～4/5为宜。

2 车辆轮胎的合理选用

（1）与斜交轮胎相比，子午线轮胎具有使用寿命长、轮胎与路面间的附着性能好、滚动阻力小、承载能力大、可以更好地吸收路面对轮胎的冲击能量的优点，使用时应当优先选择子午线轮胎。子午线轮胎的规格表示方法中比斜交轮胎多一个字母“R”。

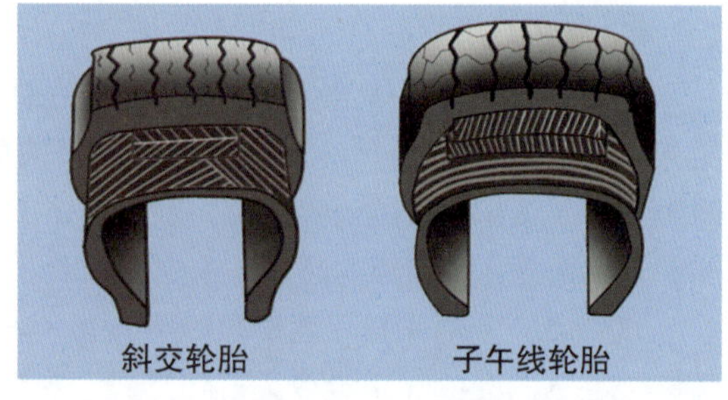

（2）在车辆的同一轴上应使用品牌、规格、花纹和磨损程度相同的轮胎，不得将斜交轮胎与子午线轮胎、有内胎轮胎和无内胎轮胎（无内胎子午线轮胎用 “TUBELESS” 标识）同车混装。

（3）轮胎的规格中有负载指数和车速级别标志。选用轮胎时，轮胎承受的负荷值不能大于轮胎的额定负荷，轮胎速度级别不能低于装配车辆的最高车速要求。

（4）经常高速行驶的汽车不宜采用加深花纹和横向花纹的轮胎，经常低速行驶的汽车适宜采用加深花纹或超深花纹轮胎，可以防止轮胎过分生热造成早期损坏。

（5）乘用车、挂车轮胎上的花纹深度应不小于1.6mm（胎面磨损至磨损标记“▲”），其他车辆转向轮的轮胎花纹深度应不小于3.2mm；其余轮胎花纹深度应不小于1.6mm，超标时，应及时更换。

（6）轮胎气压不符合规定的标准气压，是造成轮胎早期损坏的最主要原因之一，如表8-16所示。

轮胎气压对轮胎使用寿命和油耗的影响　　表8-16

胎压	负面的影响	原因分析
过高	汽车的燃料消耗增加	不平路面上行驶时，汽车振动加剧，汽车垂直位移增加而消耗能量
	汽车轮胎和其他部件的磨损加剧	轮胎与路面的接触面积减小，单位面积承受的压力增大，加大轮胎的磨损；汽车平顺性下降，加速汽车部件的磨损

续上表

胎压	负面的影响	原因分析
过低	汽车的燃料消耗增加	滚动阻力增大
	轮胎磨损不均匀	轮胎在接触面上的压力不均匀
	轮胎磨损加剧，轮胎温度急剧上升	轮胎径向变形增大，周期性的压缩变形，加速轮胎的磨损；变形使轮胎的摩擦产生更多的热量

三 节能驾驶的方法

驾驶员对汽车的操作水平是影响汽车燃料消耗的关键环节，不同的驾驶习惯对汽车燃油消耗量影响范围不同，最高可达30%以上。汽车节能驾驶操作是在确保行车安全的基础上，通过驾驶员科学合理的操作，实现燃油的高效使用。

1 预热

汽车预热包括发动机预热（停车怠速预热）与底盘预热，最佳方案是使发动机和底盘部件同时得到充分预热。但预热时间不宜过长，否则会使油耗增加。起动发动机时，将变速器操纵杆置于空挡位置，踩下离合器踏板，以减小发动机的起动阻力。

在环境温度低于5℃起动发动机时，应对发动机进行怠速预热，待水温表指针移动或转速表指针回到怠速区域再起步行驶。在环境温度高于5℃时，非增压发动机起动后，适当保持发动机怠速运转（不超过1min）再起步；增压发动机（一般车辆型号中带“T”或“TURBO”字样）怠速运转时间适当延长，使增压器轴承和旋转机件得到充分的润滑，在此期间不能踩加速踏板使发动机高速空转，避免增压器损坏。

汽车起步后，采用低挡位的速度（20～40km/h）行驶1～2km，使发动机、变速器和轴承等一同预热、润滑。在冬季气温较低时，低速行驶距离应适当延长至3～4km。

2 起步

车辆起步，要克服车辆静止的惯性，需要较大的驱动力。小型汽车起步用1挡，大型汽车起步可用2挡，以达到提高汽车起步驱动力的目的。

练习起步时，教练员指导学员掌握好离合器踏板、加速踏板的配合操作，先要求学员做到起步平稳，不猛踩加速踏板，不出现发动机熄火、车身抖动等现象。随着训练的进行，再要求学员快速平稳起步，并能够迅速升挡。起步过程中，长时间使用离合器半联动会增加油耗。

3 换挡变速

车辆起步后，缓慢提高车速，尽快逐渐从低挡换到高挡。从起步至升入最高挡一般不宜超过20s，避免低挡高速行驶时间过长。换挡时，应配合使用一次踩踏离合器操作，做到换挡及时、准确，要防止离合器接合冲击或长时间半联动，避免发动机空转或供油不足。

在条件允许的情况下，尽量选择高挡位，使发动机保持在经济转速区域内的较低转速（汽油机一般在1800～2200r/min，柴油机一般在1400～1800r/min）下运转。

根据发动机转速以及发动机的声音、抖动等变化选择换挡时机，使发动机转速尽量保持在燃油消耗率低的区间。当发动机的转速高于经济转速区域时，及时选择升挡；当发动机的转速低于经济转速区域时，迅速选择降挡。

当踩下加速踏板，车辆加速不明显或发动机的转速高于经济转速区域时，及时选择升挡；当车辆有阻力或发动机的转速低于经济转速区域时，迅速选择降挡。

4 车速控制

练习加速时，教练员指导学员踩踏加速踏板做到“缓踩慢抬”，即踩下加速踏板的速度，以发动机的声音增高较柔和、转速平稳增加为宜，如果发动机出现发“闷”的吼声，应稍抬加速踏板。

汽车在平路行驶过程中，踩下加速踏板的最大限度应不超过加速踏板最大行程的3/4。在预期速度下，要保持适当的跟车距离，保持好该状态时的加速踏板位置使汽车等速行驶，避免加速踏板位置反复变化，达到节油的目的。

行车中，通过松抬加速踏板，充分利用汽车带挡滑行，实现预见性驾驶，尽量避免使用制动踏板来减速制动（除非安全行车需要）。禁止空挡滑行减速：汽车空挡滑行时，发动机处于怠速状态，会继续消耗燃油；汽车带挡滑行时，因电喷发动机有自动断油功能，停止燃油供给，比空挡滑行更省油。

5 温度控制

保持发动机正常温度，不仅可以降低耗油量，而且还能降低车辆磨损，延长车辆使用寿命。发动机的最佳工作温度：加注一般冷却液为80～90℃，加注防冻液为95～105℃。

发动机温度低于40℃时，车辆应低速行驶，不要让发动机大负荷、高速运转。车辆长时间大负荷、高速行驶，发动机温度超过最佳温度5℃时，需要停车休息或小负荷、低速行驶，使发动机温度逐渐降至正常范围。

6 空调使用

正常情况下，车厢内的温度与外界温度相差5～6℃为宜。如果空调使用不当，不仅浪费燃油，还会有损驾乘人员的健康。

长时间在烈日下停放的车辆，车厢内温度很高，使用空调高挡风，会大幅度增加燃油消耗。此时，应打开所有车窗（再反复开关一侧车门，效果会更好），让车厢内热气排出，再关闭车窗，开启空调并调节到合适温度。

气温适宜，汽车以低于60km/h的速度行驶时，开车窗通风或者使用空调的通风功能，相对要省油；当车辆以高于80km/h的速度行驶时，关闭车窗，开启空调并保持车内温度为26℃左右，这样既能满足乘客的舒适性，又能节约燃油。

7 停车与发动机熄火

停车时，应准确判断停车位置，尽可能做到一次停车到位，减少停车时的移车次数。停车地点要选择路面坚硬、平整或坡度小、顺风及视线良好的地方，不要停在松软、湿滑、结冰路面或上坡道上，目的是车辆再次起步时较为顺利、安全且省油。

夏季停车时，最好选择阴凉的地方，将油箱一侧避开阳光，尽量使车尾对着日照方向，以减少燃油蒸发。冬季停车时，最好选择有阳光的地方，车头面对阳光，清除车轮下的积雪，以减小发动机起动和车辆起步的阻力，节约燃油消耗。

非增压发动机汽车在路口停车等待通过时，如果交通信号灯计时显示停车时间超过60s，应将发动机熄火；如果信号灯没有计时显示，汽车排在偏后位置时，也应将发动机熄火。增压发动机汽车停车后，不要立即将发动机熄火，应保持怠速运转3min以上，待发动机充分冷却后再熄火。

附录

机动车驾驶教练员从业资格考试模拟试卷

总分________

一、判断题（每题1分，共40分。每题前括号内错的打“×”，对的打“√”）

1.《机动车驾驶培训教学与考试大纲》的培训教学部分分为4个阶段，每个教学阶段结束后，应当对学员本阶段的学习进行考核。（　　）

2.《机动车驾驶培训教学与考试大纲》规定，C1车型培训学时为86学时。（　　）

3.《机动车驾驶培训教学与考试大纲》中，第二阶段的教学目标是了解机动车基本知识，掌握道路交通安全法律、法规及道路交通信号的规定。（　　）

4.《机动车驾驶培训教学与考试大纲》中，“通过连续障碍”项目的考试要点是在运动中正确操纵转向装置，控制车辆曲线行使。（　　）

5.机动车行驶中，车内人员不得将头伸出窗外，但可以将手伸出窗外。（　　）

6.因醉酒后驾驶机动车被吊销驾驶证的，终身禁驾。（　　）

7.机动车所有人、管理人未按照规定投保机动车交通事故责任强制保险的，公安机关交通管理部门可以扣留机动车。（　　）

8.图中警察手势为直行信号。（　　）

9.预计在超车过程中与对面来车有会车可能时，应提前加速超越。（　　）

10.发现高速公路上突然有人或动物横穿时，紧急避险措施不应超过必要的限度，造成不应有的损害。（　　）

11.教练员具有良好的驾驶技能和丰富的驾驶经验，教学效果就一定好。（　　）

12.机动车驾驶员培训机构应当使用符合标准并取得牌证、具有统一标识的教学车辆。（　　）

13.获得三级普通机动车驾驶员培训许可的，可以从事3种（含3种）以上相应车型的普通机动车驾驶员培训业务。（　　）

14.学员操作的准确性主要表现在动作的方向、幅度、速度和力量的把握4个方面。

（　　）

15.在驾驶训练的过程中，操作动作越复杂，学员越难形成动作定势。（　　）

16.教练员在对学员进行实际操作训练时，应先向学员示范动作，再向学员讲解动作要领。（　　）

17.驾驶训练过程中，学员在起步后再松驻车制动器操纵杆，能防止车辆后溜。（　　）

18.教练员在结束当堂理论课教学前进行总结练习的根本目的是让学员加深记忆，检验学员掌握知识的程度。（　　）

19.教练员运用录像教学时，带有探讨性和设问性的录像片断适宜在刚开始上课时就给学员播放。（　　）

20.驾驶模拟装置主要用于模拟实际道路场景训练，但不能取代实际车辆教学。（　　）

21.教案编写要素中的教学方法是整个教案的主体，它把教学活动划分为若干环节或步骤，用以明确教学活动的逻辑程序。（　　）

22.理论课主要采取"一对多"授课形式，在教学过程中，教练员处于主导地位。（　　）

23.当货车核载质量大于实载质量时，该起交通事故很可能是因车辆超载而引起。（　　）

24.电子稳定程序（ESP）的主要功用是防止驱动轮在湿滑路面上出现打滑现象。（　　）

25.相对盘式制动器而言，鼓式制动器被水浸湿后容易干燥，抗水衰退能力更强。（　　）

26.车辆转弯时，驾驶员可以通过猛踩制动踏板来降低车速，以避免因离心力的影响而发生的侧滑。（　　）

27.清洁发动机空气滤清器时，可以用湿布擦拭滤芯。（　　）

28.车辆在夜间行驶发生故障时，驾驶员不仅要打开危险报警闪光灯，还应该同时开启示廓灯和尾灯。（　　）

29.对车辆前部进行安全检视时，应确保后视镜清晰、完整、调整得当。（　　）

30.粗暴燃烧是柴油发动机工作中一种不正常的燃烧现象。（　　）

31.发动机起动对车辆节油有重要影响，其中的关键因素是车辆起动时的温度。（　　）

32.夜间行车前，教练员应提醒学员调整内后视镜，防止后车灯光引起的眩目。（　　）

33.在大雾中行车，教练员应提醒学员以前车后位灯作为判断安全间距的依据。（　　）

34.对被酸、碱等腐蚀性化学品沾染的伤员，救护人员可用大量流动清水冲洗受伤的部位。（　　）

35.活塞的作用是承受和传递气体压力与汽缸盖等共同构成燃烧室。（　　）

36.蓄电池与发电机串联工作，均为正极搭铁。（　　）

37.使用带ABS的车辆，踩制动踏板时，如果制动踏板有震颤，压力调节器有工作噪声，应及时停车维修。（　　）

38.教练员遇到反映能力差、接受能力低的学员必须实施规范化教学。（　　）

39.学员上车前要顺时针绕车辆一周，察看车辆外部技术状况及安全情况。（　　）

40.职业道德反映了各种职业的特殊活动内容和活动方式，它不具备专业性质。（　　）

二、单项选择题（每题1分，共40分。将唯一正确答案前的代号填在括号内）

1.申请换领驾驶证时，应当填写《机动车驾驶证申请表》，不需提交的证件和资料是（　　）。

A.申请人的身份证明

B.医疗机构出具的有关身体条件的证明

C.人身保险单

D.机动车驾驶证

2.交通信号灯黄灯闪烁表示（　　）。

A.禁止通行

B.准许通行

C.警示

3.图中标志的含义是（　　）。

A.禁止非机动车通行

B.注意非机动车

C.非机动车通行

D.禁止自行车通行

4.行人参与道路交通的主要特点是（　　）。

A.行动迟缓

B.喜欢聚集、围观

C.行走随意性大，方向多变

5.驾驶车辆在交叉路口前变更车道时，应（　　）驶入要变更的车道。

A.在虚线区按导向箭头指示

B.进入路口实线区内

C.在路口前实线区内根据需要

D.在路口停止线前

6.驾驶机动车在没有中心线的公路上，最高速度不能超过（　　）。

A.50km/h

B.60km/h

C.70km/h

7.驾驶员有下列哪种违法行为一次扣6分？（　　）

A.饮酒后驾驶机动车

B.违法占用应急车道行驶

C.车速超过规定时速50%以上

D.使用其他机动车辆行驶证

8.《机动车驾驶培训教学与考试大纲》自（　　）起实施。

A.2012年10月1日

B.2012年12月1日

C.2013年1月1日

9.下列选项中，（　　）属于《机动车驾驶培训教学与考试大纲》第三阶段的理论教学项目。

A.安全、文明驾驶

B.基础驾驶操作规范

C.场地驾驶知识

10.下列选项中，（　　）属于《机动车驾驶培训教学与考试大纲》第二阶段的实际操作

教学项目。

A.通过路口

B.模拟高速公路驾驶

C.夜间驾驶

11.下列选项中，（　　）不属于《机动车驾驶培训教学与考试大纲》第一阶段的考试内容。

A.安全行车、文明驾驶基础知识

B.交通事故救护常识

C.机动车驾驶操作相关基础知识

12.在交通拥堵的路段，遇旁车道车辆强行加塞时，教练员应提醒学员（　　）。

A.鸣喇叭示意

B.尽可能地紧跟前车

C.适当扩大与前车的间距

13.能力是一个人个性心理特征的综合表现。能力的形成主要依赖于（　　）。

A.先天素质

B.后天培养

C.先天素质和后天培养

14.学员在操作技能训练过程中，感知觉的控制作用通常会（　　）。

A.逐渐减弱

B.逐渐增强

C.没有变化

15.在驾驶训练的初期，学员主要学习（　　）。

A.基本操作动作

B.道路交通情况的处理方法

C.道路考试的内容

16.运用讨论教学法组织教学的教学流程，通常是教练员先拟订好题目，然后组织学员（　　），得出结论，并进行总结。

A.修改

B.讨论

C.演说

17.教练员利用教学磁板所包含各种道路交通元素灵活地组建交通场景，这属于教学磁板（　　）的特点。

A.教学互动性强

B.教学内容丰富

C.操作简便

18.小型汽车（含自动挡汽车）、低速汽车教练车车长不小于（　　）。

A.2.8m

B.3.1m

C.3.3m

19.教练员在授课时，对（　　）是指根据教学内容的难易程度，合理安排讲授进度。

A.教学时间的分配

B.教学手段的选择

C.教学内容的确定

20.在进行“加速、换挡、减速”操作指导前,教练员首先要向学员讲解并正确地示范(　　)。

A.制动踏板操作

B.驻车制动操作

C.油离配合操作

21.柴油发动机由进气门进入汽缸的是(　　)。

A.可燃混合气

B.雾化柴油

C.空气

22.离合器结合的情况下，为了使发动机的动力不传递给驱动轮，必须将变速器操纵杆置于(　　)。

A.倒挡位置

B.1挡位置

C.空挡位置

23.当汽车前轮的前束值过大时，轮胎的(　　)易磨损。

A.内侧胎肩部位

B.外侧胎肩部位

C.胎冠中部

24.液压制动系车辆制动性能变坏的主要原因为(　　)。

A.制动踏板自由行程过小

B.液压制动系有空气

C.液压制动系无空气

25.车辆转弯时，(　　)不会对作用于车辆的离心力有影响。

A.行驶车速

B.轮胎气压

C.转弯半径

26.对小型客运车辆进行安全检视时，下列选项中(　　)不属于左中后部的检视内容。

A.油箱

B.轮胎螺栓

C.制动管路

27.发动机起动后保持中低速运转，待水温升高至(　　)时再起步，这样操作比较节能。

A.40~50℃

B.60~70℃

C.80~90℃

28.夜间行车，前方有弯道或连续弯道时，灯光有效照射距离会(　　)。

A.由弱变强

B.由路中间移到路侧

C.由路侧移到路中间

29.驾驶员在乡村道路上行驶，遇到浓雾时，是否可以压着中线行驶？（　　）

A.不可以，因为容易与对向来车发生碰撞

B.可以，因为已经打开了雾灯和近光灯

C.可以，因为这样才不会偏离车道

30.根据高速公路的行驶规定，同方向有3条车道的高速公路，中间车道的最低车速为（　　）。

A.90km/h

B.100km/h

C.110km/h

31.对意识清醒，但怀疑有脊柱、骨盆骨折，不宜站立的伤员，不适宜采取（　　）的方法搬移至安全区域。

A.担架搬运

B.单人平躺拖行

C.多人水平搬运

32.车辆装载容易散落、飞扬、流漏的物品，须封盖严密，装载其他物品须（　　）。

A.均衡平稳

B.均衡平稳，捆扎牢固

C.宽度不许超出车厢10cm、高度从地面起不准超过3m

33.《机动车驾驶培训教学与考试大纲》规定，对每个学员理论培训时间每天不得超过（　　）。

A.6h

B.5h

C.4h

34.汽车鼓式制动器的旋转部分主要包括（　　）。

A.制动鼓

B.制动蹄

C.制动底板

35.教练员甲说：装备ABS的车辆可以消除制动时失去转向能力的现象；教练员乙说：驾驶装备ABS的车辆不要比驾驶没有ABS的车辆更随意。说法正确的是（　　）。

A.甲

B.乙

C.甲和乙

36.演示教学方法有助于培养学员的观察能力和（　　），激发学员学习的兴趣，调动学员学习的主动性和积极性。

A.动手能力

B.操作能力

C.思维能力

37.模拟教学训练模式中，与教练员“讲解动作要领”相对应活动是（　　）环节。

A.建立动作定向印象

B.模拟练习

C.动作整合

38."通过限宽门"教学目的是培养学员掌握在一定车速下对（ ）的正确判断能力。

A.车速

B.车身位置

C.内轮差

39.提供虚假材料申领驾驶证的申请人会承担下列哪种法律责任？（ ）

A.取消申领驾驶证资格

B.1年内不得再次申领驾驶证

C.2年内不能再次申领驾驶证

40.伤员众多时，最后送往医院的是（ ）伤员。

A.颈椎受伤

B.大出血

C.呼吸困难

D.肠管脱出

三、多项选择题（每题1分，共20分，多选、错选、少选均不得分，将正确答案前的代号填在括号内）

1.有下列（ ）情形的，不得申请机动车驾驶证。

A.3年内有吸食、注射毒品行为

B.解除强制隔离戒毒措施未满3年

C.长期服用依赖性精神药品成瘾尚未戒除

D.驾驶许可依法被撤销未满5年

2.小型汽车科目二考试内容包括（ ）。

A.坡道定点停车和起步

B.连续急弯山区路

C.通过限宽门

D.直角转弯

3.大型客车驾驶证考试各科目的合格标准为（ ）。

A.科目一90分及以上为合格

B.科目二90分及以上为合格

C.科目二80分及以上为合格

D.科目三90分及以上为合格

4.《机动车驾驶培训教学与考试大纲》包括（ ）。

A.机动车驾驶培训教学大纲

B.机动车驾驶人考试大纲

C.驾驶培训教学日志

D.IC卡计时计程系统

5.《机动车驾驶培训教学与考试大纲》内容，下列（ ）叙述是正确的。

A.每个学员实际操作培训时间每天不得超过2个学时

B.每个教学阶段考核合格后，进入下一阶段学习

C.前一科目考试不合格的，继续该科目考试

D.无轨电车、有轨电车准驾车型的培训教学与考试大纲由各省自行制定

6.在实际道路驾驶操作训练中，前方遇凸凹不平的路面时：

教练员：减速，换低挡。

学员：教练，为什么要这样做啊？

教练员：路面不平整，车辆需要更大的动力。

学员：……（松加速踏板，踩离合器踏板，换挡）

教练员：你换的挡位不对，以后还需要加强换挡的练习。

根据上述材料，教练员的这种教学行为对学员产生的影响包括（　　）。

A.使学员领会操作的内涵

B.有利于学员及时发现缺点

C.学员过于依赖教练员

D.不利于学员深刻认识错误的严重性

7.影响驾驶员预见性驾驶能力的因素有（　　）。

A.驾驶经验和注意力

B.感官能力

C.掌握安全知识的程度

D.疲劳驾驶

8.在训练过程中，教练员可结合（　　）等教学项目来培养学员对行驶方向的控制能力。

A.百米加减挡

B.曲线行驶

C.停车入位

D.超车

9.下列选项中，（　　）是正确的驾驶姿势。

A.身体对正转向盘

B.上身正直，两眼平视前方

C.膝盖微弯曲，脚能自如地踩踏板

D.两手握在转向盘两侧，肘部伸直

10.驾驶模拟座舱由驾驶操纵机件、（　　）等实物或仿真件组成。

A.仪表

B.座椅

C.后视镜

D.安全带

11.教练员针对实际操作训练设计教学流程时，应预先考虑到（　　）等教学环节。

A.如何分解动作

B.每组动作训练的时间越长越好

C.如何讲解和示范动作

D.如何分配训练的次数和时间

12.2005年5月6日，某市一辆教练车在训练过程中，途经一座大桥时，以60km/h的速度靠左侧行驶，学员为避免与迎面而来的公交大客车相撞，向右猛转转向盘，坐在副驾驶室的教练员

没来得及采取措施，教练车便撞断大桥防护栏，坠入高约15余米的桥下，造成4人死亡。

为了预防类似的交通事故，可采取的措施包括（　　）。

A.靠右侧行驶

B.严禁疲劳驾驶

C.严格遵守限速规定

D.及时纠正学员的错误

13.离合器的作用包括（　　）。

A.便于车辆平稳起步

B.便于变速器换挡

C.防止传动系过载

D.便于改变驱动车轮的转矩

14.对车辆进行安全检视时，应确保备胎（　　）。

A.齐全

B.无松动

C.无夹石

D.无破裂

15.汽油发动机冷起动时，影响燃油消耗的主要原因是（　　）。

A.发动机的转动阻力变大

B.汽油的雾化质量变差

C.蓄电池起动电压升高

D.蓄电池起动电压下降

16.前方遇到被水淹没的漫水桥时，教练员应提醒学员（　　）。

A.轮胎与路面的附着力降低，容易打滑

B.即使是熟悉的桥面，其路况也难以预料

C.电气设备易受潮和短路

D.车辆遇水熄火后，应尽快重新起动车辆

17.行车中，易导致车辆制动失效的原因包括（　　）。

A.制动系出现机械故障

B.制动器过热

C.轮胎气压不合适

D.轮胎胎面磨损严重

18.子午线轮胎与斜交轮胎相比，具有（　　）的特点。

A.使用寿命长

B.附着能力大

C.滚动阻力大

D.轮胎变形大

19.车架变形往往会造成（　　）同时产生故障。

A.转向系

B.制动系

C.行驶系

D.操纵装置

20.实际操作教练员的考试合格标准是（ ）。

A.理论与示范教学考试成绩单项分值不低于60分

B.理论与示范教学考试成绩单项分值不低于80分

C.理论与示范教学考试成绩平均分值不低于80分

D.理论考试成绩的40%与示范教学考试成绩的60%合计不低于80分

模拟试题答案

一、判断题

1.× 2.× 3.× 4.× 5.× 6.× 7.√ 8.× 9.× 10.√
11.× 12.√ 13.× 14.√ 15.√ 16.× 17.× 18.√ 19.√ 20.√
21.× 22.√ 23.× 24.× 25.× 26.× 27.× 28.√ 29.√ 30.√
31.√ 32.√ 33.× 34.√ 35.√ 36.× 37.× 38.× 39.× 40.×

二、单项选择题

1.C 2.C 3.B 4.C 5.A 6.C 7.B 8.C 9.A 10.B
11.B 12.C 13.C 14.B 15.A 16.B 17.B 18.C 19.A 20.C
21.C 22.C 23.B 24.B 25.B 26.C 27.A 28.B 29.A 30.A
31.B 32.B 33.C 34.A 35.C 36.C 37.A 38.B 39.B 40.A

三、多项选择题

1.ABC 2.AD 3.ABD 4.ABC 5.BCD
6.AB 7.ABCD 8.BC 9.ABC 10.ABCD
11.ACD 12.ACD 13.ABC 14.AB 15.ABD
16.ABC 17.ABD 18.ABD 19.ABC 20.AD